数学名著译丛

常微分方程

〔俄〕V. I. 阿诺尔德 著

沈家骐 周宝熙 卢亭鹤 译

科学出版社

北京

图字：01-2000-2677 号

内 容 简 介

本书用现代数学观点阐述常微分方程论中的一些基本问题. 全文共分五章：基本概念, 基本理论, 线性系统, 基本定理的证明和流形上的微分方程, 本书特点是注重几何和定性的考察, 并且特别强调在力学中的应用. 本书论述严谨, 深入浅出, 并有大量图形、例题和问题, 书后附有典型练习题, 有助于读者深入理解本书的内容.

本书可供大学数学系高年级学生、研究生、教师及其他数学工作者参考.

图书在版编目(CIP)数据

常微分方程/〔俄〕阿诺尔德著; 沈家骐, 周宝熙, 卢亭鹤译. —北京: 科学出版社, 2011
(数学名著译丛)
ISBN 978-7-03-009080-5

I. 常… II. ① 阿… ② 沈… ③ 周… ④ 卢… III. 常微分方程 IV. O175. 1

中国版本图书馆 CIP 数据核字(2000) 第 84237 号

责任编辑: 张鸿林 赵彦超 / 责任校对: 陈玉凤
责任印制: 吴兆东 / 封面设计: 陈 敬

科学出版社 出版
北京东黄城根北街 16 号
邮政编码：100717
http://www.sciencep.com
北京九州迅驰传媒文化有限公司印刷
科学出版社发行 各地新华书店经销
*
2010 年10月第 一 版 开本:850×1168 1/32
2025 年 2 月第十二次印刷 印张:9 3/8
字数：244 000

定价：49.00 元

(如有印装质量问题,我社负责调换)

译 者 前 言

V. I. 阿诺尔德的《常微分方程》是用现代观点阐述常微分方程中的一些基本问题，它不同于通常的常微分方程书籍．本书的主要精神是把常微分方程理论中的一些结果都表述成不依赖于坐标系选择的形式，并且多处采用了拓扑学术语，从而可以推广到流形上去．因此我们认为，本书是一本较好的参考书，特译成中文出版．

在翻译过程中，对已发现的原书中的错漏作了必要修改，一般不另作说明．

本书是我们在读书报告基础上翻译的．参加工作的还有：金均、赵显华、蒋伟成和肖福铨同志．最后由沈家骐同志负责整理和校对．

作者于 1978 年出版了《常微分方程的续篇》[1]，也值得读者注意和参考。本书译稿经北京师范学院都长清同志校订。

由于我们水平有限，译文中难免还有不少缺点和错误，热诚欢迎批评指正。

沈家骐　周宝熙　卢亭鹤

1) V. I. Арнольд, Дополнительные главы теории обыкновенных дифференциальных уравнений, 1978. ——译者注

序　　言

在选择本书题材时，我试图把范围限制在必不可少的绝对必要的材料上．贯穿本书的是两个中心思想及其衍生结果，即向量场直化定理（等价于通常解的存在、唯一性和可微性定理）和单参数线性变换群理论(即线性自治系统理论)．因此，我武断地省略了在常微分方程教材中通常包含的若干更专门的论题．例如，初等积分法，关于导数不可解方程，奇解，斯图谟 (Sturm)-刘维尔 (Liouville) 理论，一阶偏微分方程等．最后两个论题，我认为最好放在偏微分方程或变分法教程中，而其他若干内容则安排在习题中更为适当．

另一方面，常微分方程在力学中的应用要比通常课程研究得更为详细．因而单摆方程在本书一开始就出现，而且全书中引入的各种概念和方法的功效，都依次应用此例进行检验．在这一方面，能量守恒定律在首次积分部分出现，小参数方法则从关于参数微分定理推出，而具有周期系数的线性微分方程理论，自然地导致秋千的研究(参数共振)．

本书对许多论题的处理方式，与传统方式迥然不同．在每一论题中，我都试图强调所考察现象的几何和定性方面．根据这个原则，本书有许多图，而不包含任何特别复杂的公式；另一方面，还引入了大量基本概念，它们在传统的坐标基方法中很少论及(例如相空间和相流，光滑流形和切丛，向量场和单参数微分同胚群)．如果这些概念可以看作是已知的，那么本书就可以大为缩减了．但遗憾的是，目前在分析或几何课程中都没有包含它们，因此，我不得不对这些概念作较为详细的介绍，并假定读者的知识不超出分析和线性代数标准课程的范围．

（下略）　　　　　　　　　　　　　V. I. 阿诺尔德

目　　录

常用记号

R 实数集合（群，域）.

C 复数集合（群，域）.

Z 整数集合（群，环）.

$\varnothing$ 空集.

$x\in X\subset Y$ 集合 Y 的子集合 X 的元素 x.

$X\cup Y$，$X\cap Y$ 集合 X 和 Y 的并集和交集.

$X\backslash Y$，$X\backslash a$ 在 X 但不在 Y 的元素的集合，集合 X 减去元素 $a\in X$.

f: $X\to Y$ 集合 X 映入集合 Y 的映射.

$x\longmapsto y$ 把点 x 映入点 y.

$f\circ g$ 两映射（先作用 g）的（合成）积.

$\exists,\forall,\Rightarrow$ 存在，对每一个，推出.

定理 0.0 在 § 0.0 唯一的定理.

[] 证明结束记号.

* 可供任意选择的(较困难的)问题或定理.

R^n 在域 R 上的 n 维线性空间.

$\mathrm{R}_1+\mathrm{R}_2$ 空间 R_1 和 R_2 的直和.

$GL(\mathrm{R}^n)$ R^n 的线性自同构群.

在集合 R^n 上，人们也可以考虑另外一些结构，例如，仿射结构或欧几里得结构，甚至或者是 n 条直线的直积的结构. 这时，通常将其全部内容清楚地写出来，例如，“仿射空间 R^n”，“欧几里得空间 R^n”，“坐标空间 R^n” 等等.

线性空间的元素称为**向量**，通常用粗体文字（$\mathbf{v}$，$\boldsymbol{\xi}$ 等等）表示. 空间 R^n 的向量被认为和 n 个数的集合一致. 例如，我们写 $\mathbf{v}=(v_1,\cdots,v_n)=v_1\mathbf{e}_1+\cdots+v_n\mathbf{e}_n$，此处 n 个向量 $\mathbf{e}_1,\cdots,\mathbf{e}_n$ 的集合称为在 R^n 中的**基**. 在欧几里得空间 R^n 中的向量 $\mathbf{v}$ 的模

(长度)用$|\mathrm{v}|$表示；两向量$\mathrm{v}=(v_1,\cdots,v_n)$，$\mathrm{w}=(w_1,\cdots,w_n)$ $\in \mathrm{R}^n$ 的纯量积用(v,w)表示．因此

$$(\mathrm{v},\mathrm{w})=v_1w_1+\cdots+v_nw_n,$$

$$|\mathrm{v}|=\sqrt{(\mathrm{v},\mathrm{v})}=\sqrt{v_1^2+\cdots+v_n^2}.$$

我们经常处理称为时间的实参数t的函数． 关于t的微分(产生速度或变化率)通常用放在上面的一个小点表示，例如，

$$\dot{x}=dx/dt.$$

第一章 基本概念

§1 相空间和相流

常微分方程理论是数学科学的基本工具之一．这一理论使我们能够研究具有确定性、有限维性和可微性的各种类型的发展过程．在给出严格的数学定义之前，我们先研究几个实例．

1.1 发展过程的实例

一个过程称为是确定的，如果它的整个未来的和整个过去的行程能由它的现在的状态唯一决定．一个过程的所有可能状态的集合称为它的相空间．

例如，古典力学研究系统的运动，这个运动的过去与未来由这个系统中所有点的初始位置和初始速度唯一确定．力学系统的相空间刚好是这样的集合，它的典型元素是这一系统的所有质点的瞬时位置和瞬时速度的集合．

在量子力学中，质点的运动不是由确定的过程所描述．热传导是半确定过程，它的未来是由它的现在所确定，而不是由它的过去所确定．

一个过程称为是有限维的，如果它的相空间是有限维的，即用来描述它的状态的参数的个数是有限的．例如，由有限个质点或刚体所组成的系统的古典的（牛顿）运动、即可归入这一标题内．事实上，n 个质点的系统的相空间的维数正好是 $6n$，而 n 个刚体的系统的维数为 $12n$．我们引用水力学研究的流体运动，弦和膜的振动以及光学和声学中的波传播，作为不能用有限维相空间来描述的过程的实例．

一个过程称为是可微的，如果它的相空间具有可微流形的结构，而且它的状态随时间的改变是由可微函数来描述的．例如，一个力学系统的质点的坐标和速度随时间以可微方式改变，但在激波理论中所研究的运动不具有可微性质．同理，在古典力学中系统的运动可以用常微分方程来描述，但在量子力学、热传导理论、水力学、弹性力学、光学、声学和激波理论中，则需要另外的工具．

放射性衰变过程和在营养充足的培养基中的细菌繁殖过程，提供了另外两个确定的有限维的可微过程的实例．在这两种情形中，相空间都是一维的，即过程的状态由物质的量或细菌的数目所确定，而且在这两种情形，过程都由常微分方程描述．

应该注意，过程的微分方程形式和我们首先处理确定的有限维的可微过程这一事实，只能由实验来确定，因而只能具有某种程度的精确性．但是，以后这种情况将不一一着重指出，相反，我们将谈及实际过程就好像它们真实地符合我们理想化的数学模型．

1.2 相流

刚才所介绍的一般原则的精确陈述，需要更抽象的相空间和相流的概念．为了熟悉这些概念，我们研究由 N. N. 康斯坦丁诺夫提出的实例，这里引进相空间的简单办法，使我们解决了困难问题．

问题 1 从 A 城到 B 城有两条不相交的路（图 1）．假设已知

图 1 马车的初始位置

用长度小于 $2l$ 的绳子相连接的两辆汽车从 A 城沿着不同的道路开到 B 城而不会弄断绳子．有两辆半径为 l 的圆形马车，它们的中心分别沿着两条路向相反方向移动，试问它们能否彼此通过而

不相碰撞？

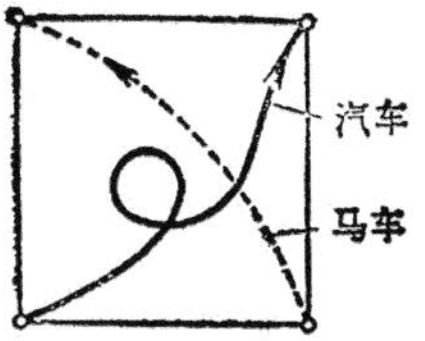

图 2　一对车辆的相空间

解　研究正方形

$M=\{(x_1,x_2):0\leqslant x_1\leqslant 1,\ 0\leqslant x_2\leqslant 1\}$（图 2）．两车辆的位置（一辆在第一条道路上，另一辆在第二条道路上）能用正方形M上的点来表示，为此我们只需用 x_i 表示车辆沿着第 i 条道路从 A 到 B 的距离的一段，也就是从 A 到车辆间的距离．明显地，这对车辆的每一可能位置均有正方形M上一点与之对应．正方形M称为**相空间**，而它上面的点称为**相点**．

这样一来，每一相点对应着这对车辆的一个确定位置（暂时不管它们的连结情况），车辆的每一运动均可由相空间的一个相点的运动来表示．例如，在 A 城的汽车的初始位置对应着正方形的左下角（$x_1=x_2=0$），汽车从 A 到 B 的运动用引向正方形对角（右上角）的曲线来表示．同样，马车的初始位置对应于正方形的右下角（$x_1=1,\ x_2=0$），马车的运动由引向正方形对角（左上角）的曲线来表示，但是正方形中连接不同对角的每一对曲线必相交．因此，不管马车怎样移动，总归有一个时刻到来，在这一时刻，这对马车所出现的位置刚好是那对汽车在某时刻所出现的位置．在这一时刻，两马车的中心之间的距离将小于 $2l$，因此马车不能彼此互相驶过．

虽然，在上例中微分方程没有起作用，可是它所包含的内容却与我们以后所关心的内容十分相似．过程的状态用适当的相空间的点来描述常常被证明是特别有效的．

我们回到过程的确定性、有限维性和可微性的概念．确定过程的数学模型是**相流**，它可用下列直观的术语来描述：设M是相

空间而 $x\in M$ 是过程的初始状态，又设 g^tx 表示初始状态为 x 的过程在时刻 t 的状态．对于每一实数 t 它确定相空间 M 到它自身的一个映射

$$g^t:M\to M.$$

此映射 g^t 称为 t 推进映射，它将每一状态 $x\in M$ 映入新的状态 $g^tx\in M$．例如，g^0 是恒等映射，它将 M 的每一点留在它原来的位置．而且

$$g^{t+s}=g^tg^s,$$

因为 x 经过时间 s 后进入状态 $y=g^sx$（图 3），y 经过时间 t 后

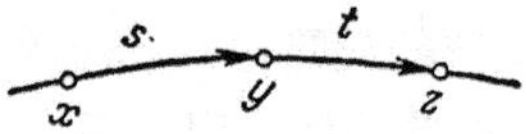

图 3　时间变动时过程状态的改变

进入的状态 $z=g^ty$ 与 x 经过时间 $t+s$ 后进入的状态 $z=g^{t+s}x$ 是相同的．

假定我们固定一个相点 $x\in M$，即固定过程的一个初始状态．在时间变动时，此过程的状态将改变，而点 x 在相空间 M 中描出一条相曲线 $\{g^tx,\ t\in\mathbf{R}\}$．由于每个相点沿着它自己的相曲线运动，因此 t 推进映射族 $g^t: M\to M$ 正好构成相流．

现在我们转入严格的数学定义．在每种情形 M 都是一个任意集合．

定义　一个由所有实数组成的集合（$t\in\mathbf{R}$）所标记的，由集合 M 到它自身的映射族 $\{g^t\}$ 称为 M 的单参数变换群，如果对于所有的 $s,t\in\mathbf{R}$ 满足

$$g^{t+s}=g^tg^s, \tag{1}$$

而且 g^0 是恒等映射（它使每点固定）．

问题 2　证明单参数变换群是交换群，且每个映射 $g^t: M\longrightarrow M$ 是一对一的．

定义　由集合 M 和由 M 变到它自身的单参数变换群 $\{g^t\}$ 所组成的偶（$M,\{g^t\}$）称为相流．集合 M 称为相流的相空间，而它

的元素称为相点.

定义 设 $x\in M$ 是任何相点,考虑实直线到相空间的映射

$$\varphi:\mathbf{R}\to M,\ \varphi(t)=g^t x \tag{2}$$

(图 4),则映射(2)称为相流 $(M, \{g^t\})$ 作用下点 x 的运动.

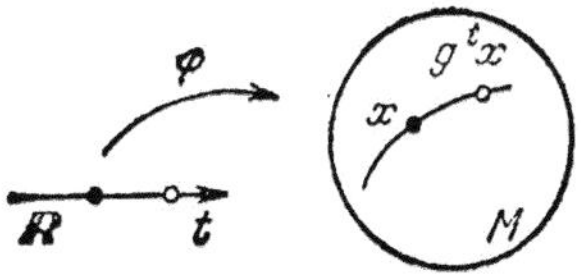

图 4 在相空间M中相点的运动

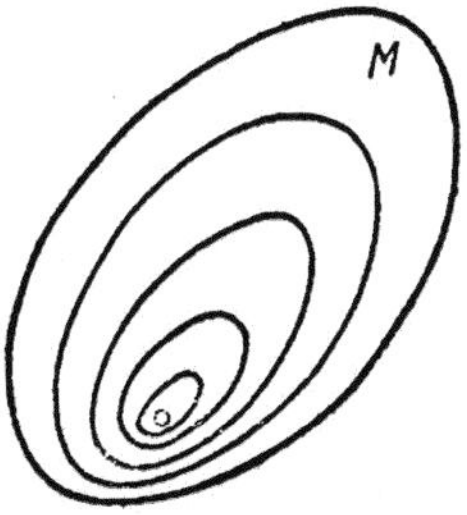

图 5 相曲线

定义 在映射(2)下 $\mathbf{R}$ 的像称为相流 $(M, \{g^t\})$ 的相曲线. 因此相曲线是相空间的子集(图 5).

问题 3 证明经过相空间的每一点有且仅有一条相曲线.

定义 所谓相流 $(M, \{g^t\})$ 的平衡位置或静止点 $x\in M$ 指的是一个相点,而这个相点本身又是一条相曲线:

$$g^t x = x \quad \forall t\in\mathbf{R}.$$

扩张相空间和积分曲线的概念是与映射 φ 的图形相联系的. 首先我们想到给定的两个集合 A 和 B 的直积 $A\times B$ 定义为所有有序偶 (a, b) 的集合,其中 $a\in A$, $b\in B$. 而映射 $f:A\to B$ 的图形定义为直积 $A\times B$ 的子集, 此子集由所有点 $(a, f(a))$ 组成,其中 $a\in A$.

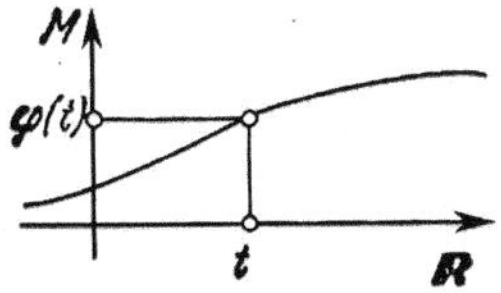

图 6 扩张相空间中的积分曲线

定义 所谓相流 $(M, \{g^t\})$ 的扩张相空间指的是实 t 轴和相空间M的直积 $\mathbf{R} \times M$. 运动(2)的图形称为相流 $(M, \{g^t\})$ 的积分曲线(图 6).

问题 4 证明经过扩张相空间的每一点有且仅有一条积分曲线.

问题 5 证明当且仅当 x 是平衡位置时,水平直线 $\mathbf{R}\times x$, $x\in M$ 是一条积分曲线.

问题 6 证明扩张相空间沿着时间轴的移动变换

$$h^s:(\mathbf{R}\times M)\longrightarrow(\mathbf{R}\times M),\quad h^s(t, x) = (t + s, x)$$

将积分曲线变为积分曲线.

1.3 微分同胚

上述诸定义构成了确定过程的概念. 相应地建立有限维和可微性概念需要相空间是有限维的微分流形和相流是这一流形上的单参数微分同胚群.

现在我们来弄清楚这些术语. 微分流形的例子有欧几里得(Euclid) 空间和欧几里得空间的开集、圆、球、环面等等. 它的一般定义将在第五章给出, 暂时可以认为我们谈及的是欧几里得空间的一个(开)区域.

所谓定义在具有坐标 $x_1, \cdots, x_n$ 的 n 维欧几里得空间 $\mathbf{R}^n$ 的区域U上的可微函数 $f\colon U \to \mathbf{R}$, 我们是指 r 次连续可微函数 $f(x_1, \cdots, x_n)$, 此处 $1 \leqslant r \leqslant \infty$. 在大多数情形中, 我们对 r 的精确值是不感兴趣的,因此将不指明, 如果需要的话, 我们将指明"r 次可微"或函数类 C^r.

所谓坐标为 $x_1, \cdots, x_n$ 的 n 维欧几里得空间 $\mathbf{R}^n$ 的区域U到坐标为 $y_1, \cdots, y_m$ 的m维欧几里得空间 $\mathbf{R}^m$ 的区域V的可微映射 $f\colon U \to V$, 是指由可微函数 $y_i = f_i(x_1, \cdots, x_n)$ 所给定的一个映射. 这意味着: 如果 $y_i\colon V \to \mathbf{R}$ 是V中的坐标,则 $y_i \circ f\colon U \to \mathbf{R}$ 是U中的可微函数$(1 \leqslant i \leqslant m)$.

所谓微分同胚 $f\colon U \to V$,我们指的是一个一对一的映射,使得 f 与 $f^{-1}\colon V \to U$ 二者都是可微映射.

问题 1　下列函数中哪一些是指定为由直线到直线上的微分同胚 $f: \mathbf{R} \to \mathbf{R}$:

$$f(x)=2x,\ x^2,\ x^3,\ e^x,\ e^x+x?$$

问题 2　证明: 若 $f: U \to V$ 是微分同胚，则以区域 U 和 V 为子集的欧几里得空间具有相同的维数.

提示　应用隐函数定理.

定义　所谓流形 M(它可以认为是欧几里得空间内的一个区域)上的单参数微分同胚群 $\{g^t\}$，指的是直积 $\mathbf{R} \times M$ 到 M 的映射

$$g: \mathbf{R} \times M \to M,\ g(t,x)=g^t x,\ t \in \mathbf{R},\ x \in M$$

满足

1) g 是可微映射;

2) 对每个 $t \in \mathbf{R}$，映射 $g^t: M \to M$ 是微分同胚;

3) 族 $\{g^t, t \in \mathbf{R}\}$ 是 M 的单参数变换群.

例 1　$M=\mathbf{R}$，$g^t x = x + vt (v \in \mathbf{R})$.

注　性质 2)是性质 1)和 3)的结果(为什么?).

1.4　向量场

设 $(M, \{g^t\})$ 是相流，它由欧几里得空间的流形 M 上的一个单参数微分同胚群所给定.

定义　所谓相流 g^t 在点 $x \in M$ (图 7)的相速度 $\mathbf{v}(x)$ 是指表

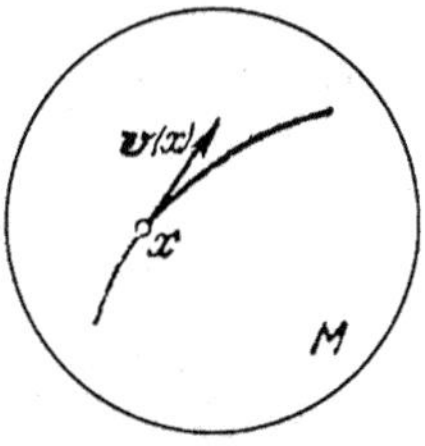

图 7　相速度向量

示相点运动速度的向量，即

$$\left.\frac{d}{dt}\right|_{t=0} g^t x = \mathbf{v}(x). \tag{3}$$

(3)的左边常用 $\dot{x}$ 表示. 注意这个导数是有定义的，因为运动是欧几里得空间内一个区域的可微映射.

问题 1 证明

$$\left.\frac{d}{dt}\right|_{t=\tau} g^t x = \mathbf{v}(g^\tau x),$$

即在每一瞬时，表示相点运动速度的向量等于表示在给定时刻运动点在相空间所占据的那一点的相速度的向量.

提示 见公式(1)，解在 §3.2 中给出.

若 $x_1, \cdots, x_n$ 是我们考虑的欧几里得空间的坐标，因此 $x_i: M \to \mathbf{R}$，则速度向量 $\mathbf{v}(x)$ 由 n 个函数 $v_i: M \to \mathbf{R}$, $i = 1, 2, \cdots, n$ 所指定，这 n 个函数 v_i 称为速度向量的**分量**:

$$v_i(x) = \left.\frac{d}{dt}\right|_{t=0} x_i(g^t x).$$

问题 2 证明: 若单参数群

$$g: \mathbf{R} \times M \longrightarrow M$$

是 C^r 类的，则 v_i 是 C^{r-1} 类的函数.

定义 设 M 是具有坐标 $x_1, \cdots, x_n (x_i: M \to \mathbf{R})$ 的欧几里得空间内的一个区域，又假定每一点 $x \in M$ 都伴随有一个从 x 点出发的向量 $\mathbf{v}(x)$. 这就在 M 上定义了一个**向量场** $\mathbf{v}$，在 x_i 坐标系中此向量场由 n 个可微函数

$$v_i: M \to \mathbf{R}$$

所指定.

这样一来，相速度向量的集合在相空间 M 上形成了一个向量场，即相速度场 $\mathbf{v}$ (图 8).

问题 3 证明: 若 x 是相流的静止点，则 $\mathbf{v}(x) = 0$.

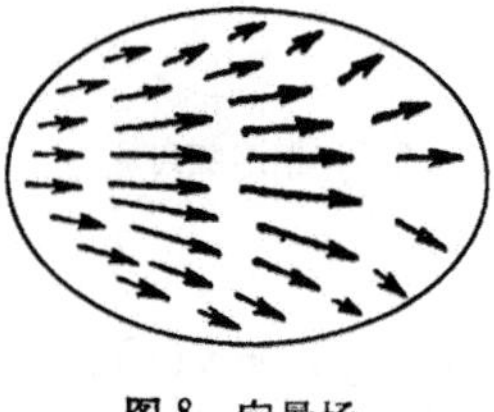

图 8 向量场

在给定的向量场中，向量等于零的点称为该向量场的奇点[1]．因此相流的平衡位置是相速度场的奇点．其逆也真，但证明却并不那么容易．

1.5 常微分方程理论的基本问题

常微分方程理论的基本问题在于研究 1) 流形 M 上单参数微分同胚群 $\{g^t\}$, 2) 在 M 上的向量场，3)研究 1)与 2) 之间的关系．我们已经看到：根据公式(3)群 $\{g^t\}$ 定义了一个 M 上的向量场，即相速度 $\mathbf{v}$ 的场．反之，可以证明向量场 $\mathbf{v}$ 唯一地决定相流(在下面给定的某种条件下)．

简而言之，我们可以说相速度的向量场给出了一个过程发展的局部规律，而常微分方程理论的任务是从对这一过程发展的局部规律的认识来重新构造这个过程的过去和预知其未来．

1.6 向量场的例子

例 1 由实验得知在任何给定的时刻，放射性衰变的速率与现有物质的数量 x 成比例．此处相空间是半直线 $M=\{x:x>0\}$ (图 9)，而所指出的实验事实意味着

$$\dot{x}=-kx,\ \mathbf{v}(x)=-kx,\ k>0, \tag{4}$$

即在半直线上的向量场 $\mathbf{v}$ 指向 0 而且相速度向量的大小与 x 成比例．

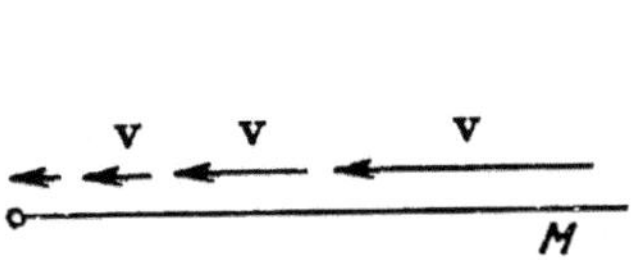

图 9 放射性衰变的相空间

例 2 由实验得知在任何给定时刻有足够食物的条件下细菌繁殖的速率与现有细菌的数量成比例． 相空间 M 仍是半直线

1) 注意在奇点，场的分量没有奇异性，而且在事实上是连续可微的．术语“奇点”来源于下列事实：奇点附近场的向量的方向的改变一般是不连续的．

$x>0$,但向量场与前面的例题差一符号:

$$\dot{x}=kx,\ \mathbf{v}(x)=kx,\ k>0. \tag{5}$$

注意方程(5)对应于增长,其增加量与现有个体数量成比例.

例 3 人们可以设想一种情形, 在这种情形下增加量与现有物质的平方成比例,即

$$\dot{x}=kx^2,\quad \mathbf{v}(x)=kx^2 \tag{6}$$

(这种情形在物理化学中比在生物中更容易遇见). 以后我们将看到过速增长规律(6)的灾难性的结果.

例 4 质点垂直落到地面(从不太大的初始高度开始)是由伽利略 (Galileo) 实验定律来描述的. 此定律断言加速度是常数. 此处相空间M是平面 (x_1, x_2), 其中 x_1 是高度而 x_2 是速度, 同时伽利略定律可以像公式(3)一样表示,即

$$\dot{x}_1=x_2,\quad \dot{x}_2=-g \tag{7}$$

($-g$ 是重力加速度). 对应的相速度的向量场有分量 $v_1=x_2$, $v_2=-g$ (图 10).

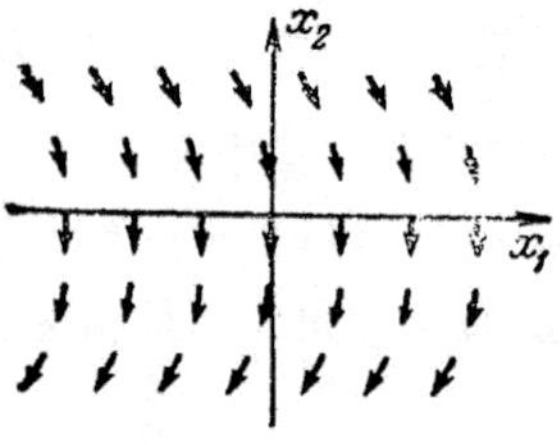

图 10 垂直下落的相平面

例 5 平面单摆的小振动由具有坐标 x_1 和 x_2 的二维相平面来描述,此处 x_1 是偏离垂直线的角度,x_2 是角速度, 而M是坐标原点的一个邻域. 根据力学定律,加速度与偏离角成比例. 因此

$$\dot{x}_1=x_2,\ \dot{x}_2=-kx_1,\ k=l/g, \tag{8}$$

此处 l 是单摆的长度而 g 是重力加速度. 换句话说, 相速度的向量场具有分量 $v_1=x_2$, $v_2=-kx_1$. 原点是这向量场的奇点(图 11).

例 6 单摆振动(不必是小振动)的一个更精确的描述导致规律

$$\dot{x}_1 = x_2,\ \dot{x}_2 = -k\sin x_1. \tag{9}$$

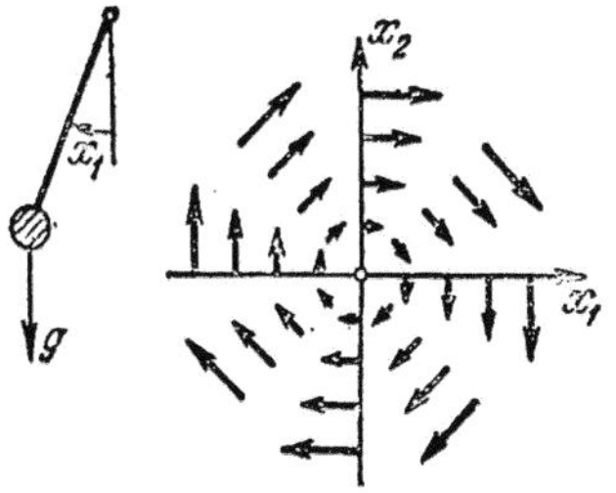

图 11　单摆的小振动

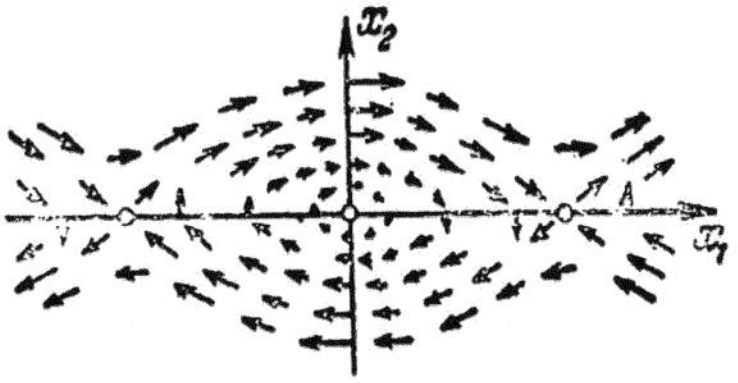

图 12　单摆的相速度场

在具有坐标 x_1, x_2 的相平面内对应的向量场刚好是

$$v_1 = x_2,\ v_2 = -k\sin x_1$$

(图 12)且有奇点 $x_1 = m\pi$, $x_2 = 0$. 注意把单摆的相空间看作是柱面 $(x_1 \bmod 2\pi,\ x_2)$ 而不看作是平面$(x_1,\ x_2)$是很自然的，因为角度 x_1 改变 2π，不改变单摆的状态．对应于(9)的向量场也可认为定义在柱面上(图 13).

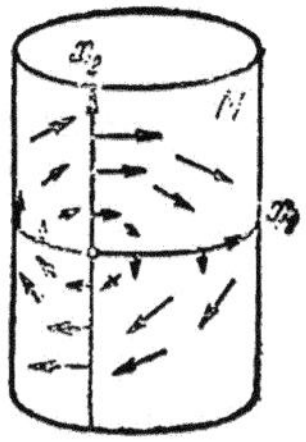

图 13　单摆柱面的相空间

问题 1　画出例 1～例 3 的积分曲线和例 4 与例 5 的相曲线.

§2　直线上的向量场

现在我们指出积分运算(借助于微积分基本定理)是怎样允许

人们求解由直线上的向量场所确定的微分方程. 我们从引进某些以后要重复用到的定义开始.

2.1 微分方程的解

设U是n维欧几里得空间的一个(开)区域, $\mathbf{v}$ 是U中的向量场(图 14),则所谓由向量场$\mathbf{v}$所确定的微分方程指的是方程[1)]

$$\dot{x}=\mathbf{v}(x), \quad x\in U. \tag{1}$$

区域U称为方程(1)的相空间.

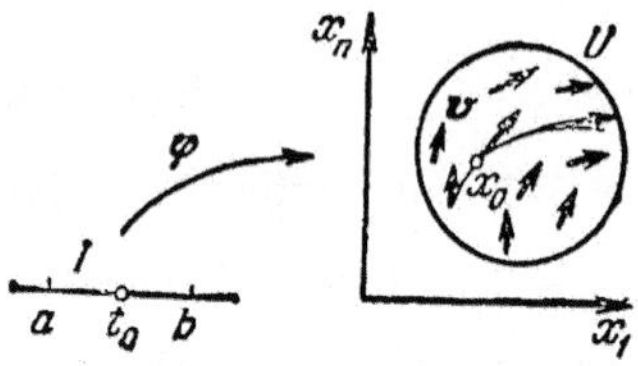

图 14 微分方程 $\dot{x}=\mathbf{v}(x)$ 满足初始条件 $\varphi(t_0)=x_0$ 的解

定义 所谓微分方程(1)的解指的是实t轴的区间 $I=\{t\in\mathbf{R}, a<t<b\}$ (允许 $a=-\infty$, $b=+\infty$) 到相空间的可微映射 $\varphi:I\to U$, 使得

$$\left.\frac{d}{dt}\right|_{t=\tau}\varphi(t)=\mathbf{v}(\varphi(\tau))$$

对所有 $\tau\in I$ 都成立.

换句话说,当t变动时,点$\varphi(t)$必须在U中按下列方式运动,在每一瞬时τ运动的速度等于向量场$\mathbf{v}$在给定瞬时运动点所占据的点 $x=\varphi(\tau)$ 的向量 $\mathbf{v}(x)$. 在映射φ下, I的像称为微分方程(1)的相曲线.

定义 假设微分方程(1)的解 $\varphi:I\to U$ 在点 t_0, ($a<t_0<$

---

1) 有时候,微分方程被说成是包含未知函数和它们的导数的方程. 这种说法是不对的. 例如,方程

$$\frac{dx}{dt}=x(x(t))$$

就不是微分方程.

b) 的值等于 x_0，即假设相曲线在 t_0 时经过点 x_0，则 φ 称为满足初始条件

$$\varphi(t_0)=x_0,\quad t_0\in\mathbf{R},\quad x_0\in U. \tag{2}$$

例 1 若 x_0 是向量场的奇点，因此 $\mathbf{v}(x_0)=0$，则 $\varphi=x_0$ 是方程 (1) 满足初始条件 (2) 的解．这样的解称为平衡位置或驻定解，而且点 x_0 也是相曲线．

从向量场的知识出发，要求得微分方程显式解通常是不可能的．能够求出显式解的基本情形是 $n=1$，即在直线上向量场的情形．现在我们来研究这种情形．

2.2 积分曲线

定义 直积 $\mathbf{R}\times U$ 称为方程 (1) 的扩张相空间，方程(1)的任何解的图形称为 (1) 的积分曲线．

在所研究的情形($n=1$)，扩张相空间是在 t 轴和 x 轴的直积中的带形 $\mathbf{R}\times U$ (图 15)．

假设经过扩张相空间的每一点 (t, x)，我们画一条与正 t 轴的倾角有正切 $\mathbf{v}(x)$ 的直线，则所得的直线族称为伴随于方程(1)的方向场或简称为方向场 $\mathbf{v}$．

每一条积分曲线在曲线的每一点处均与方向场 $\mathbf{v}$ 相切． 反之，每一条曲线如果在此曲线上的每一点均与给定点的方向场 $\mathbf{v}$ 相切，则此曲线必是积分曲线(证明它!)．

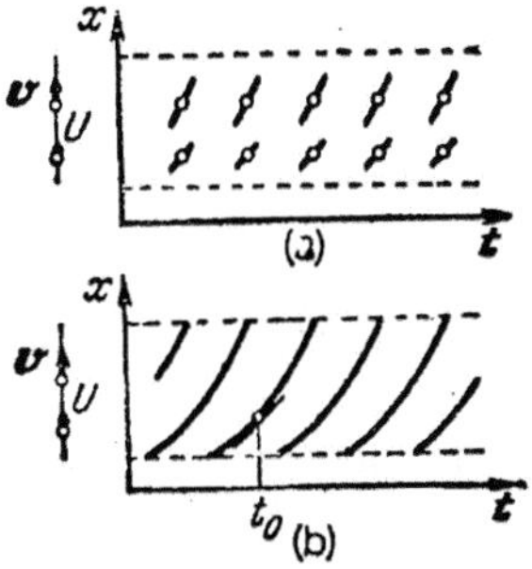

图 15 在扩张相空间中的向量场(a)和积分曲线(b)

方程(1)的解满足初始条件(2)当且仅当对应的积分曲线通过

点 (t_0, x_0). 这样,求方程(1)满足条件(2)的解等价于过点(t_0, x_0)画一条每一点均与方向场 $\mathbf{v}$ 相切的曲线.

注意沿给定的水平直线 $x = \text{const}$, 积分曲线的斜率处处相同.

问题 1 设 $x = \arctan t$ 是方程(1)的解. 证明 $x = \arctan(t+1)$ 也是解.

提示 解答在 § 10.1 中给出.

2.3 定理

设 $\mathbf{v}: U \to \mathbf{R}$ 是定义在实轴区间

$$U = \{x \in \mathbf{R}: \alpha < x < \beta\}, -\infty \leqslant \alpha < \beta \leqslant +\infty$$

上的可微函数,则

1) 对于任何点 $t_0 \in \mathbf{R}$, $x_0 \in U$ 存在方程(1)满足初始条件(2)的解 φ;

2) 方程(1)满足初始条件(2)的任何两个解 φ_1, φ_2 在点 $t = t_0$ 的某个邻域内重合;

3) 方程(1)满足初始条件(2)的解 φ 满足

$$t - t_0 = \int_{x_0}^{\varphi(t)} \frac{d\xi}{\mathbf{v}(\xi)} \quad 若 \ \mathbf{v}(x_0) \neq 0,$$
$$\varphi(t) = x_0 \quad 若 \ \mathbf{v}(x_0) = 0. \tag{3}$$

注 因 $\mathbf{v}(\xi)$ 是已知函数,公式(3)使我们能够应用积分求出 φ 的反函数 $\psi(t = \psi(x), \ \varphi(t) = x)$. 然后我们可以利用隐函数定理求得 φ. 这样,公式(3)导致方程(1)满足条件(2)的解.

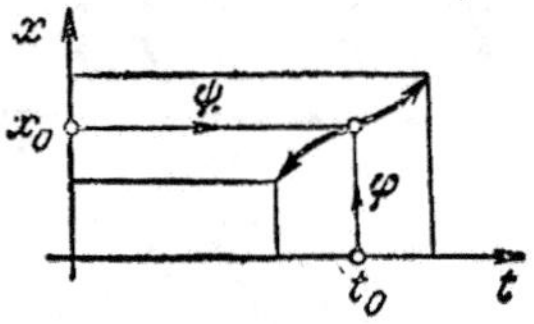

图 16 解 φ 和它的反函数 ψ

2.4 定理 2.3 的初步证明

a) 若 $\mathbf{v}(x_0) = 0$, 令 $\varphi(t) \equiv x_0$, 则 φ 是(1)和(2)的解且满

足条件(3).

b) 设 $\mathbf{v}(x_0)\neq 0$, 又设 φ 是(1)和(2)的解. 则由隐函数定理知,函数 φ 的反函数 $\psi(t=\psi(x),\ \psi(x_0)=t_0)$ 在点 x_0 的充分小邻域内有定义(图 16)且

$$\left.\frac{d\psi}{dx}\right|_{x=\xi}=\frac{1}{\mathbf{v}(\xi)}.$$

由于 $\mathbf{v}(x_0)\neq 0$, 函数 $1/\mathbf{v}(\xi)$ 在点 $\xi=x_0$ 的充分小邻域内连续,因此由微积分基本定理知

$$\psi(x)-\psi(x_0)=\int_{x_0}^{x}\frac{d\xi}{\mathbf{v}(\xi)}$$

在点 $x=x_0$ 的充分小邻域内唯一地确定 ψ. 函数 ψ 的反函数 φ 在点 $t=t_0$ 的某一邻域内根据条件 $\varphi(t_0)=x_0$ 也被唯一地确定. (因为 $1/\mathbf{v}(x_0)\neq 0$, 所以隐函数定理可以应用). 这样,在点 $t=t_0$ 的充分小的邻域内方程(1)服从条件(2)的任何解满足(3),从而唯一性的断言 2) 得到了证明.

c) 我们还需检验 ψ 的反函数 φ 是(1)和(2)的解. 但

$$\frac{d\varphi}{dt}=\left.\frac{d\psi^{-1}}{dt}\right|_{x=\varphi(t)}=\left.\left(\frac{1}{\mathbf{v}(x)}\right)^{-1}\right|_{x=\varphi(t)}=\mathbf{v}(\varphi(t)),$$

$$\varphi(t_0)=x_0,$$

因此定理得"证".

问题 1 找出证明中的漏洞.

2.5 唯一性失效

设 $\mathbf{v}=x^{2/3}$, $t_0=0$, $x_0=0$ (图 17). 则容易看到解 $\varphi_1\equiv 0$ 和 $\varphi_2=(t/3)^3$ 都满足方程(1)和条件(2). 当然,函数 $\mathbf{v}$ 是不可微的, 因此这个例题与以上叙述的定理并不矛盾. 可是刚才所给的证明中没有用到 $\mathbf{v}$ 的可微性,即使在函数 $\mathbf{v}$ 仅是连续的情形,证明也能通过. 因此所给的证明不能是正确的. 事实上,唯一性的断言 2)只在 $\mathbf{v}(x_0)\neq 0$ 情形得到证明, 而且我们看到如果场 $\mathbf{v}$ 仅是连续的(而不可微),则满足初始条件 $\varphi(t_0)=x_0$ 的解的唯一性

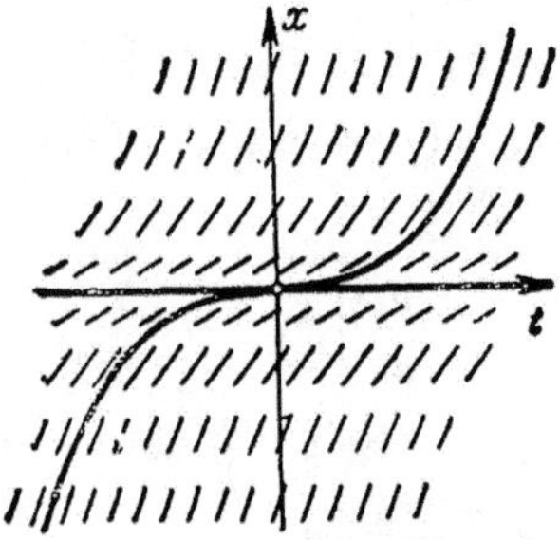

图 17　不唯一性的例题

可能完全失效，此处 x_0 是奇点 ($\mathbf{v}(x_0)=0$). 可是即使在这种情形，仍可以证明 $\mathbf{v}$ 的可微性保证了唯一性.

2.6　例

设 $\mathbf{v}(x)=kx$, $U=\mathbf{R}$ (图 18). 应用(3)解服从条件(2)的

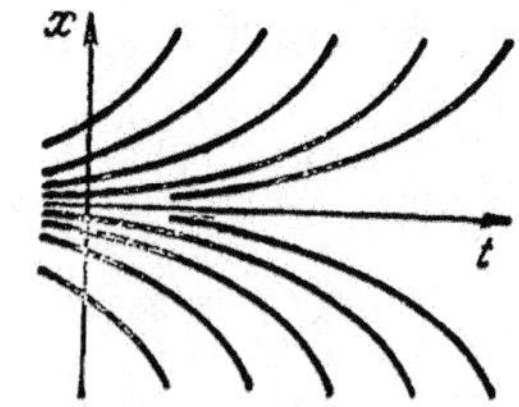

图 18　方程 $\dot{x}=kx$ 的积分曲线

形式为(1)的微分方程

$$\dot{x}=kx,\quad k\neq 0, \tag{4}$$

我们得到

$$t-t_0=\int_{x_0}^{\varphi(t)}\frac{d\xi}{k\xi}=\frac{1}{k}\ln\frac{\varphi(t)}{x_0},$$

此处 φ 是满足条件 $\varphi(t_0)=x_0>0$ 的解. 因此对于 t_0 的一个充分小邻域内的一切 t

$$\varphi(t)=x_0e^{k(t-t_0)}. \tag{5}$$

注意(5)的右端在整个 t 轴上有定义，而且表示一个满足初始

条件$\varphi(t_0)=x_0$和对于一切t满足微分方程(4)的处处可微的函数. 事实上,方程(4)的解正是纳皮尔(Napier)最初引入的指数函数.

问题 1 证明方程(4)满足条件 $\varphi(t_0)=x_0>0$ 的每一个解在解有定义的整个区间 $a<t<b$ 上由公式(5)所给定.

解 例如我们可以作如下的讨论: 设T是对于 $t_0\leqslant t<\tau$ 中的一切t使(5)式成立的数τ的集合的上确界. 由假设知, $t_0\leqslant T\leqslant b$. 若 $T<b$, 由于φ的连续性,公式(5)对 $t=T$ 成立. 但在另一方面公式(5)在T的某邻域内成立(为了证明这点,以T代替t_0,以 $\varphi(T)$ 代替 x_0, 重复导致公式(5)的讨论,并且注意到公式(5)蕴含 $\varphi(T)>0$). 于是$T=b$,因此公式(5)对于 $t_0\leqslant t<b$ 得到了证明. $a<t\leqslant t_0$ 的情形可类似地处理.

因此公式(5)给出方程(4)当 $x_0>0$ 时的一切解.

评注 这样, 在§1.6提出的关于放射性的衰变和细菌的繁殖问题已得到了解决. 在第一个问题中物质数量随时间按指数规律衰减. 在时间 $T=k^{-1}\ln 2$ 时放射性物质减少到初始物质的一半, 此时间称为给定物质的**半衰期**. 在第二个问题中,细菌的数目随时间按指数规律增长,在时间 $k^{-1}\ln 2$ 时增加一倍(只需维持着食物). 公式(5)也包含着许多其他问题的解(图19).

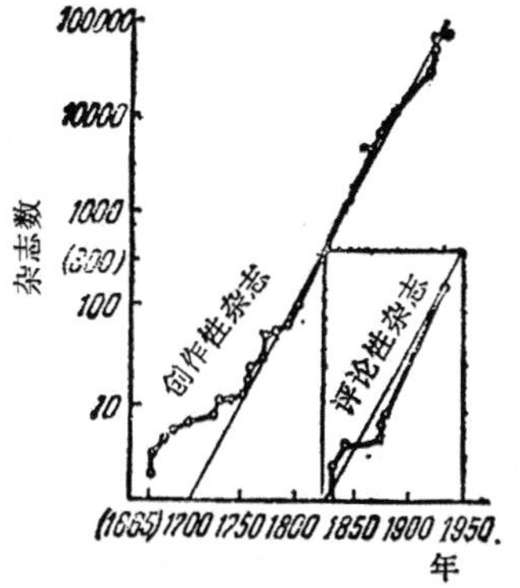

图 19 科学杂志(创作性杂志与评论性杂志)数目的增长

问题 2 假定温度是常数,问在什么样的高度,大气的密度是地球表面密度值的一半?(在地球表面一立方米空气的重量≈1250克.)

答 $8\ln 2\approx 5.6$ 公里,厄尔布鲁士山(Mt. Elbrus)的高度.

问题 3 证明方程(4)满足初始条件 $\varphi(t_0)=x_0<0$ 的一切解也由公式

(5)给定.

应该注意当 $x_0 \neq 0$ 时对任何 t 值函数(5)均不为零. 因此方程(4)满足 $x_0 = 0$ 的唯一解是驻定解 $x \equiv 0$. 这样认为公式(5)是微分方程(4)的全部解.

特别, 定理 2.3 的唯一性论断对方程 (4) 是有效的. 从此出发,人们容易推出对于具有可微向量场 $\mathbf{v}$ 的任何方程(1)和更一般方程的唯一性.

在 $\mathbf{v}(x) = x^{2/3}$ 时唯一性失效的理由是这一向量场在接近点 $x=0$ 时下降得不够快. 因此解在有限时间就到达奇点. 在 $\mathbf{v}(x) = kx$ 的情形到达奇点需要无限长的时间, 这是由于积分曲线彼此按指数规律接近. 具有可微向量场 $\mathbf{v}$ 的任何微分方程的特性是它的积分曲线彼此间没有比按指数规律接近的更快的速度接近, 因此得出唯一性. 特别, 通过一般方程(1)与形式(4)的适当方程的比较,容易得到定理 2.3 中唯一性的证明.

2.7 比较定理

设 $\mathbf{v}_1$, $\mathbf{v}_2$ 是实轴区间 U 上满足 $\mathbf{v}_1 < \mathbf{v}_2$ 的实连续函数, 又设 φ_1, φ_2 分别是微分方程

$$\dot{x} = \mathbf{v}_1(x), \quad \dot{x} = \mathbf{v}_2(x) \tag{6}$$

满足同样初始条件 $\varphi_1(t_0) = \varphi_2(t_0) = x_0$ 的解 (图 20), 此处 φ_1, φ_2 都定义在区间 $a < t < b(-\infty \leqslant a < b \leqslant +\infty)$ 上.

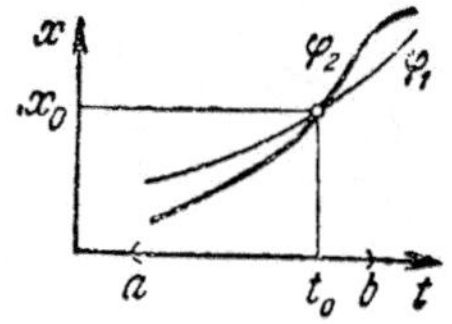

图 20 在相等的 x 的点, φ_2 的斜率大于 φ_1 的斜率, 但在相等的 t 的点则不一定如此

定理 不等式

$$\varphi_1(t) \leqslant \varphi_2(t) \tag{7}$$

对于区间 (a, b) 内的一切 $t \geqslant t_0$ 都成立.

证明 不等式 (7) 几乎是显然的("慢骑者不能走得更远")[1]. 更严格地说,设 T 是对于 $t_0 \leqslant t < \tau$ 中的一切 t 使 (7) 式成立的数 τ 的集合的上确界. 由假设知 $t_0 \leqslant T \leqslant b$. 若 $T < b$,则由于 φ_1, φ_2 的连续性知 $\varphi_1(T) = \varphi_2(T)$,而且由假设知

$$\left.\frac{d\varphi_1}{dt}\right|_{t=T} < \left.\frac{d\varphi_2}{dt}\right|_{t=T},$$

因此对充分接近 T 的一切 $t > T$ 的点有 $\varphi_1 < \varphi_2$. 故 T 不能是前面所指的上确界. 这一矛盾证明了所要的论断 $T = b$. □

注 用同样的方法可以证明对于 $t \leqslant t_0$ 有 $\varphi_1(t) \geqslant \varphi_2(t)$.

2.8 定理 2.3 证明的完成

设 x_0 是可微向量场 $\mathbf{v}$ 的驻定点,因此 $\mathbf{v}(x_0) = 0$. 则如现在我们要证明的方程(1)满足初始条件(2)的解是唯一的,即若 φ 是方程(1)满足 $\varphi(t_0) = x_0$ 的任意解,则 $\varphi(t) \equiv x_0$. 不失一般性,可以假定 $x_0 = 0$. 因为场 $\mathbf{v}$ 是可微的且 $\mathbf{v}(0) = 0$, 所以对于充分小的 $|x| \neq 0$, 我们有

$$|\mathbf{v}(x)| < k|x|, \tag{8}$$

此处 $k > 0$ 是一正常数. 所需要的唯一性现在从下列事实推得, 方程 (4)的积分曲线(除了 $x = 0$ 的积分曲线) 比方程(1)的积分曲线更快地接近 $x = 0$, 正像在 § 2.6 中我们已经注意到的那样, 在有限时间内它不能到达直线 $x = 0$.

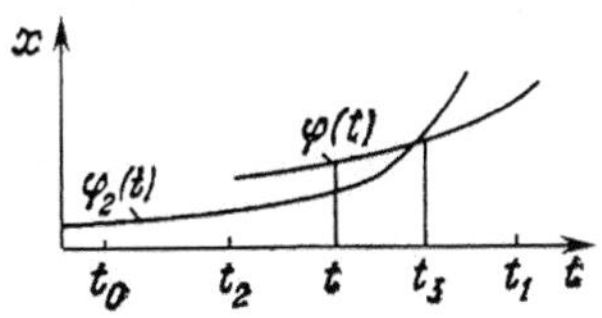

图 21 解 φ 不能等于零,因为它比指数函数 φ_2 更慢地接近于零.

---

1) 可是我们应该注意在给定瞬时 φ_1 的改变率可能大于在同一瞬时 φ_2 的改变率(图 20).

证明可作得更严格一些，例如按下列方式进行：设 φ 是(1)和(2)满足 $\varphi(t_0)=0$ 的解(图 21)。而且假设 $\varphi(t_1)>0$，$t_1>t_0$。因为 φ 是连续函数，存在具有下列性质的一个区间 (t_2, t_3)：1) $\varphi(t_2)=0$，2) 对于 $t_2<t\leqslant t_3$，$\varphi(t)>0$，3) 对于 $t_2<t\leqslant t_3$，$x=\varphi(t)$ 满足关系(3)。事实上，对于 t_2 我们可选取对于 $\tau<t\leqslant t_1$ 的 t 满足 $\varphi(t)>0$ 的 τ 值的下确界，而对于 t_3 则可取充分接近于 t_2 的任何点 $t_3>t_2$。

现在我们把解 $\varphi(t)$，$t_2<t\leqslant t_3$，与方程(4)服从初始条件 $\varphi_2(t_3)=\varphi(t_3)$ 的解

$$\varphi_2(t)=\varphi(t_3)e^{k(t-t_3)}$$

作比较. 由于(8)，从比较定理推得

$$\varphi(t)\geqslant\varphi(t_3)e^{k(t-t_3)}$$

对一切 $t_2<t\leqslant t_3$ 成立. 由于连续性，因此

$$\varphi(t_2)\geqslant\varphi(t_3)e^{k(t_2-t_3)}>0.$$

这与 $\varphi(t_2)=0$ 矛盾，因此证明了不存在使 $\varphi(t_1)>0$，$t_1>t_0$ 的 t_1。$t_1<t_0$ 和 $\varphi(t_1)<0$ 的情形可类似地处理. □

问题 1 不与方程(4)比较，应用 § 2.6 证明唯一性的方法，证明唯一性的一个充分条件是积分

$$\int_{x_0}^{x}\frac{d\xi}{\mathbf{v}(\xi)}$$

在点 x_0 发散.

问题 2 对于微分方程 $\dot{x}=\mathbf{v}(x,t)$ 证明唯一性的论断，此处 $\mathbf{v}$ 是可微函数，且假定满足初始条件 $\varphi(t_0)=x_0$ 的解 $x=\varphi(t)$ 存在.

提示 令 $y=x-\varphi(t)$，而且与适当的方程(4)作一比较.

§ 3 直线上的相流

刚才已经学习了怎样求解由直线上向量场所确定的微分方程，现在我们看一看我们的结果在相流语言下的意义.

3.1 单参数线性变换群

我们从特别简单的方程

$$\dot{x}=kx,\quad x\in\mathbf{R}\tag{1}$$

开始．如我们所知，方程(1)满足初始条件 $\varphi(0)=x_0$ 的解刚好是

$$\varphi(t)=e^{kt}x_0.$$

现在我们把初始条件 x_0 变为时间 t 以后的解

$$g^t x_0=e^{kt}x_0$$

定义为"t 推进映射 $g^t:\mathbf{R}\to\mathbf{R}$"．此映射族 $\{g^t\}$ 称为伴随于方程(1)的相流．或称为伴随于向量场 $\mathbf{v}=kx$ 的相流．注意映射 g^t 是直线的线性变换，即直线的 e^{kt} 倍伸展．对于任何实数 s 和 t 我们有

$$g^{s+t}=g^s g^t,\quad g^0 x=x.$$

而且 $g^t x$ 关于 t 和 x 都是可微的．由此推出相流 $\{g^t\}$ 是单参数微分同胚群，此处每一个微分同胚是直线的线性变换．线性空间的单参数微分同胚群将简称为单参数线性变换群[1]，这里每个微分同胚是一个线性变换．这样，伴随于方程(1)的相流 $\{g^t\}$ 是单参数线性变换群，而且在此相流的作用下点的运动刚好是方程(1)的解．

定理 直线 $\mathbf{R}$ 的每一个单参数线性变换群 $\{g^t\}$ 是形式为 (1) 的微分方程的相流，因此对某个 k

$$g^t x=e^{kt}x.$$

在证明定理之前，我们作一个一般特征的评注．

3.2 单参数群的微分方程

设 $\{g^t\}$ 是区域 U 的单参数微分同胚群；$\mathbf{v}$ 是由关系

$$\mathbf{v}(x)=\left.\frac{d}{dt}\right|_{t=0} g^t x,\quad x\in U$$

所确定的相速度的向量场．

定理 相点的运动 $\varphi:\mathbf{R}\to U$，$\varphi(t)=g^t x$ 是微分方程

$$\dot{x}=\mathbf{v}(x) \tag{2}$$

的解．

---

1) 注意：关于 t 的可微性隐含在单参数线性变换群 g^t 的定义内．

证明 我们只需证明相点 $g^t x$ 在每一瞬时 t_0 的运动速度与点 $g^{t_0}x$ 的相速度重合．这是很明显的，因为变换 g^t 形成一个群：

$$\left.\frac{d}{dt}\right|_{t=t_0} g^t x = \left.\frac{d}{d\tau}\right|_{\tau=0} g^{t_0+\tau} x$$

$$= \left.\frac{d}{d\tau}\right|_{\tau=0} g^\tau(g^{t_0}x) = \mathbf{v}(g^{t_0}x).$$

3.3 直线上单参数线性变换群的一般形式

设 $\{g^t\}$ 是线性空间 L 的单参数线性变换群．由于对 x 为线性的函数 $g(t, x) = g^t x$ 关于参数 t 的导数 $(d/dt)|_{t=0}$ 对 x 本身也是线性的[1]，因此相速度 $\mathbf{v}(x)$ 线性地依赖于 $x \in L$．特别，若 L 是实直线 $\mathbf{R}$，则对于 x 是线性的每一个函数有形式 $\mathbf{v}(x) = kx$，此处 $k = \mathbf{v}(1)$．因此运动 $\varphi(t) = g^t x$ 是具有 $\mathbf{v}(x) = kx$ 的方程 (2) 的解，即方程(1)的解．因为此方程满足条件 $\varphi(0) = x$ 的唯一解有形式 $g^t x = e^{kt}x$．定理 3.1 的证明现在完成了．

***问题 1** 证明直线上的每一个连续的单参数线性变换群是自动可微的．

提示 回忆指数函数当自变量为整数、有理数、无理数值时的定义．

评注 这样一来，在定义单参数线性变换群时，我们对变换 g^t 关于 t 可微的要求可以用它们对于 t 是连续的要求来代替．

***问题 2** 求出下列线性空间的所有单参数线性变换群： a) $\mathbf{R}^2$（实平面）； b) $\mathbf{C}^1$（复直线，即复数域上的一维线性空间）．

提示 在第三章中我们将描述 n 维的实和复空间 $\mathbf{R}^n$ 和 $\mathbf{C}^n$ 的所有单参数线性变换群．

3.4 非线性的例题

下面我们研究更复杂的微分方程

$$\dot{x} = \sin x, \quad x \in \mathbf{R}.$$

问题 1 求此方程满足初始条件 $\varphi(0) = x_0$ 的解．

---

1) 注意：若 $b \neq 0$，则线性非齐次函数 $f(x) = ax + b$ 就不是线性的．

此处我们可以再定义 t 推进映射

$$g^t:\mathbf{R}\to\mathbf{R},\quad g^t x_0=\varphi(t),$$

这里 $\varphi(t)$ 是满足初始条件 $\varphi(0)=x_0$ 的解. 映射 g^t 形成直线上的单参数微分同胚群，即形成伴随给定方程的相流. 相流 $\{g^t\}$ 有静止点 $x=k\pi$, $k=0,\pm 1,\cdots$,而且微分同胚 $g^t(t\neq 0)$ 是直线的非线性变换. 若 $t>0$, 则变换 g^t 把每一点 x 移向离 x 最近的 π 的奇数倍的点. 若 $t<0$, 则点 x 被移向离 x 最近的 π 的偶数倍的点(图 22).

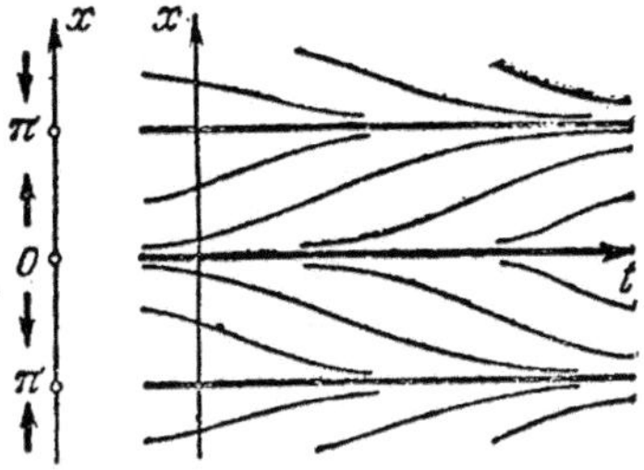

图 22　方程 $\dot{x}=\sin x$的相空间和扩张相空间

问题 2　证明函数序列 g^{t_i},当 $t_i\to\infty$ 时收敛,但不一致收敛.

上述例子引起了下面的希望: 对于直线上的每一个方程

$$\dot{x}=\mathbf{v}(x),\quad x\in\mathbf{R},$$

都存在与它相联系的直线上的单参数微分同胚群 $\{g^t\}$, $g^t x=\varphi(t)$, 此处 $\varphi(t)$ 是满足初始条件 $\varphi(0)=x$ 的解. 但如下面例题所说明的,这种希望是不成立的.

3.5　反例

研究具有 § 1.6 例 3 意义下"过速增长"特征的微分方程

$$\dot{x}=x^2$$

(图 23). 此方程有由 § 2 公式(3)给出的解

$$t-t_0=\int_{x_0}^{\varphi(t)}\frac{d\xi}{\xi^2},$$

此解经常写成形式

$$\int dt = \int \frac{dx}{x^2}, \tag{3}$$

$$t = -\frac{1}{x} + C, \quad x = -\frac{1}{t - C}.$$

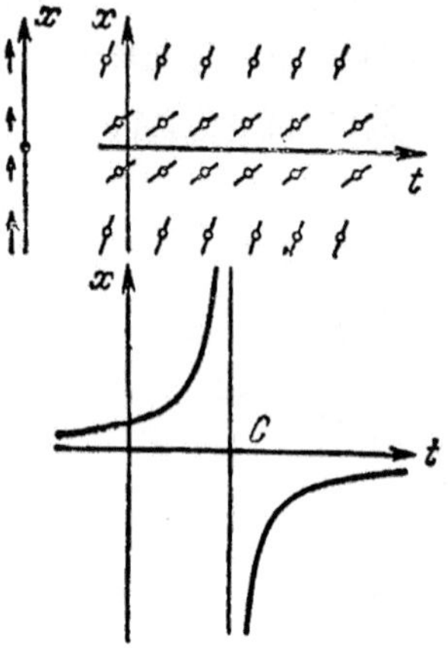

图 23　方程 $\dot{x} = x^2$ 的方向场和两个解

人们不要认为最后的公式等价于(3)，也不要认为函数 $x = -1/(t - C)$ 是一个解．事实上，函数 $x = -1/(t - C)$ 的定义域不是一个区间而是两个区间 $t < C$ 和 $t > C$，因此 $x = -1/(t - C)$ 在这些区间上的限制给出了两个彼此无关的解（只要我们限制在 t 的实数域中，在本书中只考虑这种区域）．

这些研究说明：若人口的增长与现有人口的平方成比例，则人口数目在有限的时间内变成无穷(然而通常的增长规律是指数函数)．物理上这一结论对应着过程的爆炸性质(当然，对于充分接近 C 的 t，在问题中由微分方程描述的过程所需要的理想化变成不合适的了，因此人口的数目在有限时间内实际上不会变成无穷大)．另一方面，我们看到对 t 推进映射的公式（$g^t x_0 = \varphi(t)$，此处 $\varphi(t)$ 是满足初始条件 $\varphi(0) = x_0$ 的解）对于任何 $t \neq 0$ 没有给出一个微分同胚 $g^t: \mathbf{R} \to \mathbf{R}$．

问题 1　证明带重点号部分的结论．

3.6　相流存在的条件

在前面问题中 $\{g^t\}$ 不是单参数微分同胚群的理由不在于可微性失效或群的性质破坏，而唯一的理由在于函数 $g^t (t \neq 0)$ 不是定义在整个 x 轴上．因为某些解在时间不超过 t 时变为无穷（图 24）．可是，若解不在有限时间变成无穷，则 § 3.4 末尾所作的结论实际上是有效的.

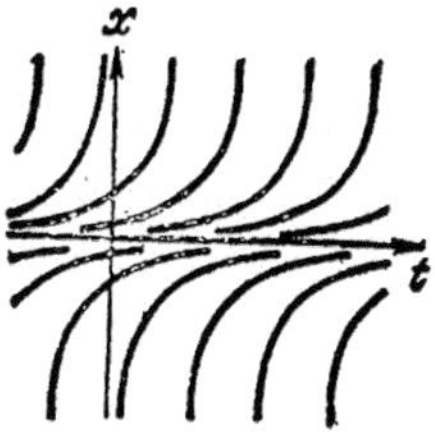

图 24　方程 $\dot{x}=x^2$ 的积分曲线

问题 1　假定函数 $\mathbf{v}$ 是可微的，并且对于充分大的 $|x|$，$\mathbf{v}(x)$ 恒等于零，证明 § 3.4 末尾的结论.

提示　解答包含在更一般定理的证明中，此更一般的定理断言：在紧致流形上的每一个可微向量场是单参数微分同胚群的相速度场(见 § 35).

评注　这样一来，§ 3.5 反例的可能性来源于直线的非紧致性.

问题 2　假定对于所有的 $x\in\mathbf{R}$，$|\mathbf{v}(x)|<A|x|+B$，此处 A，B 是正常数，证明 § 3.5 的结论.

提示　用比较定理 2.7.

§ 4　平面上的向量场和相流

如果微分方程相空间的维数大于 1（例如等于 2），则对于求显式解无一般方法．可是存在某些能够化为一维问题的特殊情形.

4.1　直积

考虑分别由相空间 U_1 和 U_2 中的可微向量场 $\mathbf{v}_1$ 和 $\mathbf{v}_2$ 所确定的两个方程

$$\dot{x}_1=\mathbf{v}_1(x_1),\quad x_1\in U_1, \tag{1}$$

$$\dot{x}_2=\mathbf{v}_2(x_2),\quad x_2\in U_2. \tag{2}$$

定义　所谓微分方程(1)和(2)的直积指的是相空间为 U_1 和 U_2 的直积的微分方程；此微分方程由场 $\mathbf{v}_1$ 和 $\mathbf{v}_2$ 的“直积”的向量场所确定．于是，

$$\dot{x} = \mathbf{v}(x), \quad x \in U, \tag{3}$$

此处 $U = U_1 \times U_2$，$x = (x_1, x_2)$，$\mathbf{v}(x) = (\mathbf{v}_1(x_1), \mathbf{v}_2(x_2))$.

特别，若相空间 $U_1 \subset \mathbf{R}$ 和 $U_2 \subset \mathbf{R}$ 是一维的，则 U 是平面 (x_1, x_2) 的一个区域，而微分方程(3)是特殊类型的两个纯量微分方程的一个系统：

$$\begin{cases} \dot{x}_1 = \mathbf{v}_1(x_1), & x_1 \in U_1 \subset \mathbf{R}, \\ \dot{x}_2 = \mathbf{v}_2(x_2), & x_2 \in U_2 \subset \mathbf{R}. \end{cases} \tag{4}$$

从上述定义立即推得下面的定理.

定理 如果 φ 是微分方程(1)和(2)的直积(3)的解，则 φ 是形式为 $\varphi(t) = (\varphi_1(t), \varphi_2(t))$ 的映射 $\varphi: I \to U$，此处 φ_1 和 φ_2 是定义在同一区间 I 上的方程(1)和(2)的解.

特别，若相空间 U_1 和 U_2 是一维的，我们知道怎样解方程(1)和(2). 因此我们也能明显地解两个微分方程的系统(4).

事实上，如果 $\mathbf{v}_1(x_{10}) \neq 0$，$\mathbf{v}_2(x_{20}) \neq 0$，由定理 2.3 知，满足初始条件 $\varphi(t_0) = x_0$ 的解能在点 $t = t_0$ 的一个邻域内从关系

$$\int_{x_{10}}^{\varphi_1(t)} \frac{d\xi}{\mathbf{v}_1(\xi)} = t - t_0 = \int_{x_{20}}^{\varphi_2(t)} \frac{d\xi}{\mathbf{v}_2(\xi)}, \quad x_0 = (x_{10}, x_{20})$$

中求得. 如果 $\mathbf{v}_1(x_{10}) = 0$，则用 $\varphi_1 \equiv x_{10}$ 代替第一个关系式，又若 $\mathbf{v}_2(x_{20}) = 0$ 则用 $\varphi_2 \equiv x_{20}$ 代替第二个关系式. 最后，如果 $\mathbf{v}_1(x_{10}) = \mathbf{v}_2(x_{20}) = 0$，则 x^0 是向量场 $\mathbf{v}$ 的奇点而且是系统(4)的平衡位置，即 $\varphi(t) \equiv x_0$.

4.2 直积的例子

考虑下面两个微分方程的系统

$$\begin{cases} \dot{x}_1 = x_1, \\ \dot{x}_2 = kx_2. \end{cases}$$

问题 1 画出对应于 $k = 0, \pm 1, \frac{1}{2}, 2$ 的平面向量场.

我们已经分别解出了这些方程的每一个，因此满足初始条件 $\varphi(t_0) = x_0$ 的解是

$$\varphi_1 = x_{10} e^{t-t_0}, \quad \varphi_2 = x_{20} e^{k(t-t_0)} \tag{5}$$

的形式. 因此沿每一条相曲线 $x = \varphi(t)$，我们或者有 $x_1 \equiv 0$，或

者有

$$|x_2| = C|x_1|^k, \tag{6}$$

此处 C 是与 t 无关的常数.

问题 2 在相平面 (x_1, x_2) 上由(6)给出的曲线是相曲线吗?

答 不是.

曲线族(6)依赖于参数 k 的值而取各种形式,此处 $C\in\mathbf{R}$. 若 $k>0$,我们得到 k 次广义抛物线[1),且若 $k>1$,抛物线与 x_1 轴相切;若 $k<1$ 则与 x_2 轴相切(图 25 a 与25 c). 若 $k=1$ 我们得到经过原点的直线族(图 25b). 图 25 所示的相曲线的排列称为

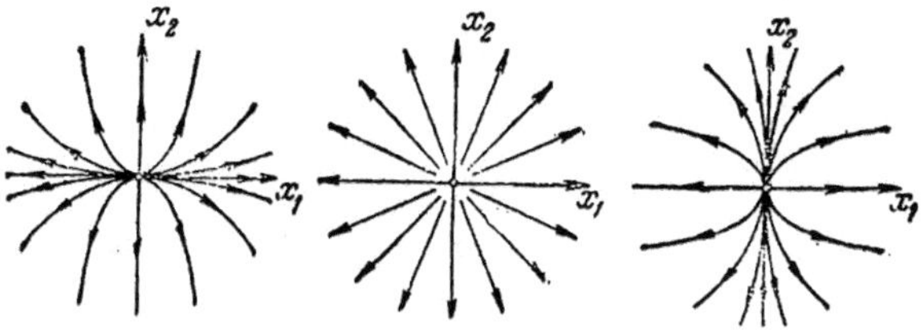

(a) (b) (c)

图 25 结点: 系统 $\dot{x}_1 = x_1$, $\dot{x}_2 = kx_2$ 的相曲线, $k>1$, $k=1$ 和 $0<k<1$

结点. 对于 $k<0$, 曲线是双曲线(图 26)[2), 它们在原点的邻域内形成**鞍点**. 对于 $k=0$,曲线变为直线(图 27).

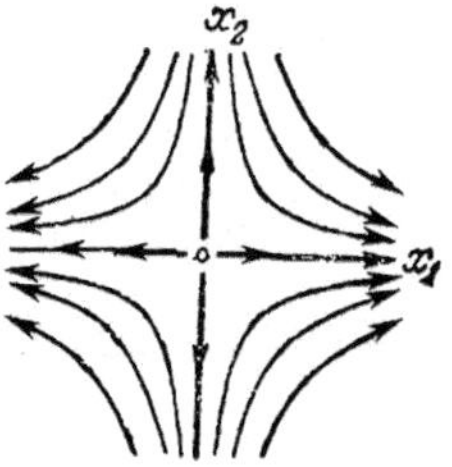

图 26 鞍点: 系统 $\dot{x}_1 = x_1$, $\dot{x}_2 = kx_2$, $k<0$ 的相曲线

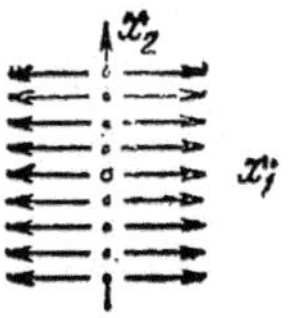

图 27 系统 $\dot{x}_1 = x_1$, $\dot{x}_2 = 0$ 的相曲线

---

1) 仅当 $k=2$ 或 $k=\frac{1}{2}$ 时,曲线才实际上是抛物线.

2) 仅当 $k=-1$ 时曲线才实际上是双曲线.

从(5)明显可知，每条相曲线均整个地位于一个象限中(或在半条坐标轴上，或可能与对一切 k 都是相曲线的原点相重合). 在图中箭头表示 t 增加时点 $\varphi(t)$ 的运动方向.

问题 3 证明每一条抛物线 $x_2 = x_1^2(k=2)$ 由三条相曲线组成. 描绘对于另外的 k 值 ($k>1$, $k=1$, $0<k<1$, $k=0$, $k<0$) 的所有相曲线.

评注 观察当 k 连续变化时相曲线如何从一条变成另一条是很有趣的.

问题 4 画出对应于 $k=0.01$ 的结点和对应于 $k=-0.01$ 的鞍点.

4.3 平面单参数线性变换群

下面我们构造伴随于系统的相流，此相流如通常的方法由 t 推进映射 g^t 定义，即 $g^t x = \varphi(t)$，此处 $\varphi(t)$ 是满足初始条件 $\varphi(0) = x$ 的解. 从(5)推得 g^t 是平面的线性变换，此变换由沿 x_1 轴的 e^t 倍伸展和沿 x_2 轴 e^{kt} 倍伸展而组成(若 $\alpha<1$，α 倍伸展实际上是缩短). 在坐标系 x_1, x_2 中，变换 g^t 的矩阵有对角形

$$\begin{pmatrix} e^t & 0 \\ 0 & e^{kt} \end{pmatrix}.$$

$g^t x$ 关于 t 和 x 的可微性是显然的. 这样，映射 g^t 形成平面的单参数线性变换群. g^t, $t=1$ 在集合 E 上的作用，在 $k=2$ 的情形如图 28 所示，$k=-1$ 的情形如图 29 所示.

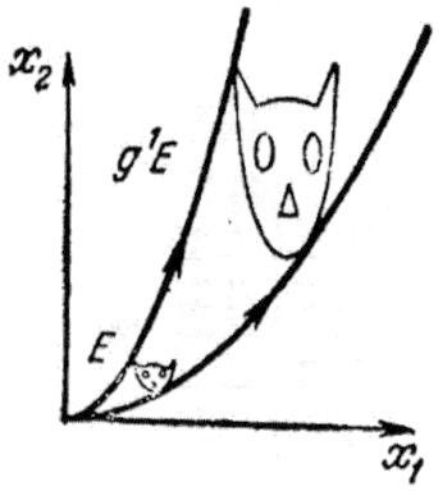

图 28 系统 $\dot{x}_1 = x_1$, $\dot{x}_2 = 2x_2$ 的相流

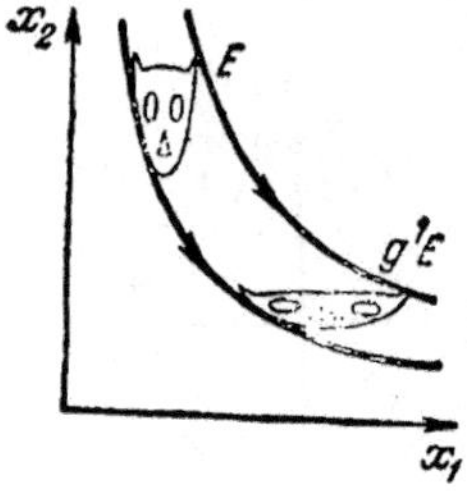

图 29 系统 $\dot{x}_1 = x_1$, $\dot{x}_2 = -x_2$的相流. 此变换 g^t 称为双曲旋转

应该注意，我们的平面单参数线性变换群可分解为两个直线上的单参数线性变换群的直积(即沿 x_1 轴的伸展和沿 x_2 轴的伸展).

问题 1 是否每个平面的单参数线性变换群都可以用同样的方法进行分解?

提示 研究转角为 t 的旋转或形式为 $(x_1, x_2) \mapsto (x_1 + x_2 t, x_2)$ 的移动.

§5 非自治方程

最简单的非自治微分方程的形式是

$$\frac{dy}{dx} = f(x, y),$$

此处右端依赖于自变量 x. 我们通过下面例题开始对这种形式的方程进行讨论.

5.1 可分离变量的方程

再一次研究具有一维相空间的两个方程的直积:

$$\begin{cases} \dot{x} = f(x), \\ \dot{y} = g(y). \end{cases} \tag{1}$$

这里 $x \in U \subset \mathbf{R}$ 是第一相空间的坐标, 而 $y \in V \subset \mathbf{R}$ 是第二相空间的坐标, 而 f 与 g 是由 U 和 V 中向量场所确定的可微函数.假设 $f(x_0) \neq 0$, 考虑过点 (x_0, y_0) 的相曲线, 则如我们现在所证明的,此曲线(图 30)在点 (x_0, y_0) 的一个邻域内能被形式为 $y = F(x)$ 的曲线给出.

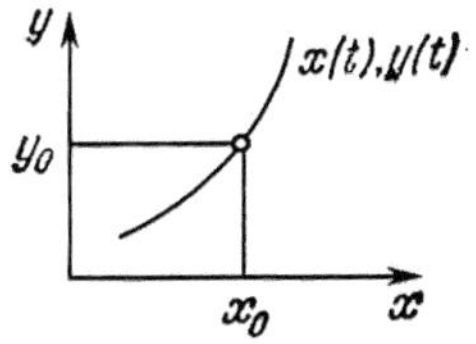

图 30 系统(1)的相曲线和方程(2)的积分曲线

相曲线参数地由

$$x = \varphi_1(t), \quad y = \varphi_2(t)$$

给出，此处 $\varphi=(\varphi_1,\varphi_2)$ 是系统 (1) 满足初始条件 $\varphi_1(t_0)=x_0$，$\varphi_2(t_0)=y_0$ 的解. 因为 $f(x_0)\neq 0$，我们有

$$\left.\frac{d\varphi_1}{dt}\right|_{t=t_0}\neq 0.$$

由隐函数定理知，φ_1 的反函数 ψ $(t=\psi(x))$ 在点 $x=x_0$ 的一个邻域内唯一地确定. 令 $F(x)=\varphi_2(\psi(x))$，则函数 F 在点 $x=x_0$ 的一个邻域内有定义、连续且可微，应用关于复合函数和隐函数求导的定理有

$$\left.\frac{dF}{dx}\right|_{\xi}=\left.\frac{d\varphi_2}{dt}\right|_{t=\psi(\xi)}\left.\frac{d\psi}{dx}\right|_{\xi}=\frac{g(F(\xi))}{f(\xi)},$$

$$F(x_0)=y_0.$$

简明地说，这表示 F 是微分方程

$$\frac{dy}{dx}=\frac{g(y)}{f(x)} \tag{2}$$

满足初始条件 $F(x_0)=y_0$ 的解. 我们称 (2) 为**可分离变量的方程**.

定理 *设函数 f 和 g 分别在点 $x=x_0$，$y=y_0$ 的一个邻域内有定义且连续可微，此处 $f(x_0)\neq 0$，$g(y_0)\neq 0$. 则方程 (2) 服从条件 $F(x_0)=y_0$ 的解在点 $x=x_0$ 的一个邻域内存在且唯一*[1)]，*并满足关系*

$$\int_{x_0}^{x}\frac{d\xi}{f(\xi)}=\int_{y_0}^{F(x)}\frac{d\eta}{g(\eta)}. \tag{3}$$

证明 为了构造解，我们考虑系统 (1). 由定理 4.1 知，存在系统(1)的满足初始条件 $\varphi(t_0)=(x_0,y_0)$ 的唯一解，在点 $t=t_0$ 的某一邻域中此解由公式

$$\int_{x_0}^{x}\frac{d\xi}{f(\xi)}=t-t_0=\int_{y_0}^{y}\frac{d\eta}{g(\eta)}$$

给出. 如以上所指出的，对应的相曲线是方程 (2) 服从初始条件 $F(x_0)=y_0$ 的解 F 的图形. 因此解 F 存在且满足关系 (3). 唯一

---

1) 在下列意义下：任何两个解在它们都有定义的地方互相重合.

性也是方程(1)和(2)之间关系的简单结果.

问题 1 进行唯一性的证明.

问题 2 研究 $g(y_0)=0$ 的情形.

问题 3 在区域 $x>0$, $y>0$ 中研究形式为(2)的微分方程

$$\frac{dy}{dx}=k\frac{y}{x}.$$

提示 满足初始条件 $F(x_0)=y_0$ 的解对一切 $x>0$ 都有定义且由公式

$$F(x)=Cx^k,\quad C=y_0x_0^{-k}$$

给出. 见图 25～图 27.

问题 4 在使方程右端有定义的区域内画出各个微分方程

$$\frac{dy}{dx}=kx^{\alpha}y^{\beta},\qquad \frac{dy}{dx}=\frac{\sin y}{\sin x},\qquad \frac{dy}{dx}=\frac{\sin x}{\sin y}$$

解的图形.

5.2 变系数方程

设 $\mathbf{v}$ 是具有坐标 t, $x_1,\cdots,x_n$ 的 $(n+1)$ 维欧几里得空间中的区域 U 到具有坐标 $v_1,\cdots,v_n$ 的 n 维欧几里得空间的可微映射. 这一映射确定一个依赖于时间 t 的向量场 $\mathbf{v}$ 和一个相应的非自治微分方程或变系数方程

$$\dot{\mathbf{x}}=\mathbf{v}(t,\mathbf{x}),\tag{4}$$

或更详细地

$$\frac{dx_i}{dt}=v_i(t;\ x_1,\cdots,x_n),\ i=1,\cdots,n.$$

例 1 对记号上作一些明显的更改(这里 $n=1$), 即知微分方程(2)属于这一类.

定义 设 $\boldsymbol{\varphi}$: $I\to\mathbf{R}^n$ 是定义在 t 轴的某一区间 I 上且在具有坐标为 $x_1,\cdots,x_n$ 的 n 维欧几里得空间 $\mathbf{R}^n$ 内取值的可微映射, 使 $\boldsymbol{\varphi}$ 的图形位于区域 U 中并且对每个 $\tau\in I$ 都有

$$\left.\frac{d}{dt}\right|_{t=\tau}\boldsymbol{\varphi}=\mathbf{v}(\tau,\boldsymbol{\varphi}(\tau)),$$

则 $\boldsymbol{\varphi}$ 称为微分方程(4)的解.

如果 t 解释为时间, 而空间 $\{\mathbf{x}\}$ 称为相空间, 则 $\mathbf{v}$ 可以认为是

在相空间中时间变化的相速度场．在这种语言下，解 $\boldsymbol{\varphi}$ 是在相空间中点的运动，使得在每一瞬时点的速度等于在给定时刻运动点所占据的那一点的相速度向量．

定义 如果点 t 和$(t_0, \mathbf{x}_0)$分别属于 I 和 U，而且 $\boldsymbol{\varphi}$ 在点 t_0 的值等于 $\mathbf{x}_0$，则说解 $\boldsymbol{\varphi}$ 满足初始条件 $\boldsymbol{\varphi}(t_0) = \mathbf{x}_0$.

非自治方程的解能够方便地在扩张相空间 $U \subset \mathbf{R}^1 \times \mathbf{R}^n$ 中几何地表示（图 31）．正如自治系统的情形，右端 $\mathbf{v}$ 确定区域U中的一个方向场(若 $n = 1$，$\mathbf{v}$ 是与正 t 轴倾角的正切)．

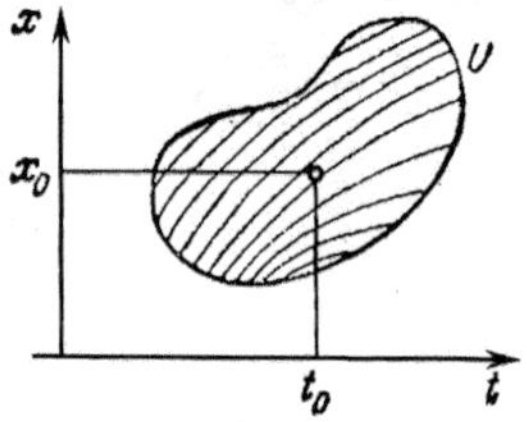

图 31 在扩张相空间U中方程 $\dot{\mathbf{x}} = \mathbf{v}(\mathbf{x}, t)$ 的积分曲线

求满足初始条件 $\boldsymbol{\varphi}(t_0) = \mathbf{x}_0$ 的解等价于画出过区域 U 中的点$(t_0, \mathbf{x}_0)$的曲线，使它在每点 $(t, \mathbf{x} = \boldsymbol{\varphi}(t))$ 的切线有给定的方向．此曲线(解的图形)称为积分曲线．

注 一般说来，自然规律不随时间变化，具有右端依赖于时间的类似于 (4) 的方程大多在下列情况发生．假定我们研究物理系统 I + II 的某一部分 I． 虽然整个系统的发展规律不随时间变化，但部分 II 对部分 I 的影响可以引起部分 I 的发展规律依赖于时间．例如，月球对地球的影响产生潮汐，这一影响数学地表示为下列的事实：出现在地球上的物体的运动方程中的重力加速度的数值成为可变的了．在这种情况，我们说孤立部分 I 是非自治的，它说明应用到方程(4)的术语非自治系统． 当然，形式(4)的方程也可能在另外的情况中发生，例如，从一对方程(1)化为分离变量方程(2)时就会发生．

问题 1 求微分方程

$$\dot{\mathbf{x}} = \mathbf{V}(t)$$

满足初始条件 $\varphi(t_0)=\mathbf{x}_0$ 的解 φ.

答 牛顿 (Newton) 引进积分

$$\varphi(t)=\mathbf{x}_0+\int_{t_0}^{t}\mathbf{v}(t)dt$$

解决了这一问题.

问题 2 证明自治系统

$$\dot{\mathbf{x}}=\mathbf{v}(\mathbf{x}),\quad \mathbf{x}\in U\subset\mathbf{R}^n$$

的相曲线是非自治系统

$$\frac{dx_i}{dx_1}=\frac{v_i(x)}{v_1(x)},\ i=1,\cdots,n-1$$

的解的图形，同时其逆也真，此处 $\mathbf{x}=(x_1,\cdots,x_n)$, $\mathbf{v}=(v_1,\cdots,v_n)$, $v_1\neq0$.

5.3 关于微分方程的积分的注

如上所述，最简单的常微分方程的解能够通过应用积分运算求得. 由于这一理由，一般求微分方程解的过程有时称为积分. 对于积分特殊类型的微分方程有许多种方法，这些方程的一览表和相应的解法可以在文献中找到[1). 在已解决的方程中作各种代换的简单设计，任何人都能扩大可积微分方程的类型. 积分微分方程的专家们(如雅可比 (Jacobi))用这种方法在解决特殊的应用问题时取得了很大的成功.

可是所有这些积分的方法有两个基本的缺点. 首先，如刘维尔证明的许多微分方程不能求得显式解. 例如，即使最简单的方程如

$$\frac{dy}{dx}=y^2-x$$

也“不能用积分法求解”，即解不能表示为初等函数或代数函数与

---

1) 参考: A. F. Filippov, Collection of Problems on Differential Equations Moscow (1961) 和 E. kamke, Differential Eqations Methods of Solution and Solutions, I. Ordinary Differential Equations (in German), Leipzig (1956)，后者包含大约 1.6×10^3 个方程.

这些函数积分的有限组合[1]. 其次,一个给出显式解的复杂公式与一个简单的近似公式相比，结果常常是前者不会有更大的用处. 例如，方程 $x^3-3x=2a$ 可以用卡当 (Cardano) 公式求得显式解

$$x=\sqrt[3]{a+\sqrt{a^2-1}}+\sqrt[3]{a-\sqrt{a^2-1}}.$$

可是,如果我们对 $a=0.01$ 解此方程,对于小的 a,注意到方程有根 $x\approx-\frac{2}{3}a$ 是有益的，但这一事实从卡当公式来看是很不明显的. 完全一样,单摆的方程 $\ddot{x}+\sin x=0$ 应用(椭圆)积分能够求得显式解,但大多数包含单摆性能的问题,从关于小振动的近似方程 $\ddot{x}+x=0$ 出发,和从不包含显式公式的定性研究出发更容易解决(见 § 12).

对精确解敏感的方程常用来作为例子,因为它们有时能表现出在更复杂的情况下也发生的性能. 例如,对于许多数学物理方程的所谓“自相似解”就是如此. 而且,求得一个精确地可解的问题，常常开辟了近似地求解邻近问题的可能性,譬如说,用扰动理论(见 § 9). 然而，从研究精确地可解问题得到的结果推广到一般形式的邻近问题是危险的. 事实上,一个精确地可积的方程常是严格地可积的,因为它的解比那些邻近的不可积的问题的解有更简单的性能.

§ 6 切 空 间

在研究各类数学对象时，考察在映射下对象的性能怎样改变常是很重要的. 在研究常微分方程中起关键作用的一个重要角色是变量代换即选取适当的坐标系. 因此，我们必须说明在可微映射下微分方程的形式是怎样改变的，又因为微分方程是由向量场指定,因此向量场和速度向量的概念必须进行分析.

1) 这一事实的证明类似于五次方程用根式求解的不可能性问题的证明(雷费里-阿贝尔-伽罗瓦 (Ruffini-Abel-Galois))，它是从某一个群的不可解性推导而得. 不像通常的伽罗瓦理论，我们此地涉及的是李群的不可解性而不是有限群的不可解性. 处理这些问题的数学分支称为**微分代数**.

假定我们把速度向量朴素地认为是在空间点上作出的一个箭头. 则在映射下此箭头变成曲线，因此不再是向量. 下面我们将定义一个线性空间，它的元素是过区域 U 中给定点 x 的曲线的速度向量. 此线性空间称为 U 在点 x 的切空间并用 TU_x 表示. 设 $f: U \to V$ 是可微映射. 以后我们还要定义一个称为映射 f 在点 x 的导数的切空间的线性映射

$$f_*|_x: TU_x \to TV_{f(x)}.$$

在这一节中的所有定理实质上包含在数学分析的课程中，唯一新奇的是我们的术语更几何化.

6.1 切向量的定义

设 U 是具有坐标 $x_i: U \to \mathbf{R}$, $i = 1, \cdots, n$ 的 n 维欧几里得空间的一个区域，又设 $\varphi: I \to U$ 是 t 轴上的一个开区间到 U 内且使 $\varphi(0) = x \in U$ 的可微映射. 则我们说曲线经过点 x[1].

在坐标系 x_i 中，点 x 处曲线的速度向量由它的分量

$$v_i = \frac{d}{dt}\bigg|_{t=0} (x_i \circ \varphi), \quad i = 1, \cdots, n \tag{1}$$

指定，此处 $(x_i \circ \varphi)(t) = x_i(\varphi(t))$ 是复合映射 $I \xrightarrow{\varphi} U \xrightarrow{x_i} \mathbf{R}$. 也可以使用记号 $v_i = \dot{x}_i|_{t=0}$.

定义 经过同一点 $x = \varphi_1(0) = \varphi_2(0)$ 的两曲线 $\varphi_1, \varphi_2: I \to U$（图 32）称为是（彼此）相切的，如果当 $t \to 0$ 时，点 $\varphi_1(t)$ 和

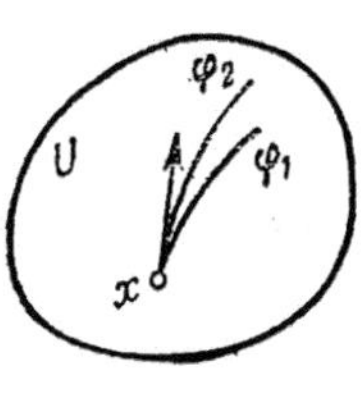

图 32 相切的曲线

1) 更严格地说，φ 在时刻 $t = 0$ 经过点 x. 当然，只要在所有公式中作适当的改变，$t = 0$ 可以代之以 $t = t_0$.

$\varphi_2(t)$ 之间的距离为 $o(t)$[1].

问题 1 证明两曲线在点 x 相切当且仅当它们在点 x 的速度向量是相同的.

经过点 x 的曲线的所有切向量的集合是一个 n 维的实线性空间(附以加法和数量乘法,这些运算由分量与分量之间的运算来实现),此线性空间称为**切空间**.

注意在此定义中坐标系起着作用，而且所得空间一看似乎就依赖于坐标系. 因此我们现在希望给出速度向量和切空间的一个不依赖于坐标系的不变的定义.

定义 欧几里得空间 $\mathbf{R}^n$ 的区域 U 中的坐标系 $y_i: U \to \mathbf{R}$, $i = 1, \cdots, n$ 称为是**容许的**,如果映射

$$y: U \to \mathbf{R}^n, \quad y(x) = y_1(x)\mathbf{e}_1 + \cdots + y_n(x)\mathbf{e}_n$$

(在 $\mathbf{R}^n$ 中有基向量 $\mathbf{e}_i$)是微分同胚.

问题 2 证明: 经过点 $y(x)$ 的曲线 $y\circ\varphi_1$ 和 $y\circ\varphi_2$ 是相切的当且仅当经过点 x 的曲线 φ_1 和 φ_2 是相切的(图 33), 因此, **相切的概念是与坐标系无关的几何概念**.

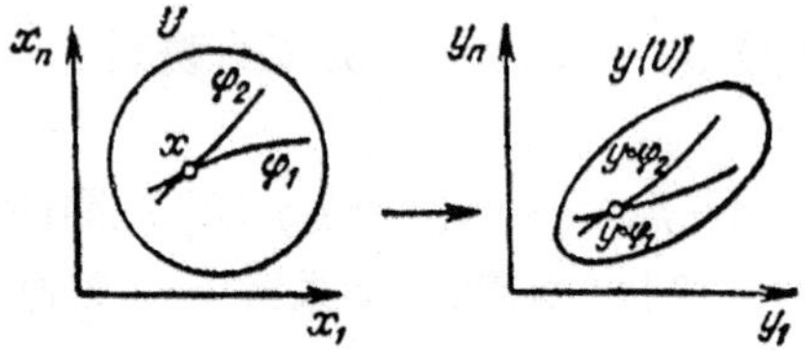

图 33 在微分同胚下相切性保持不变

定义 所谓经过点 $x \in U$ 的曲线 $\varphi: I \to U$ 的**速度向量** $\mathbf{v}$ 指的是经过点 x 且与 φ 相切的等价曲线类(图 34),记为

$$\mathbf{v} = \dot{\varphi}(0), \quad \mathbf{v} = \left.\frac{d\varphi}{dt}\right|_{t=0}.$$

问题 3 证明相切关系是一个等价关系,即 1) $\xi \sim \xi$, 2) $\xi \sim$

---

1) 注意: 映射 φ_1 和 φ_2 的**值域**,譬如说可以在点 x 的垂直线上.

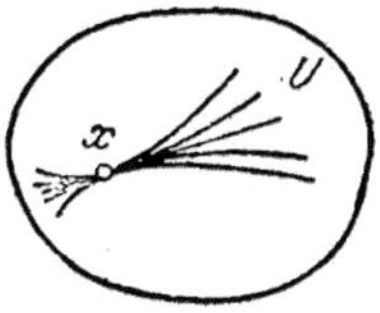

图 34 切于点 x 的曲线类

$\eta \Rightarrow \eta \sim \xi$，3) $\xi \sim \eta \sim \zeta \Rightarrow \xi \sim \zeta$，此处～意为"在 x 点相切"。

注 在我们的速度向量定义中坐标系不起作用，但是在 U 中容许坐标系类仍起作用。这一坐标系类称为 U 中的微分结构。如果不指定 U 中的微分结构，人们就不能定义曲线相切或曲线 φ 的速度向量的概念。

6.2 切空间的定义

定义 所谓区域 U 在点 x 的切空间是指经过点 x 的曲线的所有速度向量的集合（图 35）。此集合的元素称为切向量。区域 U 在点 x 的切空间表示为 TU_x（T 表示"相切"）[1]。

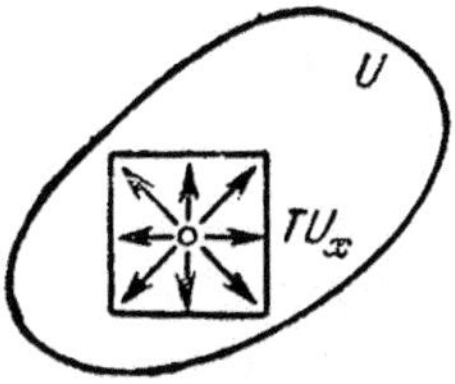

图 35 区域 U 在点 x 的切空间

设 $x_i: U \to \mathbf{R}$，$i = 1, \cdots, n$ 是 U 的容许坐标系，则经过点 $x \in U$ 的曲线 $\varphi: I \to U$ 的速度向量有由公式 (1) 给定的完全确定的分量 $v_i \in \mathbf{R}$，$i = 1, \cdots, n$（见问题 1）。因此，坐标系 x_i 确定一个从 U 在点 x 的切空间到向量 $(v_1, \cdots, v_n)$ 的 n 维实空间 $\mathbf{R}^n$ 的映射 $X: TU_x \to \mathbf{R}^n$；此映射 X 把数 $v_1, \cdots, v_n$ 与曲线 φ 的相

1）如果读者习惯于认为曲线的速度向量位于曲线本身的空间中，则一个线性空间的切空间和此线性空间本身的区别可能导致某种心理上的困难。在这种情形，把 U 想象为球面，重复前面的研究是有帮助的，此时 TU_x 是通常的切平面。

速度向量联系起来.

定理 1 由公式(1)给定的映射 $X: TU_x \to \mathbf{R}^n$ 是 TU_x 到 $\mathbf{R}^n$ 上的一对一的映射.

证明 根据问题 1，切向量(即彼此相切的曲线 $\varphi: I \to U$ 的类 $\{\varphi\}$)是唯一地由坐标系 x_i 中的速度向量的分量所确定. 留下要证明每一个向量 $(v_1, \cdots, v_n) \in \mathbf{R}^n$ 是某一条曲线的速度向量. 为了要证明这一点，我们只需选择由条件 $(x_i \circ \varphi)(t) = x_i(x) + v_i t$ 所确定的曲线 φ.

于是在固定的坐标系中，我们的切向量和切空间的抽象定义与在包含 U 的欧几里得空间中直观的小箭头为基础的朴素的定义相一致.

到此为止，我们的切空间 TU_x 是一个简单的集合，它没有赋予任何进一步的结构. 我们现在赋予 TU_x 以实线性空间的结构. 固定一个坐标系 x_i，应用前面的定理，把切向量与箭头 $(v_1, \cdots, v_n)$等同起来，则我们可以对切向量相加和用数乘. 可以证明所得的运算与我们所选择的容许坐标系无关.

定义 设 $\boldsymbol{\xi} \in TU_x$，$\boldsymbol{\eta} \in TU_x$，$\lambda \in \mathbf{R}$，则用容许坐标系 x_i 所确定的一对一的映射 $X: TU_x \to \mathbf{R}^n$ 把线性组合 $\boldsymbol{\xi} + \lambda\boldsymbol{\eta} \in TU_x$ 定义为

$$\boldsymbol{\xi} + \lambda\boldsymbol{\eta} = X^{-1}(X\xi + \lambda X\boldsymbol{\eta}).$$

换句话说，借助于一对一的映射 X 把集合 $\mathbf{R}^n$ 与 TU_x 等同起来，我们把 $\mathbf{R}^n$ 的线性结构输入到 TU_x 中.

定理 2 线性组合 $\boldsymbol{\xi} + \lambda\boldsymbol{\eta}$ 与出现在它的定义中的容许坐标系无关，而且仅依赖于 $\boldsymbol{\xi}$，$\boldsymbol{\eta}$ 和 λ.

证明 设 $y_i: U \to \mathbf{R}$，$i = 1, \cdots, n$ 是另外的容许坐标系，又设 $Y: TU_x \to \mathbf{R}^n$ 是 U 在点 x 的切空间到向量$(w_1, \cdots, w_n)$的 n 维实空间 $\mathbf{R}^n$ 的相应的映射. 映射 Y 把数

$$w_i = \frac{d}{dt}\bigg|_{t=0} (y_i \circ \varphi), \quad i = 1, \cdots, n \tag{2}$$

与曲线类 φ 联系起来，而且由定理 1 知它是一对一的. 我们必须

证明映射 $YX^{-1}:\mathbf{R}^n\to\mathbf{R}^n$ 是线性空间的一个同构映射． 已知这一映射是一对一的．设 $\varphi:I\to U$ 是一条在坐标系 x_i 中的速度向量有分量 $\dot{x}_i$ 的曲线． 我们现在求此曲线在坐标系 y_i 中的速度向量的分量 $\dot{y}_i$．坐标 y_i 能用坐标 x_i 表示为函数 $y_i(x_1,\cdots,x_n)$．按照复合函数微分规则，我们有

$$\dot{y}_i|_0=\sum_{j=1}^{n}\frac{\partial y_i}{\partial x_j}\bigg|_x\dot{x}_j|_0,$$

或更简明地写为

$$\dot{\mathbf{y}}=\frac{\partial y}{\partial x}\dot{\mathbf{x}}. \tag{3}$$

方程(3)给出了映射 YX^{-1} 的显式表示．而且此映射是线性变换．于是上面所引进的运算实际上赋予 TU_x 与容许坐标系的选择无关的实 n 维线性空间的结构． □

注 坐标 $\dot{x}_i$ 和 $\dot{y}_i$ 在定义域空间 $\mathbf{R}^n=\{\dot{\mathbf{x}}\}$ 和值域空间 $\mathbf{R}^n=\{\dot{\mathbf{y}}\}$中是固定的．根据(3)，在这些坐标系中映射 YX^{-1} 的矩阵刚好是雅可比矩阵 $(\partial y/\partial x)$．

6.3 映射的导数

设 $f:U\to V$ 是具有坐标 $x_i:U\to\mathbf{R}$，$i=1,\cdots,n$ 的 n 维欧几里得空间区域 U 到具有坐标 $y_j:V\to\mathbf{R}$，$j=1,\cdots,m$ 的 m 维欧几里空间区域 V 的可微映射． 设 x 是区域 U 的一点；$y=f(x)\in V$ 是它的像(图 36)．

定义 所谓映射 f 在点 x 的导数指的是 U 在点 x 的切空间到 V 在点 $f(x)$ 的切空间的映射

$$f_*|_x:TU_x\to TV_{f(x)},$$

此映射把经过点 x 的曲线 $\varphi:I\to U$ 的速度向量 ξ 映入经过点 $f(x)$ 的曲线 $f\circ\varphi:I\to V$ 的速度向量，即

$$f_*|_x\left(\frac{d\varphi}{dt}\bigg|_{t=0}\right)=\frac{d}{dt}\bigg|_{t=0}(f\circ\varphi). \tag{4}$$

定理 公式(4)定义了一个切空间 TU_x 到切空间 $TV_{f(x)}$ 的

线性映射.

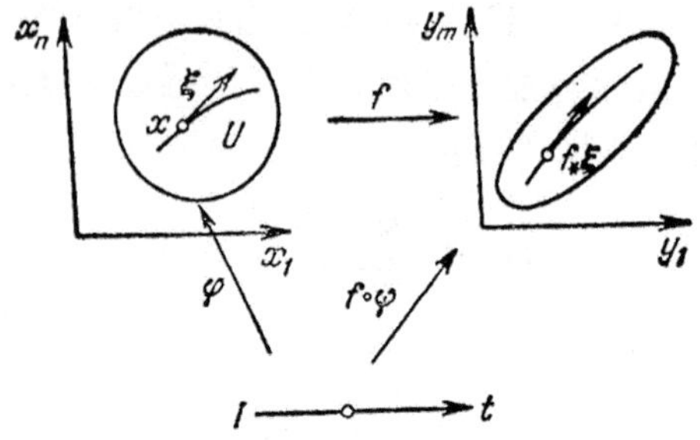

图 36 映射 f 在点 x 的导数的定义

证明 首先我们必须检验(4)的右端与在点 x 相切的切线类的代表 φ 的选取无关,其次验证映射 $f_*|_x$ 是线性的. 设 $\dot{x}_i$ 表示曲线 φ 在点 x 的速度向量 $\dot{\mathbf{x}}$ 的分量,而 $\dot{y}_j$ 表示曲线 $f\circ\varphi$ 在点 $f(x)$ 的速度向量 $\dot{\mathbf{y}}$ 的分量. 按照复合函数微分法则,我们有

$$\dot{y}_j = \sum_{i=1}^{n} \frac{\partial y_j}{\partial x_i} \dot{x}_i, \tag{5}$$

此处 $y_j(x_1, \cdots, x_n)$, $j = 1, \cdots, m$ 是在坐标系 x_i, y_j 中由映射 f 指定的函数. 定理的两个论断都包含在(5)中. □

此外,由(5)推出下列的注.

注 假定在 TU_x 和 $TV_{f(x)}$ 中,我们分别在坐标系 x_i,y_j 中引进切向量的分量 $\dot{x}_i$, $\dot{y}_j$. 则线性映射 $f_*|_x$: $TU_x \to TV_{f(x)}$ 的矩阵是雅可比矩阵 $(\partial y/\partial x)$. 应该强调映射 $f_*|_x$ 与坐标系无关,坐标的采用只是为了证明定理.

问题 1 求由公式 $y = x^2$ 给定的映射 f:$\mathbf{R}\to\mathbf{R}$ 在点 $x = 0$ 的导数.

答 $f_*|_0$ 是直线 $T\mathbf{R}_0$ 到直线 $T\mathbf{R}_0$ 的把整条直线映到 0 的映射.

问题 2 设 f:$U\to V$, g:$V\to W$ 是可微映射. 证明复合映射 $h = g\circ f$: $U\to W$ 是可微的且它在点 x 的导数等于

$$h_*|_x = g_*|_{f(x)}\circ f_*|_x.$$

问题 3 设 f:$U\to V$ 是微分同胚. 证明映射 $f_*|_x$: $TU_x\to TV_{f(x)}$ 是线性空间的一个同构映射. 给出一个说明其逆不真的例子(见图 37).

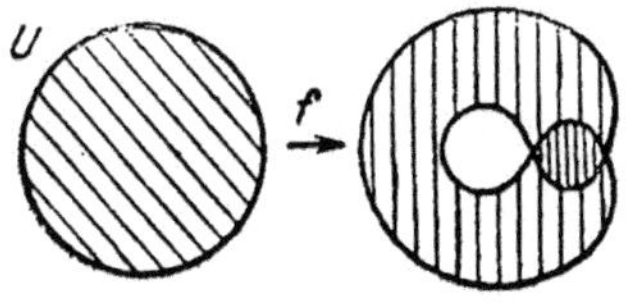

图 37 在每一点的领域内是微分同胚的映射可以不是一对一的

问题 4 设 $f:\mathbf{R}^2\to\mathbf{R}^2$ 是由公式 $(x_1+ix_2)^2=y_1+iy_2$, $i=\sqrt{-1}$ 所给定的映射. 证明 $f_*|_x(x\neq 0)$ 保持角度不变（在 $T\mathbf{R}^2_x$, $T\mathbf{R}^2_y$ 中欧几里得结构分别由二次型 $\dot{x}_1^2+\dot{x}_2^2$ 和 $\dot{y}_1^2+\dot{y}_2^2$ 指定).

6.4 反函数定理

设 $f:U\to V$ 是从欧几里得空间的一个区域到另一个区域的可微映射，又设 x_0 是 U 的一点.

定理 如果导数

$$f_*|_{x_0}:TU_{x_0}\to TU_{f(x_0)}$$

是线性变换的同构映射，则存在点 x_0 的一个邻域 W，使得 f 在 W 上的限制

$$f|_W:W\to f(W)$$

是微分同胚.

证明[1] 切空间 TU_{x_0} 和 $TV_{f(x_0)}$ 的维数是相同的，因此区域 U 和 V 的维数是相同的. 设 $x_1,\cdots,x_n$ 是 U 中的容许坐标，而 $y_1,\cdots,y_n$ 是 V 中的容许坐标. 映射 f 由函数 $y_i=f_i(x_1,\cdots,x_n)$, $i=1,\cdots,n$ 所指定. 令

$$F_i(x_1,\cdots,x_n,y_1,\cdots,y_n)=y_i-f_i(x_1,\cdots,x_n).$$

由假设知，雅可比矩阵 $(\partial f_i/\partial x_j)|_{x_0}$ 的行列式不等于零，即 $(\partial F_i/\partial x_j)|_{x_0,f(x_0)}$ 的行列式不等于零. 在点 $(x_0,f(x_0))$ 的一个邻域内对函数系 F_i, $i=1,\cdots,n$ 应用隐函数定理，我们求得

1）在点 $y_0=f(x_0)$ 的一个充分小邻域 E 中存在 n 个函数 $x_i=\varphi_i(y_1,\cdots,y_n)$，使得 $F(\varphi(y),y)\equiv 0$;

1）反函数定理容易由隐函数定理导出，反之也真. 这里我们从隐函数定理推导反函数定理，因为隐函数定理经常出现在分析课程中，而反函数定理通常不作说明而给出. 关于不用隐函数定理而作出的证明，例如可参考 § 31.9.

2）系统 $F(x,y)=0$，$y\in E$，在 x_0 附近没有另外的解 x；

3）函数 $\varphi_i(y)$ 在点 y_0 的值等于点 x_0 的坐标，而且 φ_i 在点 y_0 的邻域 E 内有与函数 f_i 相同次数的连续可微性(图 38)．函数 φ_i 确定了点 $y_0=f(x_0)$ 的邻域 E 到点 x_0 的一个邻域内的可微映射 φ,使得 $f\circ\varphi$ 是恒等映射，令 $\varphi(E)=w$，则映射 $f|_w$：$W\to E$ 和 φ：$E\to W$ 是互逆的可微映射,因此是微分同胚．

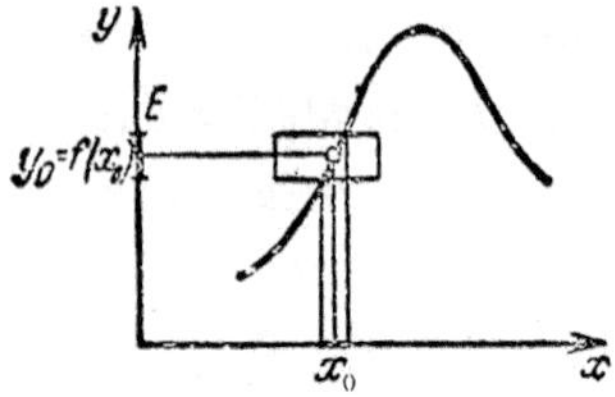

图 38　反函数

问题 1　证明 $\varphi(E)$ 是点 x_0 的邻域,即包含区域 U 中充分接近点 x_0 的所有的点．

6.5　在向量场上微分同胚的作用

设 U 是欧几里得空间的一个区域；$\mathbf{v}$ 是 U 中的向量场．若 x 是区域 U 的点,则 $\mathbf{v}(x)$ 是切向量,即

$$\mathbf{v}(x)\in TU_x.$$

设 $f:U\to V$ 是一个微分同胚．

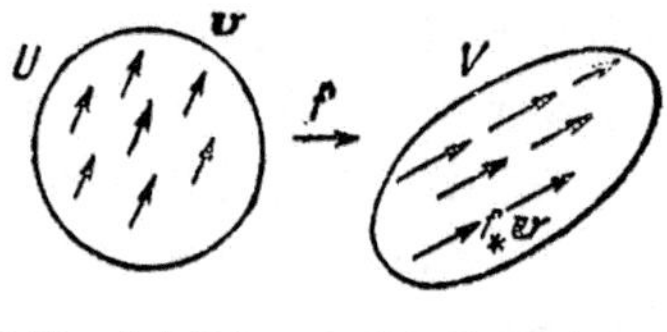

图 39　在向量场 v 上微分同胚的作用

定义 所谓在微分同胚 f 映射下向量场 $\mathbf{v}$ 的象(图 39) 指的是向量场$f_*\mathbf{v}$,此向量场的向量通过对向量$\mathbf{v}(x)$求导数 $f_*|_x$得来,即

$$(f_*\mathbf{v})_{f(x)}=f_*|_x\mathbf{v}(x)\in TV_{f(x)}.$$

问题 1　证明：若场 $\mathbf{v}$ 是可微的(即在坐标系 x_i 中由 r 次连续可微函数

$v_i(x_1, \cdots, x_n)$ 所确定),则场 $f_*\mathbf{v}$ 也是可微的(如果 f 是C^{r+1} 类的微分同胚,则它具有相同的 r).

提示 见公式(5).

定理 设 $f: U \to V$ 是一个微分同胚,则由向量场 $\mathbf{v}$ 确定的具有相空间 U 的微分方程

$$\dot{x} = \mathbf{v}(x), \quad x \in U \tag{6}$$

等价于由向量场 $f_*\mathbf{v}$ 确定的具有相空间 V 的方程

$$\dot{y} = (f_*\mathbf{v})(y), \quad y \in V, \tag{7}$$

即 $\varphi: I \to U$ 是(6)的解当且仅当 $f \circ \varphi: I \to V$ 是(7)的解.

证明 显然.

换句话说,设 $\varphi: I \to U$ 是方程(6)的解,又设 $\tilde{\varphi}(\tau) = \varphi(t_0 + \tau)$. 若 $\varphi(t_0) = x_0$,则 $\tilde{\varphi}$ 经过点 x_0 而 $f \circ \tilde{\varphi}$ 经过点 $y_0 = f(x_0)$. 从 f_* 的定义推得

$$\left.\frac{d}{dt}\right|_{t=t_0} f \circ \varphi = \left.\frac{d}{d\tau}\right|_{\tau=0} f \circ \tilde{\varphi} = f_*|_{x_0} \left.\frac{d}{d\tau}\right|_{\tau=0} \tilde{\varphi}$$

$$= f_*|_{x_0} \left.\frac{d\varphi}{dt}\right|_{t=t_0} = (f_*\mathbf{v})(y_0).$$

因此 $f \circ \varphi$ 是方程(7)的解. 我们应用此结果到逆微分同胚 $f^{-1}: V \to U$ 上就完成了定理的证明.

6.6 例

上述定理允许我们去研究和解决大量的微分方程. 事实上,我们只需取一个已经解出的微分方程,然后应用微分同胚,因此便解出了新的方程.

例 1 考虑由平面向量场 ($v_1 = x_2$, $v_2 = x_1$; 图 40) 所确定的系统

$$\begin{cases} \dot{x}_1 = x_2, \\ \dot{x}_2 = x_1, \end{cases} \tag{8}$$

设 $f: \mathbf{R}^2 \to \mathbf{R}^2$ 是将点(x_1, x_2)变为点 (y_1, y_2) 的映射,此处 $y_1 = x_1 + x_2$, $y_2 = x_1 - x_2$. 此线性映射 f 是微分同胚且它的导数 $f_*|_x$ 有矩阵

$$\begin{pmatrix} 1 & 1 \\ 1 & -1 \end{pmatrix}.$$

因此新的向量场 $(f_*\mathbf{v})(y)$ 有分量 $w_1=y_1$，$w_2=-y_2$，而且我们的系统等价于系统

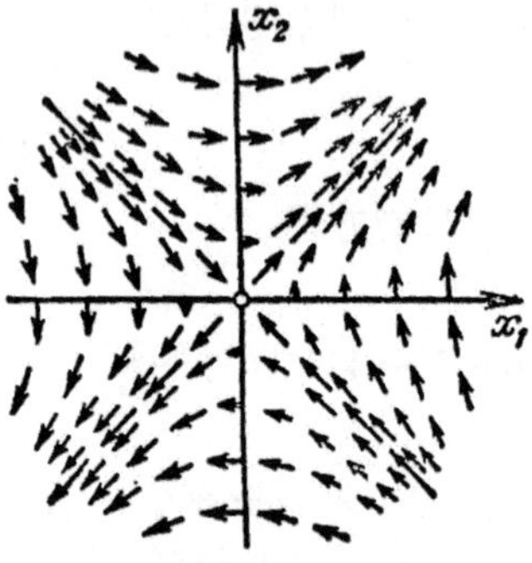

图 40 向量场 $v_1=x_2$，$v_2=x_1$

$$\begin{cases}\dot{y}_1=y_1,\\ \dot{y}_2=-y_2.\end{cases}$$

此系统是一维系统的直积，我们已经研究过而且已经解决了．此系统有鞍点（图 41）而且有形式为

$$y_1=y_1(0)e^t,$$
$$y_2=y_2(0)e^{-t}$$

的解．应用 f^{-1} 回到原来系统，我们得到旋转鞍点（图 42）和解

$$x_1(t)=x_1(0)\cosh t+x_2(0)\sinh t,$$

$$x_2(t)=x_1(0)\sinh t+x_2(0)\cosh t.$$

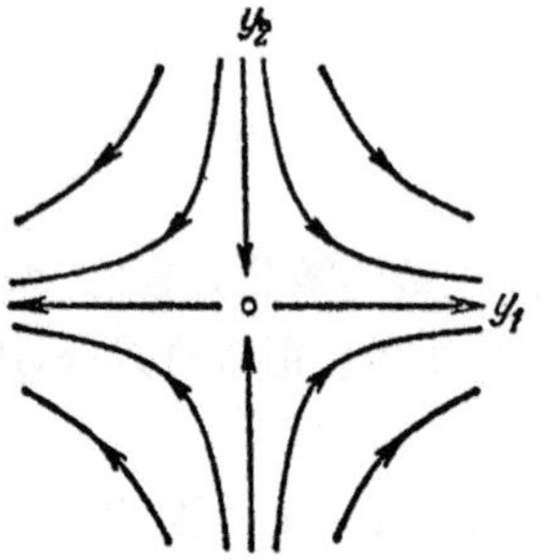

图 41 新系统的相平面

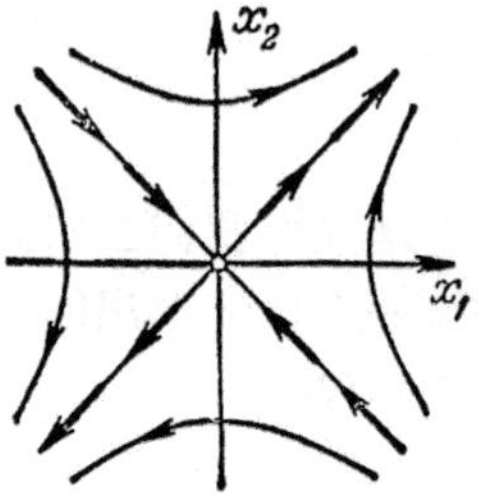

图 42 原来系统的相平面

注 设 x 是一个倒置的平面单摆对铅垂线的小偏离角度（图 43）．则在适当的单位系统中，单摆的运动方程取形式 $\ddot{x}=x$[1]．

1) 实际上，对于小的 x 和 $\dot{x}$，$\ddot{x}=\sin x$ 可以用 $\ddot{x}=x$ 来近似代替．在最高和最低平衡位置附近，单摆方程右端差一符号可解释如下．在最高平衡位置的一个邻域内，重力矩（重量）使单摆在它的倾斜方向运动，因此 $\ddot{x}=+x$．在最低平衡位置时，重力矩使单摆在倾斜方向相反的方向运动，因此 $\ddot{x}=-x$．

令 $x = x_1$, $\dot{x}_1 = x_2$, 则对于铅垂平衡位置的小偏离，单摆的运动方程取形式(8).

问题 1 图 42 的各种相曲线对应着单摆的何种运动？

图 43 最高平衡位置附近的单摆

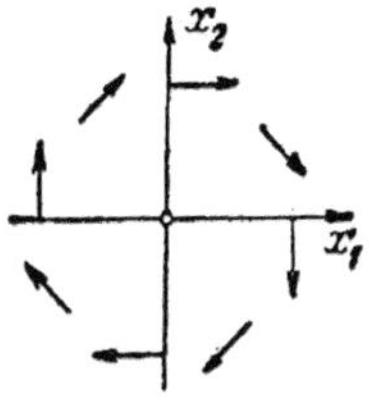

图 44 单摆方程(9)的向量场

例 2 如果我们记 $x_1 = x$, $x_2 = \dot{x}$, 则最低平衡位置时单摆的小振动方程 $\ddot{x} = -x$ 化为系统

$$\begin{cases} \dot{x}_1 = x_2, \\ \dot{x}_2 = -x_1. \end{cases} \tag{9}$$

向量场(图 44)的形式启发我们利用极坐标

$$x_1 = r\cos\theta, \quad x_2 = r\sin\theta.$$

这些公式给出了半平面 $r > 0$ 到除去点 0 的平面(x_1, x_2)上的一个可微映射(图 45). 此映射不是微分同胚. 可是对于区域 V, 我们可以选取除去任何射线(例如射线 $x_1 > 0$)的平面(x_1, x_2), 而对于区域 U, 我们可以在半平面 $r > 0$ 中选取带形 $0 < \theta < 2\pi$. 则 $f: U \to V$ 是微分同胚，而且在 V 中系统(9)等价于 U 中的系统，即(图 46)

$$\begin{cases} \dot{r} = 0, \\ \dot{\theta} = -1. \end{cases}$$

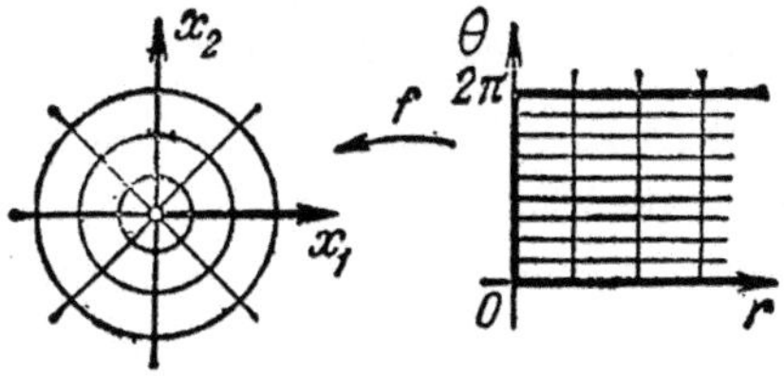

图 45 极"坐标"

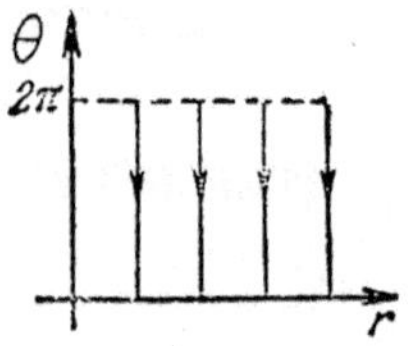

图 46　在极坐标中单摆方程的相曲线

此系统的解是

$$r(t)=r(0);\quad \theta(t)=\theta(0)-t,$$

因此原系统(9)有解

$$x_1(t)=r_0\cos(\theta_0-t),\quad x_2(t)=r_0\sin(\theta_0-t).$$

问题 2　验证这些公式对所有的 t 但不是刚好对一切 $(x_1,x_2)\in V$ 给出了系统(9)的所有的解.

问题 3　证明相曲线是圆(图 47)，而且 t 推进映射 g^t 形成平面上的单参数线性变换群，此处 g^t 为转角为 t 的旋转且有形式为

$$\begin{pmatrix}\cos t & \sin t\\ -\sin t & \cos t\end{pmatrix}$$

的矩阵.

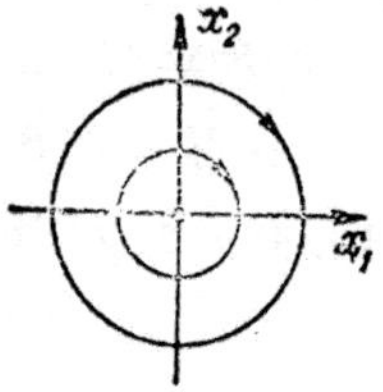

图 47　在直角坐标中单摆方程的相曲线

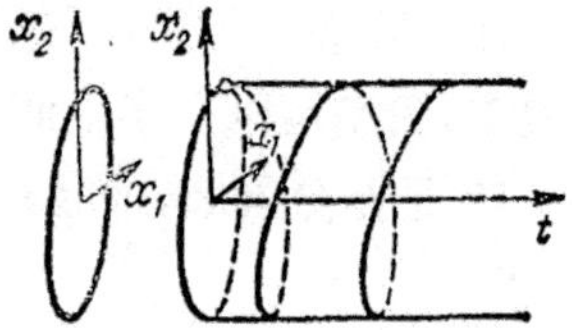

图 48　单摆方程的积分曲线

回到单摆方程 $\ddot{x}=-x$，我们发现单摆实现简谐振动 $(x=r_0\times\cos(\theta_0-t))$，它的周期等于 2π 而且此周期不依赖于初始条件.

问题 4　系统(9)的积分曲线是什么?

答　具有公共轴 $x_1=x_2=0$ 的螺距为 $T=2\pi$ 的螺旋线，此处螺旋线的轴也是积分曲线(图 48).

例 3　考虑系统

$$\begin{cases} \dot{x}_1 = x_2 + x_1(1 - x_1^2 - x_2^2), \\ \dot{x}_2 = -x_1 + x_2(1 - x_1^2 - x_2^2), \end{cases} \tag{10}$$

它从系统

$$\begin{cases} \dot{r} = f(r), \\ \dot{\theta} = -1 \end{cases} \tag{11}$$

转换为直角坐标 $x_1 = r\cos\theta$，$x_2 = r\sin\theta$ 得来．实际上，系统(11)等价于(按极坐标非唯一性所含有的通常约定)系统

$$\begin{cases} \dot{x}_1 = x_1 f(r) r^{-1} + x_2, \\ \dot{x}_2 = x_2 f(r) r^{-1} - x_1, \end{cases}$$

此系统当 $f(r) = r(1 - r^2)$ 时化为系统(10).

于是，我们必须研究具有 $f(r) = r(1 - r^2)$ 的系统(11)．首先我们研究在半平面 (t, r)，$r>0$ 中，方程 $\dot{r} = f(r)$ 的积分曲线(图 49)，注意在直

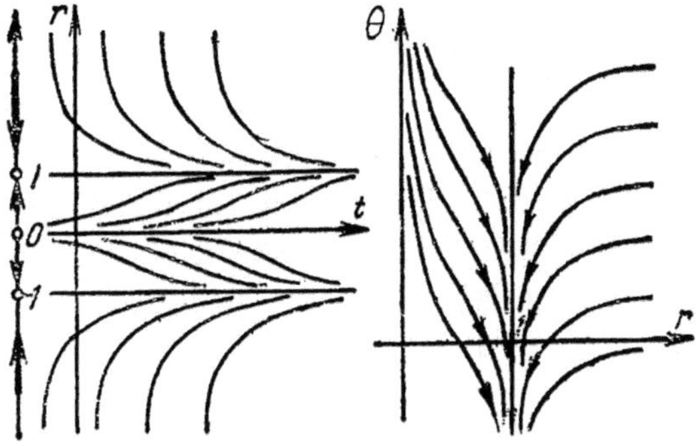

图 49　方程 $\dot{r} = r(1 - r^2)$ 的积分曲线和系统(10)在极坐标中的相曲线

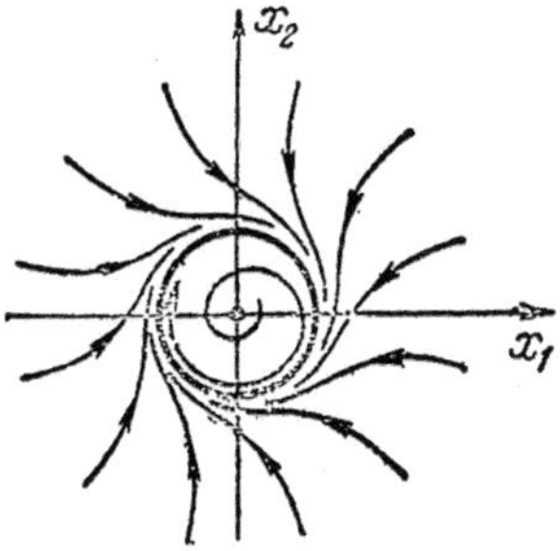

图 50　系统(10)的相曲线，极限环

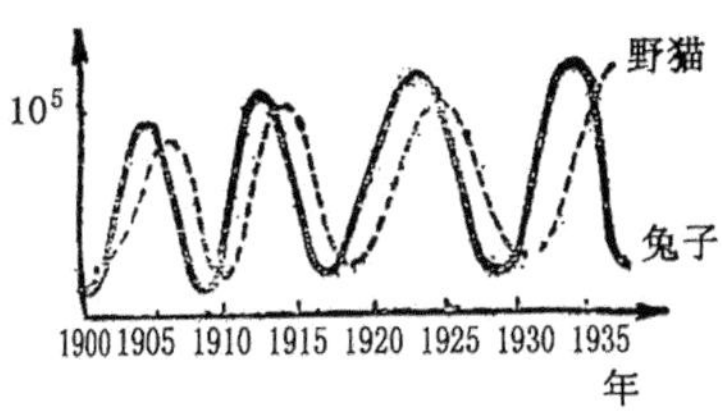

图 51　在加拿大野猫和兔子数量的振荡

线上的向量场 $v = f(r)$ 有三个奇点 $r = \pm 1, 0$，此处场指向点 $r = \pm 1$ 而离开点 $r = 0$. 半平面 (r, θ)，$r>0$ 上的相曲线通过作一个旋转而得到(因 $\theta = \theta_0 - t$). 回到直角坐标系，我们得到图 50 所表示的图形. 曲线 $x_1 = x_2 = 0$ 是唯一的奇点. 在这点附近出发的相曲线，当 t 增加时离开此点，并且当 $t \to +\infty$ 时相曲线在内部缠绕圆 $x_1^2 + x_2^2 = 1$. 此圆本身是相曲线，它称为**极限环**. 可是，若初始条件位于圆盘 $x_1^2 + x_2^2 \leq 1$ 之外，则当 $t \to +\infty$ 时，相曲线从外部缠绕极限环且对负的 t 相曲线趋向无穷远.

极限环描述了自治系统运动的稳定的周期特征. 例如 x_1 和 x_2 可以表示野猫和兔子对它们平衡值遍离的数值(对应的生态学的方程严格地说并非是(10)的形式，但具有类似的性质). 野猫和兔子数量的周期振荡与极限环相对应. 它们彼此间在相位上作某些移动. 在田野上实际观察结果，具有野猫数量滞后的振荡(图 51).

在平稳的外界条件下，稳定周期振荡发生的另外例子由时钟、蒸汽机、电铃、人类的心脏、产生无线电波的真空管振荡、仙王座型的各种星星等提供；这些结构中的每一种的运转都由在适当的相空间中的极限环来描述. 可是，认为所有的振荡过程都由极限环来描述那是错误的，事实上，在多维相空间中，相曲线的更复杂的性能是可能的. 在这方面，我们引用陀螺的进动，行星和人造卫星的运动，包括绕它们的轴的旋转(这些运动的非周期性是历法的复杂性和预报潮汐的困难的原因)，以及在磁场中带电粒子的运动(奥洛拉·布雷利斯(Aurora Borealis)现象发生的原因). 还可参考 § 24 和 § 25.6.

第二章 基 本 理 论

在这一章里，我们叙述常微分方程理论的基本结果，讨论解和首次积分的存在性与唯一性以及研究解对初始条件与参数的依赖性．我们把证明放在第四章进行，在这一章中我们局限于讨论各种结果彼此之间是怎样关联的．

§7 常点附近的向量场

考虑由 n 维相空间 U 中的光滑向量场 $\mathbf{v}$ 确定的微分方程

$$\dot{\mathbf{x}} = \mathbf{v}(\mathbf{x}), \quad \mathbf{x} \in U. \tag{1}$$

设 $x_0 \in U$ 是向量场的常点，因此 $\mathbf{v}(\mathbf{x}_0) \neq 0$（图 52）．

7.1 常微分方程理论的基本定理

在常点的每一个充分小邻域内，向量场 $\mathbf{v}$ 与常向量场 $\mathbf{e}_1$ 微分同胚．更严格地说，存在点 $\mathbf{x}_0$ 的邻域 V 和从此邻域 V 到欧几里得空间 $\mathbf{R}^n$ 的区域 W 上的微分同胚 $f: V \to W$，使得 $f_*\mathbf{v} = \mathbf{e}_1$（此处 $\mathbf{e}_1$ 是 $\mathbf{R}^n$ 的第一个基本向量）（图 53）．若 $\mathbf{v}$ 是 C^r 类的场，$1 \leqslant r \leqslant \infty$，则 f 是具有同一 r 的 C^r 类的微分同胚．

设 $y_i: \mathbf{R}^n \to \mathbf{R}^1$，$i = 1, \cdots, n$ 是包含区域 W 的欧几里得空间的直角坐标，因此向量 $\mathbf{e}_1$ 有分量 $1, 0, \cdots, 0$．按照 §6，基本定理可以叙述如下：

在常点 $\mathbf{x}_0$ 的充分小邻域 V 中微分方程(1)等价于特别简单的方程

$$\dot{\mathbf{y}} = \mathbf{e}_1, \quad \mathbf{y} \in W, \tag{2}$$

即等价于区域 W 中的方程组

$$\dot{y}_1 = 1, \quad \dot{y}_2 = \cdots = \dot{y}_n = 0. \tag{3}$$

下面是基本定理的另一种等价的表示法：在常点 $\mathbf{x}_0$ 的充分小邻域 V 内，人们可以选取允许坐标系 $(y_1, \cdots, y_n)$ 使得方程(1)在这些坐标下能写成标准形式(3)．

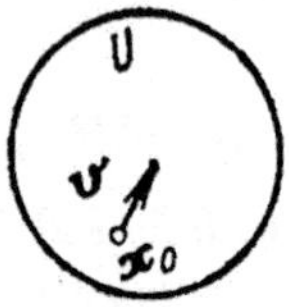

图 52　向量场 $\mathbf{V}$ 的常点 $\mathbf{x}_0$

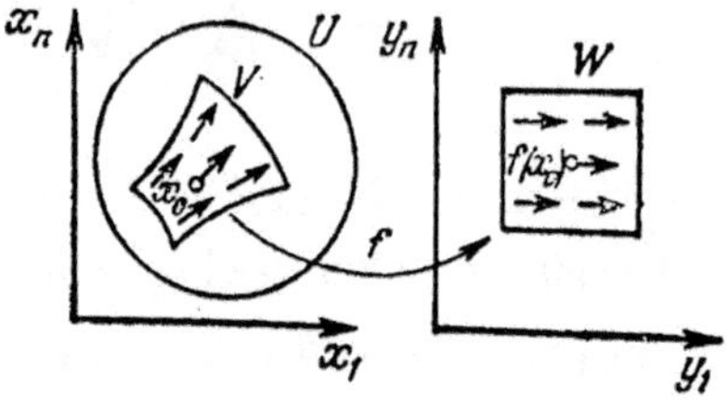

图 53　借助于微分同胚 f 向量场的直化

基本定理是与线性代数中二次型的化简或算子的矩阵化成标准形的定理具有相同特征的一个论断．它给出了常点 $\mathbf{x}_0$ 的邻域内向量场和微分方程(1)的局部性能的彻底的描述．方程(1)和向量场的各种局部性能都可化为平凡方程(2)的情形．基本定理的证明将在 § 32 给出．

7.2　例

基本定理可以称为直化（rectification）定理，因为方程(2)的相曲线和积分曲线是直线．图 54 表示单摆方程的“直化坐标”的水平线 $y_i = \text{const}$．

问题 1　直化坐标 y_i 是唯一确定的吗？

证明：在 $n = 1$ 时，坐标 y 在仿射变换 $y' = ay + b$ 内确定．

问题 2　对下列区域 U 中的每个向量场画出直化坐标的水平线：

(a) $\mathbf{v} = x_1\mathbf{e}_1 + 2x_2\mathbf{e}_2$,　$U = \{x_1, x_2 : x_1 > 0\}$;

(b) $\mathbf{v} = \mathbf{e}_1 + \sin x_1\mathbf{e}_2$,　$U = \mathbf{R}^2$;

(c) $\mathbf{v} = x_1\mathbf{e}_1 + (1 - x_1^2)\mathbf{e}_2$,　$U = \{x_1, x_2 : -1 < x_1 < 1\}$.

***问题 3**　假定在 $\mathbf{R}^3$ 中我们给出了一个（可微的）切平面 $\mathbf{R}^2$ 的场，借助于适当的微分同胚，使在一点的邻域内此场总是能直化吗（即变形为一平行平面场）？

提示　若平面场能直化，则它是与曲面族相切的平面场．

答　不可能，例如考虑 $\mathbf{R}^3$ 中由法线 $x_2\mathbf{e}_1 + \mathbf{e}_3$ 所指定的场．不存在这

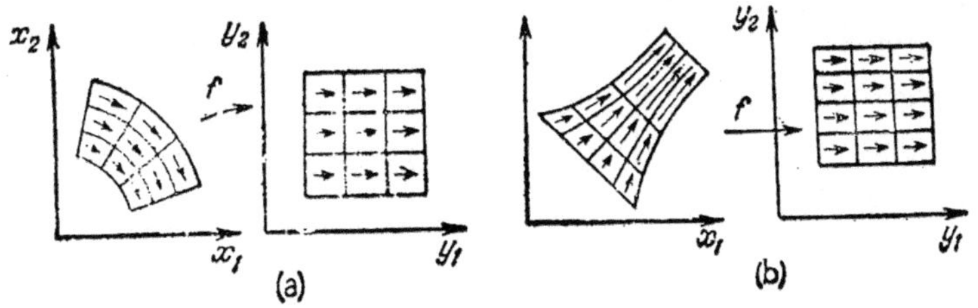

图 54 单摆方程的直化

样的曲面，它在每一点以这一方向作为法线.

*问题 4 假定向量场 $\mathbf{v}$ 在区域 U 中无奇点，人们能否在整个区域 U 中直化此场，即基本定理对 $V=U$ 是否为真？

提示 在平面内构造相曲线如图 55 所示的场.

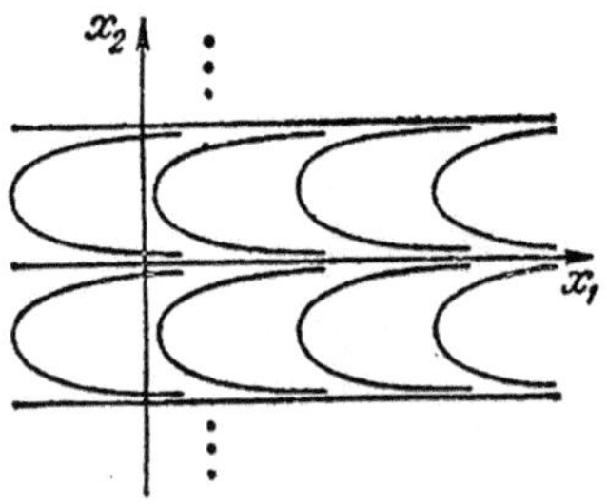

图 55 在整个平面上不能直化的曲线族

7.3 存在定理

从基本定理立即推得

推论 1 存在方程(1)满足初始条件 $\boldsymbol{\varphi}(t_0)=\mathbf{x}_0$ 的解.

证明 若 $\mathbf{v}(\mathbf{x}_0)=0$ 则令 $\boldsymbol{\varphi}(t)\equiv\mathbf{x}_0$，又若 $\mathbf{v}(\mathbf{x}_0)\neq 0$，则由基本定理知方程 (1) 在点 $\mathbf{x}_0$ 的一个邻域内等价于方程 (2). 但方程 (2) 有解 $\boldsymbol{\psi}$ (哪一个？) 满足初始条件 $\boldsymbol{\psi}(t_0)=\mathrm{y}_0=f(\mathbf{x}_0)$. 因此与方程 (2) 等价的方程 (1) 有满足初始条件 $\boldsymbol{\varphi}(t_0)=\mathbf{x}_0$ 的解.

7.4 局部唯一性定理

从基本定理还可立即推得下面的推论.

推论 2 设 $\boldsymbol{\varphi}_1: I_1\to U$，$\boldsymbol{\varphi}_2: I_2\to U$ 是方程(1)的满足同一初始条件

$$\boldsymbol{\varphi}_1(t_0)=\boldsymbol{\varphi}_2(t_0)=\mathbf{x}_0,\quad \mathbf{v}(\mathbf{x}_0)\neq 0$$

的两个解，则存在包含 t_0 的区间 I_3，在此区间上 $\boldsymbol{\varphi}_1 \equiv \boldsymbol{\varphi}_2$.

证明 对于方程(2)来说这是很明显的．但方程(1)在点 $\mathbf{x}_0$ 的充分小邻域内等价于方程(2).

注 我们不久将看到限制 $\mathbf{v}(\mathbf{x}_0) \neq 0$ 可以去掉．当 $n=1$ 时，此结论已在 §2 中证过了.

7.5 局部相流

设 $\mathbf{v}$ 是相空间 U 中的向量场；$\mathbf{x}_0$ 是 U 中的一点.

定义 所谓由点 $\mathbf{x}_0$ 的一个邻域内的向量场 $\mathbf{v}$ 确定的局部相流指的是一个三重结构 (I, V_0, g)，它由实 t 轴的区间 $I=\{t\in \mathbf{R}: |t|<\varepsilon\}$，点 $\mathbf{x}_0$ 的邻域 V_0 和映射 $g: I\times V_0 \to U$ 所组成，而且它满足下列三条件:

1）对于固定的 $t\in I$，由 $g^t\mathbf{x}=g(t, \mathbf{x})$ 确定的映射 $g^t: V_0\to U$ 是一个微分同胚;

2）对于固定的 $\mathbf{x}\in V_0$，由 $\boldsymbol{\varphi}(t)=g^t\mathbf{x}$ 所确定的映射 $\boldsymbol{\varphi}: I\to U$ 是方程(1)满足初始条件 $\boldsymbol{\varphi}(0)=\mathbf{x}$ 的解;

3）群的性质 $g^{s+t}\mathbf{x}=g^s(g^t\mathbf{x})$ 对所有的使右端有意义的 $\mathbf{x}$, s 和 t 都成立；此处对每个点 $\mathbf{x}\in V_0$，存在一个邻域 V，$\mathbf{x}\in V\subset V_0$ 和一个数 $\delta>0$，使得右端对 $|s|<\delta$, $|t|<\delta$ 和所有 $\mathbf{x}\in V$ 都是有定义的.

例 1 考虑欧几里得空间 $\mathbf{R}^n$ 的区域 U 中的向量场 $\mathbf{v}=\mathbf{e}_1$，构造在点 $\mathbf{x}_0\in U$ 的一个邻域内的下列的局部相流．从中心在点 $\mathbf{x}_0$，边长为 4ε 的立方体出发(图 56)．对于充分小的 ε，这一立方体全部包含在 U 中．设 V_0 表示边长为 2ε (原来立方体的一半)中心相同的较小的立方体的内部，再设 I 是区间 $|t|<\varepsilon$，然后我们由公式 $g(t, \mathbf{x})=\mathbf{x}+\mathbf{e}_1 t$ 定义映射 g.

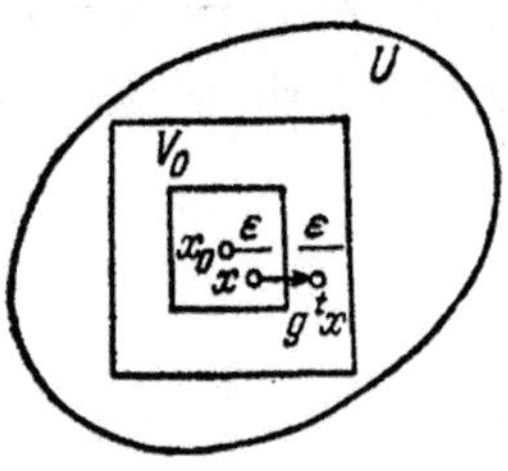

图 56 方程 $\dot{\mathbf{x}}=\mathbf{e}_1$ 的局部相流

问题 1 验证条件 1)，2) 和 3) 对此例是满足的.

基本定理的另一直接结果为下面的推论

推论 3 向量场 $\mathbf{v}$ 在常点 $\mathbf{x}_0(\mathbf{v}(\mathbf{x}_0)\neq 0)$ 的一个邻域内确定一个局部相流.

证明 此结论对方程(2)已经证过了. 但根据基本定理，方程(1)在 $\mathbf{x}_0$ 点的一个充分小邻域内等价于方程(2). □

更详细一点，设 (I, W_0, h) 是在点 $\mathbf{y}_0=f(\mathrm{x}_0)$ 的一个邻域 W 中场 e_1 的局部相流，此处 $f: V\to W$ 是出现在基本定理中的微分同胚，则所需要的相流是 (I, V_0, g)，此处 $V_0=f^{-1}(W_0)$ 且 $g=f^{-1}\circ h^t\circ f$ (图 57).

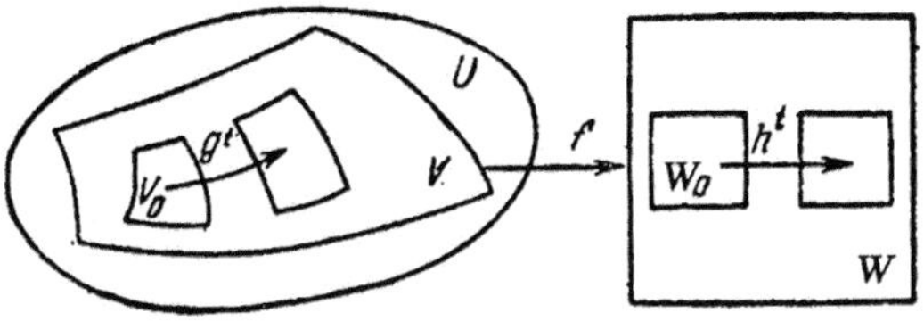

图 57 应用微分同胚 f^{-1}，从直化方程的局部相流 (I, W_0, h) 得到局部相流 (I, V_0, g)

注 1 特别，推论 3 断定

1) 存在区间 $|t|<\varepsilon$，在此区间上方程(1)满足充分接近 $\mathbf{x}_0$ 的任何初始条件的解是有定义的；

2) 解 $\boldsymbol{\varphi}(t)$ 的值连续且可微地依赖于 t 和 $\mathbf{x}$ (若场 $\mathbf{v}$ 是 C^r 类的，则解也是 C^r 类的).

注 2 我们不久将看到限制 $\mathbf{v}(\mathbf{x}_0)\neq 0$ 可以去掉.

问题 2 证明：对于充分小的 $|t-t_0|$，满足初始条件 $\boldsymbol{\varphi}(t_0)=\mathrm{x}_0$ 的解 $\boldsymbol{\varphi}$ 的值 $\boldsymbol{\varphi}(t)$ 关于 t_0，x_0 和 t 是可微的.

7.6 关于参数连续依赖和可微性定理

从前面的定理立即推得推论 4.

推论 4 设

$$\dot{\mathbf{x}}=\mathbf{v}(\mathbf{x}, \boldsymbol{\alpha}),\quad \mathbf{x}\in U \tag{1_α}$$

是一个微分方程族，它在相空间 U 中由 C^r 类的且可微地 (C^r 类

的)依赖于参数 $\boldsymbol{\alpha}\in A$ 的向量场 $\mathbf{v}$ 确定，此处 A 是欧几里得空间的一个区域. 假定 $\mathbf{v}(\mathbf{x}_0,\boldsymbol{\alpha}_0)\neq 0$,则对于充分小的 $|t|$,$|\mathbf{x}-\mathbf{x}_0|$ 和 $|\boldsymbol{\alpha}-\boldsymbol{\alpha}_0|$,方程($1_\alpha$)满足初始条件 $\boldsymbol{\varphi}(0)=\mathbf{x}$ 的解 $\boldsymbol{\varphi}(t)$ 的值可微地(C^r 类的)依赖于 t, $\mathbf{x}$ 和 $\boldsymbol{\alpha}$.

证明 这里一点小技巧帮了忙. 在直积 $U\times A$ 中考虑向量场 $(\mathbf{v}(\mathbf{x},\boldsymbol{\alpha}),0)$ (图 58),对应的方程组为

$$\begin{cases}\dot{\mathbf{x}}=\mathbf{v}(\mathbf{x},\boldsymbol{\alpha}),\\ \dot{\boldsymbol{\alpha}}=0.\end{cases}\tag{4}$$

由前面的定理知，对充分小的 $|t|$, $|\mathbf{x}-\mathbf{x}_0|$ 和 $|\boldsymbol{\alpha}-\boldsymbol{\alpha}_0|$, 方程(4)的解可微地依赖于 t, $\mathbf{x}$ 和 $\boldsymbol{\alpha}$.

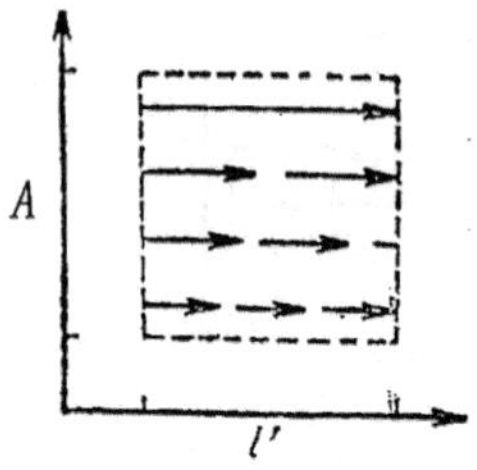

图 58 扩张系统 $\dot{\mathbf{x}}=\mathbf{v}(\mathbf{x},\boldsymbol{\alpha})$, $\dot{\boldsymbol{\alpha}}=0$ 的相空间

但是方程 (4) 满足初始条件 $(\mathbf{x},\boldsymbol{\alpha})$ 的解是$(\boldsymbol{\varphi},\boldsymbol{\alpha})$, 此处 $\boldsymbol{\varphi}$ 是方程(1_α)的满足初始条件 $\boldsymbol{\varphi}(t_0)=\mathbf{x}$ 的解,因此 $\boldsymbol{\varphi}(t)$ 也可微地依赖于 t, $\mathbf{x}$ 和 $\boldsymbol{\alpha}$.

注 以后将会证明,条件 $\mathbf{v}(\mathbf{x}_0,\boldsymbol{\alpha}_0)\neq 0$ 可以去掉.

7.7 延拓定理

设 $\mathbf{v}$ 是区域 U 中的向量场; $\mathbf{x}_0$ 是 U 的一点.

定义 若存在方程(1)满足初始条件 $\boldsymbol{\varphi}(t_0)=\mathbf{x}_0$ 的且对所有 $t\in\mathbf{R}$ 都有定义的解 $\boldsymbol{\varphi}$,则我们说此解可以无限延拓; 若存在一个解对所有 $t\geqslant t_0$(或所有 $t\leqslant t_0$)有定义,则我们说此解可以向前(或向后)无限延拓.

设 Γ 是区域 U 的子集. 若存在方程(1)满足初始条件 $\boldsymbol{\varphi}(t_0)=\mathbf{x}_0$ 且在区间 $t_0\leqslant t\leqslant T$ 上有定义的解 $\boldsymbol{\varphi}$; $\boldsymbol{\varphi}(T)$ 属于 Γ, 则我们说此解可以向前延拓至 Γ. 向后延拓至 Γ 可类似地定义.

设 F 是包含点 $\mathbf{x}_0$ 的区域 U 的紧致集; Γ 表示 F 的边界 (即使得 $\mathbf{x}$ 的每一个邻域包含余集 $U\setminus F$ 中的点的 $\mathbf{x}\in F$ 的点集). 假定区域 U 中的向量场 $\mathbf{v}$ 没有奇点,则不难从基本定理推得

推论 5 方程 (1) 的解 φ 可以向前(或向后)延拓至无限或至

F 的边界．这种延拓在下列意义下是唯一的：任意两个满足同样初始条件的解在它们有定义的区间的交集上相重合．

证明 首先我们证明唯一性．设 T 是使解 $\boldsymbol{\varphi}_1$ 和 $\boldsymbol{\varphi}_2$ 在区间 $t_0\leqslant t\leqslant \tau$ 中的一切 t 相重合的数集 τ 的集的上确界（图 59）．假定 T 是两个定义区间的内点，由于 $\boldsymbol{\varphi}_1$ 和 $\boldsymbol{\varphi}_2$ 连续，因此 $\boldsymbol{\varphi}_1(T)=\boldsymbol{\varphi}_2(T)$．由局部唯一性定理知，$\boldsymbol{\varphi}_1$ 与 $\boldsymbol{\varphi}_2$ 在点 T 的一个邻域内相重合，因此 T 不能是上确界．因此 T 必须是一个定义区间的端点，而且对于 $t\geqslant t_0$，这两个解在这些区间的公共部分上相重合．$t\leqslant t_0$ 的情形可以类似地处理．

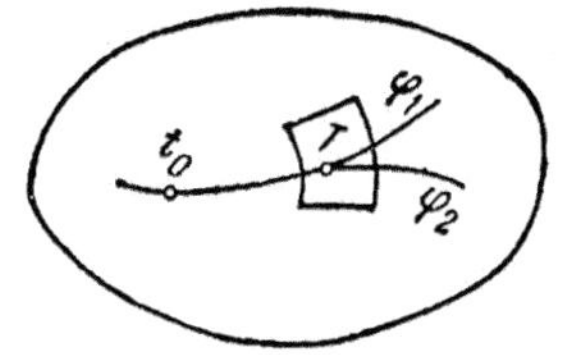

图 59　从局部唯一性定理推出延拓的唯一性

现在我们构造延拓．如果两个解在定义区间的交集上重合，则它们可以组合而形成一个定义在这些区间并集上的解（图 60）．设 T 是 τ 的上确界，对于 τ 存在方程(1)的满足初始条件 $\boldsymbol{\varphi}(t_0)=\mathbf{x}_0$ 的解 $\boldsymbol{\varphi}$，且对 $t_0\leqslant t<\tau$ 的所有 $t,\boldsymbol{\varphi}(t)\in F$．由假设知 $t_0\leqslant T\leqslant\infty$．若 $T=\infty$ 则解可以无限地向前延拓．假定 $T<\infty$，则如现在我们要证明的，存在一个对 $t_0\leqslant t<T$ 的一切 t 有定义的解 $\boldsymbol{\varphi}$，使得 $\boldsymbol{\varphi}(T)\in\Gamma$．事实上，由推论 3 知每一点 $\mathbf{x}_0\in U$ 都存在一

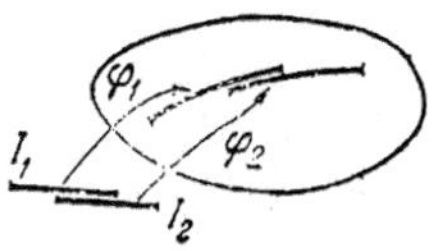

图 60　延拓的构造

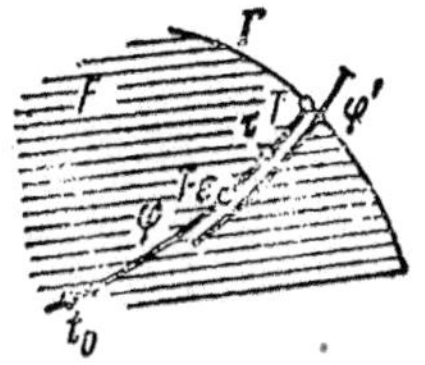

图 61　包含 T 在内的延拓到时刻 T 的存在性

个邻域 $V_0(\mathbf{x}_0)$ 和相应的数 $\varepsilon(\mathbf{x}_0)>0$，使得对所有的 $\mathbf{x}\in V_0(\mathbf{x}_0)$ 存在满足初始条件 $\boldsymbol{\varphi}(t_0)=\mathbf{x}$ 且定义在 $|t-t_0|<\varepsilon$ 内的解 $\boldsymbol{\varphi}$（即 $\boldsymbol{\varphi}=g^{t-t_0}\mathbf{x}$）．因为 F 是紧致集，我们可以从这些点 $\mathbf{x}_0\in F$ 的邻域中选取集合 F 的有限覆盖．设 $\varepsilon>0$ 是有限个相应的数 $\varepsilon(\mathbf{x}_0)$ 中的最小的一个．由于 T 是上确界，因此在 $T-\varepsilon$ 和 T 之间存在一个 τ，使得对区间 $t_0\leqslant t\leqslant\tau$ 的一切 t 均有 $\boldsymbol{\varphi}(t)\in F$．特别 $\boldsymbol{\varphi}(\tau)\in F$，即点 $\boldsymbol{\varphi}(\tau)$ 被有限覆盖的一个邻域盖住．因此，存在满足初始条件 $\boldsymbol{\varphi}'(\tau)=\boldsymbol{\varphi}(\tau)$ 且定义在 $|t-\tau|<\varepsilon$ 内的一个解 $\boldsymbol{\varphi}'$（图 61）．由唯一性定理知 $\boldsymbol{\varphi}'$ 与 $\boldsymbol{\varphi}$ 在整个定义区间的交集上相重合．因此，我们可以

利用 φ 和 φ' 去构造定义在 $t_0\leqslant t<\tau+\delta$ 上的解 φ''. 特别 $\varphi''(\tau)$ 存在.

最后,如果 $t_0\leqslant\theta<T$, 则我们证明 $\varphi''(\theta)\in F$. 事实上,每一个满足初始条件 $\varphi(t_0)=\mathbf{x}_0$ 且对 $t_0\leqslant t\leqslant\theta$ 有定义的解必与 φ'' 重合(唯一性). 若 $\varphi''(\theta)=\varphi(\theta)$ 不属于 F,则 T 不是集合 $\{\tau:\varphi(t)\in F,\ t_0\leqslant t\leqslant\tau\}$ 的上确界. 此外 $\varphi''(T)\in\Gamma$。事实上 $\varphi''(T)\in F$ 是点列 $\varphi''(\theta_i)\in F$, 当 $\theta_i\to T$ 时的极限;另一方面,每一个以 T 为左端点的区间包含使 $\varphi''(t)$ 不属于 F 的点 t, 因为否则的话对 T 的某一个邻域的一切 t, 所有的点 $\varphi''(t)$ 将属于 F, 因而 T 不会是上确界. 这证明了向前延拓的定理. $t<t_0$ 的情形可以类似地处理.[1] □

注 我们不久将看到: 对一切 $\mathbf{x}\in U$, 限制 $\mathbf{v}(\mathbf{x})\neq 0$ 可以去掉.

例 1 即使 U 是整个欧几里得空间,解也不一定能无限延拓. 例如 $n=1$, $\mathbf{v}(\mathbf{x})=x^2+1$ 时(图 62).

例 2 考虑单摆方程 $\dot{x}_1=x_2$, $\dot{x}_2=-x_1$. 设 U 是去掉坐标原点的平面 (x_1, x_2); F 是圆盘 $|x_1|^2+|x_2|^2\leqslant 2$. 则满足初始条件 $x_{1,0}=1$, $x_{2,0}=0$ 的解可以无限地延拓.

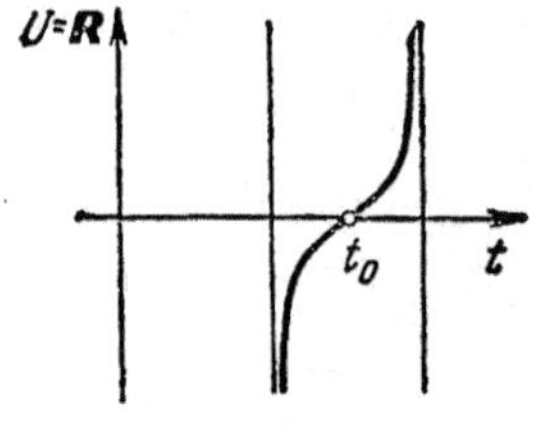

图 62 方程 $\dot{x}=x^2+1$ 的解不能无限向前或向后延拓

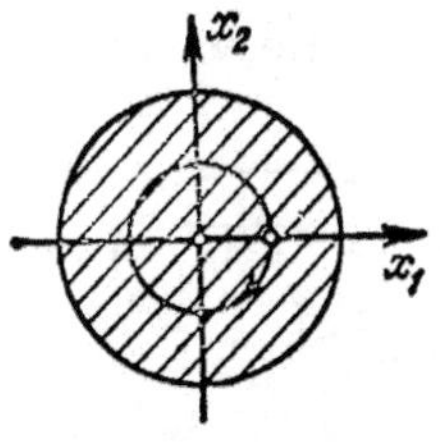

图 63 单摆方程的解可以无限延拓,但保留在圆盘 F 内

问题 1 对什么样的初始条件,具有极限环的方程(见 § 6.6,例 3)的解可以无限延拓?

问题 2 假定方程(1)的每一个解可以无限地向前与向后延拓. 设 g^t 表示 t 推进映射(将相空间 U 的每一点 $\mathbf{x}_0$ 映入满足初始条件 $\varphi(0)=\mathbf{x}_0$ 的解 $\varphi(t)$ 的值). 证明 $\{g^t\}$ 是 U 的单参数微分同胚群.

1) 如同证明显然的定理时常见的那样,进行延拓定理的证明比读完证明更为容易.

§8 在非自治系统上的应用

现在我们研究非自治方程

$$\dot{\mathbf{x}} = \mathbf{v}(t, \mathbf{x}), \tag{1}$$

它的右端在扩张相空间 $\mathbf{R}^{n+1} = \mathbf{R} \times \mathbf{R}^n$, $t \in \mathbf{R}$, $\mathbf{x} \in \mathbf{R}^n$ 的区域 U 上确定(图 64).

8.1 非自治系统的基本定理

设 $(t_0, \mathbf{x}_0)$是区域U的一点，则由基本定理容易推得

推论 6 在U中存在点$(t_0, \mathbf{x}_0)$的一个邻域V和此邻域V映到具有坐标 $t, y_1, \cdots, y_n$ 的$(n+1)$维欧几里得空间区域W上的微分同胚 $f: V \to W$，使得V中的方程(1)等价于W中的特别简单的方程

$$\frac{d\mathbf{y}}{dt} = 0, \quad \mathbf{y} = (y_1, \cdots, y_n). \tag{2}$$

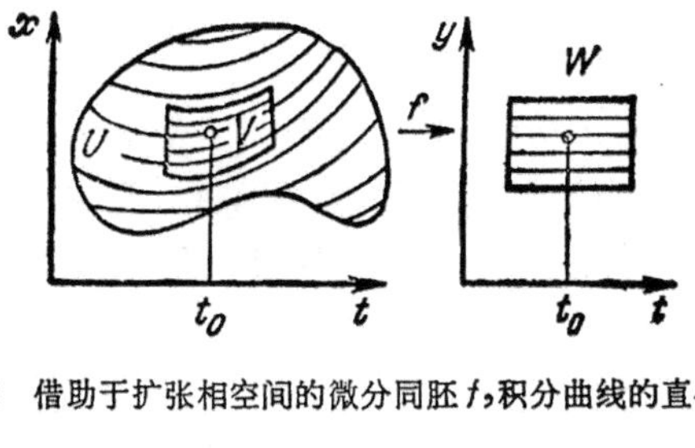

图 64 借助于扩张相空间的微分同胚 f，积分曲线的直化

这样一来，微分同胚 f 将点$(t, \mathbf{x})$映入点$(t, \mathbf{y})$，而 t 保留不变. 这种等价意味着 $\boldsymbol{\varphi}: I \to V$ 是方程(1)的解当且仅当 $f\circ\boldsymbol{\varphi}: I \to W$是方程(2)的解.

上述推论等价于基本定理. 此推论的一个直接证明将在 §32 给出.

问题 1 试从基本定理推出推论 6.

问题 2 试从推论 6 推出基本定理.

8.2 存在定理

由推论 6 明显地推得

推论 7 对于充分小的 $|t-t_0|$ 存在方程 (1) 满足初始条件 $\boldsymbol{\varphi}(t_0)=\mathbf{x}_0\in U$ 的解.

8.3 唯一性定理

推论 6 的另一直接结果是推论 8.

推论 8 满足同样初始条件的方程 (1) 的任何两个解在它们都有定义的区间的交集上相重合.

证明 我们只需注意到此结论对方程(2)显然是正确的. □

注 在方程(1)中,当 $\mathbf{v}$ 不依赖于 t 时,应用推论 8,我们发现 § 7.4 推论 2 中的 $\mathbf{v}(\mathbf{x}_0)\neq 0$ 的要求可以去掉.

8.4 可微性定理

设 $\mathbf{v}=\mathbf{v}(t,\mathbf{x})$ 是扩张相空间区域 U 中的向量场. 在非自治系统,t 推进映射不形成单参数变换群. 然而,我们可以定义"(t_1, t_2)推进映射"如下:

定义 所谓在点$(t_0,\mathbf{x}_0)$的邻域内由场 $\mathbf{v}(t,\mathbf{x})$ 所确定的局部变换族 $g_{t_1}^{t_2}$ 指的是三重结构 (I, V_0, g),它由包含 t_0 的实轴上的区间 I,相空间的点 $\mathbf{x}_0$ 的邻域 V_0 和映射 $g: I\times I\times V_0\to U$ 组成,且满足

1) 对于固定的 $t_1, t_2\in I$,由 $g_{t_1}^{t_2}(\mathbf{x},t)=g(t_2,t_1,\mathbf{x})$ 所定义的映射 $g_{t_1}^{t_2}:(V_0\times t_1)\to U$ 是一个微分同胚(在平面 $t=t_2$ 的一部分上);

2) 对于固定的 $\mathbf{x}\in V_0$, $t_1\in I$, 由 $(\boldsymbol{\varphi}(t),t)=g(t,t_1,\mathbf{x})$ 所定义的映射 $\boldsymbol{\varphi}$ 是方程(1)满足初始条件 $\boldsymbol{\varphi}(t_1)=\mathbf{x}$ 的解;

3) 类似于群性质的性质

$$g_{t_1}^{t_3}(\mathbf{x},t_1)=g_{t_2}^{t_3}g_{t_1}^{t_2}(\mathbf{x},t_1),$$

对于所有使右端有定义的一切 $\mathbf{x}$, t_1, t_2 和 t_3 都成立(图 65),此处

对每一点 $\mathbf{x}\in V_0$，存在一个邻域 V，$\mathbf{x}\in V\subset V_0$ 和一个数 $\delta>0$，使得右端对 $|t_i-t_0|<\delta$，$i=1, 2, 3$ 和一切 $\mathbf{x}\in V$ 都有定义.

现在由基本定理立即推得推论 9.

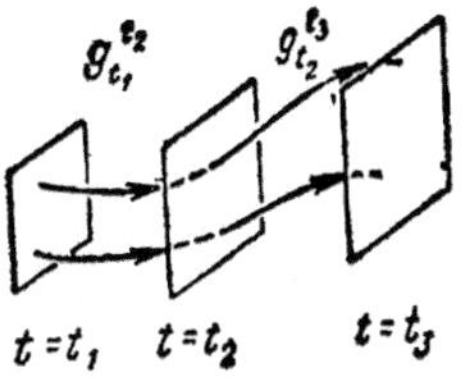

图 65　局部变换族

推论 9　向量场 $\mathbf{v}(t, \mathbf{x})$ 在点 $(t_0, \mathbf{x}_0)$ 的邻域内确定一个局部变换族.

证明　与推论 3 类似.

注　把扩张相空间内每一个平面 $t=t_0$ 和相空间等同起来，我们可以认为映射 $g_{t_1}^{t_2}$ 是相空间区域映入相空间区域的微分同胚. 在方程(1)是自治的，而 $\mathbf{v}(t,\mathbf{x})=\mathbf{v}(\mathbf{x})$ 与 t 无关的特殊情形，微分同胚 $g_{t_1}^{t_2}$ 只依赖于差 t_2-t_1 且与 (t_2-t_1) 推进映射重合.（这从唯一性定理和下述事实推得，如果 $\mathbf{x}=\boldsymbol{\varphi}(t)$ 是自治方程的解，则 $\mathbf{x}=\boldsymbol{\varphi}(t+C)$ 也是它的解.）

于是推论 9 包含了推论 3，而把它作为自己的特殊情形，但没有限制 $\mathbf{v}(\mathbf{x})\neq 0$.

问题 1　证明 $g_{t_1}^{t_2}$ 恰好依赖于 t_2-t_1 当且仅当 $\mathbf{v}(t, \mathbf{x})$ 与 t 无关.

8.5　对参数的依赖性

下列命题也是基本定理的一个自然结果

推论 10　若 $\mathbf{v}=\mathbf{v}(t, \mathbf{x}, \boldsymbol{\alpha})$ 是 C^r 次可微地依赖于参数 $\boldsymbol{\alpha}$ (及 t 和 $\mathbf{x}$) 的向量场，则方程 $\dot{\mathbf{X}}=\mathbf{v}(t, \mathbf{x}, \boldsymbol{\alpha})$ 满足初始条件 $\boldsymbol{\varphi}(t_0)=\mathbf{x}_0$ 的解的值 $\boldsymbol{\varphi}(t)$ C^r 次可微地依赖于 t_0, $\mathbf{x}_0$, $\boldsymbol{\alpha}$ 和 t.

证明　类似于推论 4.

注意推论 10 不管 $\mathbf{v}$ 是否为零均可应用，因此，推论 4 在没有限制 $\mathbf{v}(\mathbf{x})\neq 0$ 的条件下得到了证明.

8.6　延拓定理

设 $\mathbf{v}=\mathbf{v}(t, \mathbf{x})$ 是扩张相空间区域 U 的向量场；$(t_0, \mathbf{x}_0)$ 是 U 的一点；F 是包含这点的紧致集（图 66），则由基本定理立即推

得

推论 11 方程(1)满足初始条件 $\boldsymbol{\varphi}(t_0)=\mathbf{x}_0$ 的解 $\boldsymbol{\varphi}$ 可以向后和向前延拓至 F 的边界；满足相同初始条件的两个解在它们的定义区间的交集上互相重合.

证明 类似于推论 5.

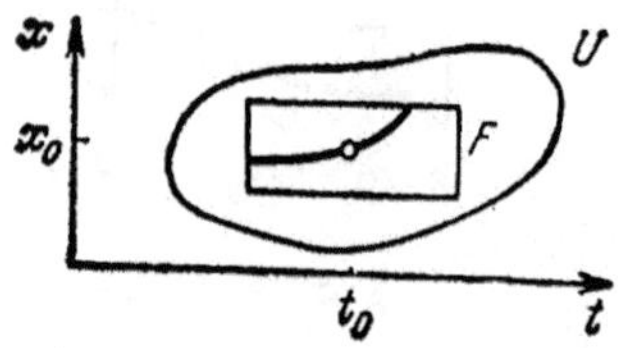

图 66 解延拓到扩张相空间的紧致集 F 的边界

问题 1 证明：即使场 $\mathbf{v}$ 有奇点，推论 5 仍有效.

问题 2 假定方程(1)的每个解可以向前或向后无限延拓，证明 $g_{t_1}^{t_2}$ 是相空间到它自身上的微分同胚.

问题 3 此外，还假定向量场 $\mathbf{v}$ 关于时间是周期的，因此，对于一切 t 和 $\mathbf{x}$ 有 $\mathbf{v}(t+T,\mathbf{x})=\mathbf{v}(t,\mathbf{x})$. 证明微分同胚 $\{g_0^{nT}\}$ (n 为整数)形成一个群，即

$$g_0^{nT}=A^n,$$

此处 $A=g_0^T$. 下列两个关系中哪一个是真的，

$$g_0^{nT+\tau}=A^n g_0^\tau,\quad g_0^{nT+\tau}=g_0^\tau A^n?$$

§9 在高阶方程中的应用

所谓 n 阶的微分方程，我们指的是下列形状的方程

$$\frac{d^n x}{dt^n}=F\left(t,x,\frac{dx}{dt},\frac{d^2x}{dt^2},\cdots,\frac{d^{n-1}x}{dt^{n-1}}\right),\tag{1}$$

此处 $F(u_0,u_1,\cdots,u_n)$ 是定义在区域 U 中的可微函数(C^r 类的，$r\geqslant 1$).

9.1 n 阶方程与有 n 个一阶方程的方程组的等价性

所谓方程(1)的解，我们指的是一个从实轴上的区间 $a<t<b$ (此处 $-\infty\leqslant a<b\leqslant+\infty$)到实轴的 C^n 映射 $\varphi:I\to\mathbf{R}$，它满足

1) 对每个 $\tau\in I$，坐标为

$$u_0=\tau,\ u_1=\varphi(\tau),\ u_2=\left.\frac{d\varphi}{dt}\right|_{t=\tau},\ \cdots,$$
$$u_n=\left.\frac{d^{n-1}\varphi}{dt^{n-1}}\right|_{t=\tau}$$

的点属于区域 U；

2) 对于每个 $\tau\in I$

$$\left.\frac{d^n\varphi}{dt^n}\right|_{t=\tau}=F\left(\tau,\varphi(\tau),\left.\frac{d\varphi}{dt}\right|_{t=\tau},\cdots,\left.\frac{d^{n-1}\varphi}{dt^{n-1}}\right|_{t=\tau}\right).$$

例如，函数 $\varphi(t)=\sin t$ 和 $\varphi(t)=\cos t$ 都是单摆的小振动方程

$$\frac{d^2x}{dt^2}=-x,\quad x\in\mathbf{R}$$

的解.

正如 § 1.6 例 5 所指出的，单摆方程的相空间是平面 $(x,\dot{x})$. 现在我们考虑对应于 n 阶方程(1)的相空间维数问题.

定理 方程(1)在下述意义下等价于有 n 个一阶方程的方程组

$$\begin{cases}\dot{x}_1=x_2,\\ \dot{x}_2=x_3,\\ \cdots\\ \dot{x}_n=F(t,x_1,\cdots,x_n),\end{cases}\tag{2}$$

即若 φ 是方程(1)的解，则由 φ 的导数组成的向量 $(\varphi,\dot{\varphi},\ddot{\varphi},\cdots\varphi^{(n-1)})$ 是方程组(2)的解；反之，若 $(\varphi_1,\varphi_2,\cdots\varphi_n)$ 是方程组(2)的解，则 φ_1 是式(1)的解.

证明 显然.

因此，由 n 阶微分方程描述的任何过程的相空间是 n 维的，过程 φ 的整个性态由在时刻 t_0 指定的 n 个数，即阶数小于 n 的 φ 的导数在 t_0 的值所决定.

例 1 单摆方程等价于在 §1.6 和 §6.6 中已研究过的方程组

$$\begin{cases} \dot{x}_1 = x_2, \\ \dot{x}_2 = -x_1. \end{cases}$$

例 2 方程 $\ddot{x} = 0$ 等价于方程组

$$\begin{cases} \dot{x}_1 = x_2, \\ \dot{x}_2 = 0, \end{cases}$$

容易找到此方程组的解为 $x_2(t) = x_2(0) = C$, $x_1(t) = x_1(0) + Ct$. 因此，方程 $\ddot{x} = 0$ 的解为 t 的一次多项式.

问题 1 证明方程 $d^n x/dt^n = 0$ 为所有次数小于 n 的多项式所满足，而且只能为这些多项式所满足.

9.2 存在和唯一性定理

由定理 9.1 和基本定理的推论 7 和推论 8 立即推得下面的推论.

推论 给出区域 U 中的一点 $u = (u_0, u_1, \cdots, u_n)$, 方程(1)满足初始条件

$$\varphi(u_0) = u_1, \quad \left.\frac{d\varphi}{dt}\right|_{t=u_0} = u_2, \cdots, \left.\frac{d^{n-1}\varphi}{dt^{n-1}}\right|_{t=u_0} = u_n \tag{3}$$

的解存在且唯一(任何满足(3)的两个解在它们的定义区间的交集上彼此重合的意义上).

我们可以用更简洁的形式把初始条件(3)写成

$$t = u_0, \ x = u_1, \ \dot{x} = u_2, \ \cdots, \ x^{(n-1)} = u_n.$$

例1 单摆方程 $\ddot{x} = -x$ (图67)满足初始条件

$$t = 0, \ x = 0, \ \dot{x} = 0 \tag{I}$$

的解是 $\varphi \equiv 0$; 若初始条件是

$$t = 0, \ x = 0, \ \dot{x} = 1, \tag{II}$$

则 $\varphi(t) = \sin t$; 又若初始条件是

$$t = 0, \ x = 1, \ \dot{x} = 0, \tag{III}$$

则 $\varphi(t) = \cos t$.

问题 1 求倒置单摆的方程 $\ddot{x}=x$ 满足初始条件 (I), (II), (III) 和

$$t=0,\ x=1,\ \dot{x}=1 \tag{IV}$$

$$t=0,\ x=1,\ \dot{x}=-1 \tag{V}$$

的解(图 68).

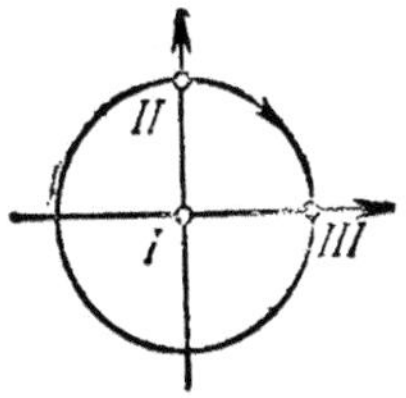

图 67 单摆方程的三个特解

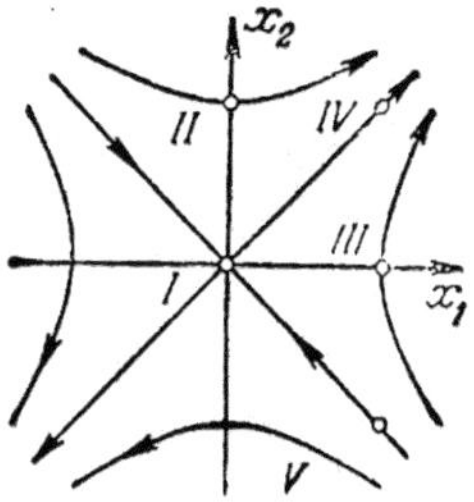

图 68 倒置单摆方程的五个特解

对应于这些解,单摆是怎样运动的?

反例 1 考虑方程 $2x=t^2\ddot{x}$ 和初始条件 $t=0$, $x=0$, $\dot{x}=0$ (图 69),则有许多解满足这些条件,例如, $\varphi(t)\equiv 0$ 和 $\varphi(t)=t^2$. 问题在于所考虑的方程不是(1)的形式.

9.3 可微性和延拓定理

问题 1 对 n 阶微分方程叙述并证明关于初始条件和参数的连续和可微依赖性定理以及延拓定理.

9.4 方程组

所谓微分方程组,我们指的是包含 n 个未知函数 x_i,形式为

$$\frac{d^{n_i}x_i}{dt^{n_i}}=F_i(t,x_1,\cdots),\quad i=1,2,\cdots n \tag{4}$$

的方程组,此处函数 F_i 的变元包括自变量 t, 未知函数 x_j 和阶数小于 $n_j(j=1,\cdots,n)$ 的 x_j 的导数.

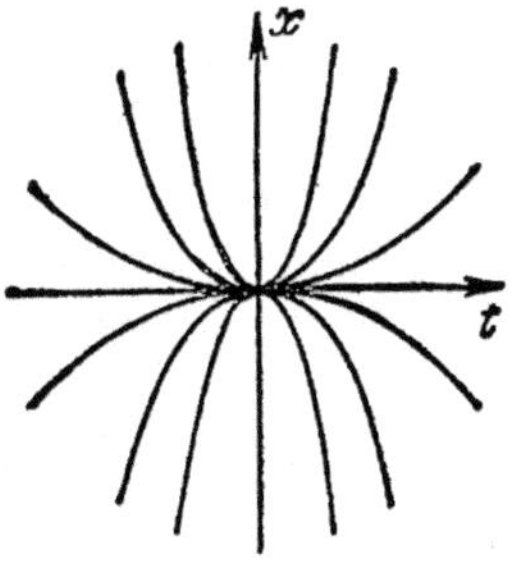

图 69 满足初始条件 $x=\dot{x}=0$ 的解的不唯一性

方程组(4)的解如 § 9.1 所定义. 这里着重指出方程组的解是定义在一个区间上的向量函数 $(\varphi_1, \cdots, \varphi_n)$. 这样一来, $(\varphi_1, \cdots, \varphi_n)$ 是一个单解而不是 n 个解, 因此, 我们应该用同样的注意力去观察代数方程组与微分方程组.

首先, 我们说明对应于方程组(4)的相空间的性质.

定理 方程组(4)等价于有 $N = \sum_{i=1}^{n} n_i$ 个一阶微分方程的方程组; 换句话说, 方程组(4)的相空间的维数等于数 N.

证明 和 § 9.1 一样, 引进阶数小于 n_i 的 x_i 的导数作为相空间的坐标.

例如, 假定 $n = n_1 = n_2 = 2$, 则方程组(4)的形式为

$$\ddot{x}_1 = F_1(t, x_1, x_2, \dot{x}_1, \dot{x}_2),$$

$$\ddot{x}_2 = F_2(t, x_1, x_2, \dot{x}_1, \dot{x}_2),$$

它等价于四个方程的方程组

$$\dot{x}_1 = x_3, \quad \dot{x}_2 = x_4, \quad \dot{x}_3 = F_1(t, \mathbf{x}), \quad \dot{x}_4 = F_2(t, \mathbf{x}),$$

此处 $\mathbf{x} = (x_1, x_2, x_3, x_4)$.

例 1 在力学中, 牛顿方程组

$$m_i \ddot{q}_i = -\frac{\partial U}{\partial q_i}, \quad i = 1, \cdots, n \tag{5}$$

(此处 U 是势能而 $m_i > 0$ 是质量) 等价于 $2n$ 个方程的哈密顿 (Hamilton) 方程组

$$\dot{q}_i = \frac{\partial H}{\partial p_i}, \quad \dot{p}_i = -\frac{\partial H}{\partial q_i}, \quad i = 1, \cdots, n,$$

此处 $p_i = m_i \dot{q}_i$,

$$T = \sum_{i=1}^{n} \frac{m_i \dot{q}_i^2}{2} = \sum_{i=1}^{n} \frac{p_i^2}{2m_i},$$

且 $H = T + U$ 是总能量. 因此, 方程组 (5) 的相空间的维数等于 $2n$.

问题 1 对于方程组(4)叙述并证明存在、唯一性、关于初始条件连续和可微依赖性的定理以及延拓定理.

9.5 注. 变分方程

关于参数的可微性定理不仅有理论意义，而且它也是有力的计算工具[1]. 例如，假定我们能对某个参数值求解微分方程组，则对此参数的邻近值我们能求出微分方程组的近似解. 为此我们只需计算解对参数的导数（对那些使微分方程组可求解的固定参数值）. 而且容易看出，这些作为时间的函数的导数，它本身是被称为变分方程的某一微分方程的解. 由于变分方程是（非齐次的）线性方程，因此，无需解原来的方程，此变分方程常常就可求解. 在科学的各个分支中各类小扰动的效果常以这种方式（通过引用"小参数法"）进行研究.

例如，考虑包含小参数 ε 的方程

$$\dot{\mathbf{x}} = \mathbf{v}(\mathbf{x}, \varepsilon),$$

此处 $\mathbf{v} = \mathbf{v}_0 + \varepsilon\mathbf{v}_1 + O(\varepsilon^2)$，$\varepsilon \to 0$. 由关于参数的可微性定理知，具有固定初始条件的解可以写成形式

$$\mathbf{x}(t) = \mathbf{x}_0(t) + \varepsilon\mathbf{y}(t) + O(\varepsilon^2),$$

此处 $\mathbf{x}_0$ 是"未扰动"方程

$$\dot{\mathbf{x}} = \mathbf{v}(\mathbf{x}, 0)$$

的解，而 $\mathbf{y}$ 是解关于参数 ε 的导数在 $\varepsilon = 0$ 的值. 把 $\mathbf{x}(t)$ 代入原来微分方程，我们得到一个对所有小的 ε 都有效的关系[2]

$$\dot{\mathbf{x}}_0 + \varepsilon\dot{\mathbf{y}} = \mathbf{v}_0(\mathbf{x}_0) + \varepsilon\mathbf{v}_1(\mathbf{x}_0) + \varepsilon \left.\frac{\partial \mathbf{v}_0}{\partial \mathbf{x}}\right|_{\mathbf{x}_0} \mathbf{y} + O(\varepsilon^2).$$

因此方程两边关于 ε 的导数在 $\varepsilon = 0$ 的值应相等. 即

$$\dot{\mathbf{y}} = A(t)\mathbf{y} + \mathbf{b}(t),$$

1) 关于初始条件的可微性定理可以用来逼近一束解，这束解的初始条件接近于某些"未扰动"的值，对于这些值解是已知的.

2) 因为对于小的 ε

$$\mathbf{v}_0(\mathbf{x}) = \mathbf{v}_0(\mathbf{x}_0) + \varepsilon \left.\frac{\partial \mathbf{v}_0}{\partial \mathbf{x}}\right|_{\mathbf{x}_0} \mathbf{y} + O(\varepsilon^2).$$

此处 $A(t)=\left.\frac{\partial \mathbf{v}_0}{\partial \mathbf{x}}\right|_{\mathbf{x}_0(t)}$，$\mathbf{b}(t)=\mathbf{v}_1(\mathbf{x}_0(t))$.

这就是所需要的变分方程. 注意 $\mathbf{y}$ 还满足初始条件 $\mathbf{y}(0)=0$,因为对所有 ε，$\mathbf{x}$ 的初始条件都是一样的.

在求解问题时，按照需要容易导出这些变分方程而不必试图去记住它.

问题 1 一物体在具有依赖于位置和速度的小阻尼的介质中垂直下落,即

$$\ddot{x}=-g+\varepsilon F(x,\dot{x}),\ \varepsilon\ll 1.$$

试计算运动中阻尼的效果.

解 在阻尼不存在 ($\varepsilon=0$) 时,已知解是的:

$$x_0(t)=x(0)+vt-g\frac{t^2}{2}.$$

根据解关于参数可微性定理知,对于小的 ε,解可以写成形式

$$x=x_0+\varepsilon y(t)+O(\varepsilon^2),$$

此处 y 是解关于参数 ε 的导数在 $\varepsilon=0$ 的值. 把此表达式代入原来的微分方程,我们得到一个 y 的方程. 事实上

$$\ddot{x}_0+\varepsilon\ddot{y}=-g+\varepsilon F(x_0,\dot{x}_0)+O(\varepsilon^2),\ \varepsilon\to 0,$$

而且由于这一关系对所有小的 ε 都成立, 因此这个方程两端的 ε 的任何次幂的系数都相同. 特别,这给出了下列容易求解的变分方程

$$\ddot{y}=F(x_0(t),\ \dot{x}_0(t)),\ y(0)=\dot{y}(0)=0.$$

答 $x(t)=x_0(t)+\varepsilon\int_0^t\int_0^\tau F(x_0(\xi),\ \dot{x}_0(\xi))d\xi d\tau+O(\varepsilon^2).$

注意 严格地说,我们的推理只对充分小的 t 有效,但事实上容易证明对任何有限时间区间 $|t|\leqslant T$ 都有效,条件是 ε 不超过依赖于 T 的某一个量(包含在被记作 $O(\varepsilon^2)$ 那项中的常数随 T 而增加). 把这种方式得到的结果推广到无限时间区间是极端危险的: 人们不能交换当 $t\to\infty$ 和 $\varepsilon\to 0$ 时的极限.

例 1 考虑桶底下有一个半径为 ε 的小孔的一桶水 (图 70). 给定任何时间 T,存在一个如此小的 ε 的值,使得在时刻 $t<T$ 内桶几乎仍是满的. 可是对每个固定的 $\varepsilon\to 0$,当时间趋于无限时,桶将变成空的.

问题 2 众所周知，质量为 m 的物体以速度 $\mathbf{v}$ 相对于地球运动受到柯赖奥来 (Coriolis) 力 $\mathbf{F}=2m\mathbf{v}\times\boldsymbol{\Omega}$ 的作用，此处 $\boldsymbol{\Omega}$ 是地球的角速度向量. 一块石头(无初速度)落入列宁格勒纬度上 ($\lambda=60°$) 的深 250 米的矿井中.问由于柯赖奥来力的作用石头偏离铅垂线多远(图 71)?

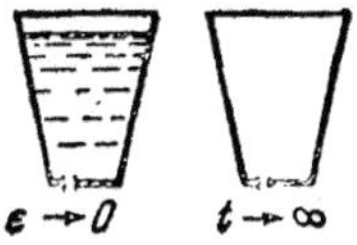

图 70 当 $\varepsilon\to 0$ 和 $t\to\infty$ 时，扰动方程的渐近性态

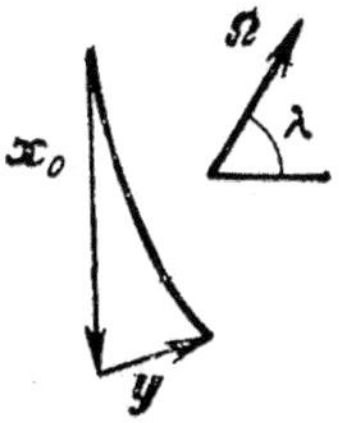

图 71 垂直下落物体的偏差

解 这里我们研究依赖于地球角速度 $\Omega=7.3\times10^{-5}$ 1/秒,并以它为参数的微分方程

$$\ddot{\mathbf{x}}=\mathbf{g}+2\dot{\mathbf{x}}\times\boldsymbol{\Omega}.$$

可以预言柯赖奥来力与重力相比是微不足道的，因此 Ω 可以认为是小参数，根据可微性定理知,对于小的 Ω，我们有

$$\mathbf{x}=\mathbf{x}_0+\Omega\mathbf{y}+O(\Omega^2),$$

此处 $\mathbf{x}_0=\mathbf{x}(0)+\mathbf{g}\dfrac{t^2}{2}$. 把 $\mathbf{x}$ 的这一表达式代入微分方程,我们得到变分方程

$$\ddot{\mathbf{y}}=2t\mathbf{g}\times\boldsymbol{\Omega},\quad \mathbf{y}_0(0)=\dot{\mathbf{y}}_0(0)=0.$$

因此

$$\mathbf{y}=\mathbf{g}\times\boldsymbol{\Omega}\frac{t^3}{3}=\frac{2t}{3}\mathbf{h}\times\boldsymbol{\Omega},\quad \mathbf{h}=\mathbf{g}\frac{t^2}{2}.$$

因此石头向东偏离

$$\frac{2t}{3}|\mathbf{h}||\boldsymbol{\Omega}|\cos\lambda\approx\frac{2\times7}{3}\times250\times7\times10^{-5}\times\frac{1}{2}\,\mathrm{m}\approx4\mathrm{cm}.$$

关于参数和初始条件的可微性定理应用的其他例子将在§12.10 和 § 26.7 中给出.

9.6 关于术语的注

形如(1)的方程和形如(4)的方程组有时称为标准式，或称为关于最高阶导数解出的．由于这些是本书所研究的唯一的方程和方程组的类型，因此术语微分方程组常表示标准式方程组或与标准式方程组等价的方程组(如牛顿方程组(5))．

我们还注意到出现在方程组(4)右端的函数可以用各种方式给定，例如显式、隐式、参数式等等．

例 1 公式 $\dot{x}^2 - x = 0$ 是两个不同方程 $\dot{x}=\sqrt{x}$ 和 $\dot{x}=-\sqrt{x}$ 的简便记法(图 72)，这两个方程的每一个以右半平面 $x>0$ 作为它的相空间．这些方程由两个对 $x>0$ 都可微的不同的向量场所确定．

当一个方程由隐式给出时，右端必须小心的处理以便确定它的定义域和避免含糊的记号．

例 2 设 $x_1 = r\cos\varphi$，$x_2 = r\sin\varphi$，则公式 $\dot{x}_1 = r$，$\dot{x}_2 = r\varphi$ 在平面 (x_1, x_2) 内不确定任何的微分方程组．在不包含坐标原点的平面 (x_1, x_2) 的任何区域内考虑同样的公式，引出无穷多个微分方程组，它们对应多值函数 φ 的无限多的分支．

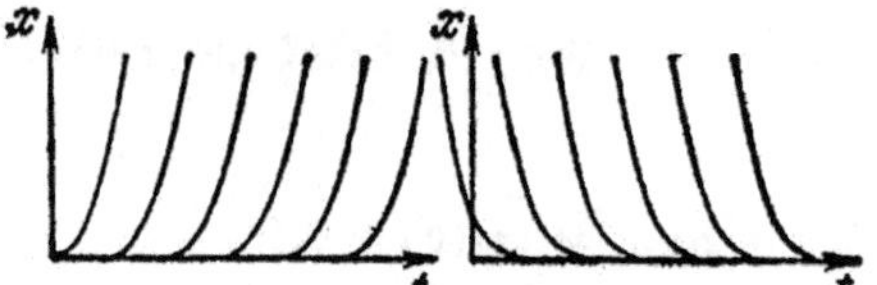

图 72 包含在同一个公式 $\dot{x}^2 = x$ 中的两个微分方程的积分曲线

例 3 所谓克莱罗(Clairaut)方程指的是形式为

$$x = \dot{x}t + f(\dot{x})$$

的微分方程．

克莱罗方程

$$x = \dot{x}t - \frac{\dot{x}^2}{2} \tag{6}$$

是定义在区域 $x \leqslant \frac{t^2}{2}$ 内的两个不同微分方程的简便记法，它们中的每一个在抛物线下的区域 $x<\frac{t^2}{2}$ 内满足存在唯一性定理的条件(图 73). 经过此区域中每一点,有两条与抛物线相切的切线,且每条切线由两条切射线组成. 每条切射线是由公式(6)给定的两个方程之一的积分曲线.

问题 1　研究克莱罗方程 $x=\dot{x}t-\dot{x}^3$.

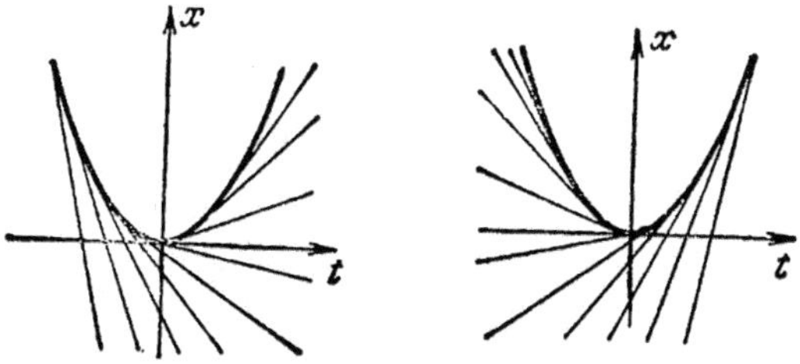

图 73　两个方程写在一起作为克莱罗方程(6)的积分曲线

§10　自治系统的相曲线

现在我们回到自治系统，研究自治系统解和对应相曲线的某些性质,我们从下面例题开始.

10.1　时间移动

考虑方程

$$x^{(n)}=F(x,\dot{x},\ddot{x},\cdots,x^{(n-1)}),\tag{1}$$

此处 F 是在相空间 $\mathbf{R}^n$ 上的可微函数.

问题 1　假定 $x=\sin t$ 是方程(1)的解，证明 $x=\cos t$ 也是解.

这是下列定理的直接结果.

定理　设 $\boldsymbol{\varphi}:\mathbf{R}\to U$ 是在相空间 U 中由向量场 $\mathbf{v}$ 确定的自治微分方程

$$\frac{d\mathbf{x}}{dt}=\mathbf{v}(\mathbf{x})\tag{2}$$

的解;设 $h^s:\mathbf{R}\to\mathbf{R}$ 是由 s 确定的将点 $t\in\mathbf{R}$ 映入点 $t+s\in\mathbf{R}$ 的移动,则对于任何 s, $\varphi\circ h^s:\mathbf{R}\to U$ 是(2)的解. 换句话说,若 $\mathbf{x}=\boldsymbol{\varphi}(t)$ 是(2)的解,则 $\mathbf{x}=\boldsymbol{\varphi}(t+s)$ 也是它的解.

证明 这是下列事实的明显的结果,对于任何 $t_0\in\mathbf{R}$, $s\in\mathbf{R}$ 有

$$\left.\frac{d\boldsymbol{\varphi}(t+s)}{dt}\right|_{t=t_0}=\left.\frac{d\boldsymbol{\varphi}(t)}{dt}\right|_{t=t_0+s}=\mathbf{v}(\varphi(t_0+s))$$

$$=\mathbf{v}(\boldsymbol{\varphi}(t+s))|_{t=t_0}.$$

□

注 由此定理立即推出对自治方程组,特别是对方程(1)的类似的论断. 对于 $s=\pi/2$, 我们得到上面提出的问题的解答.

推论 经过相空间的每一点,自治方程(2)存在一条而且仅有一条相曲线[1)].

证明 设 $\boldsymbol{\varphi}_1:\mathbf{R}\to U$, $\boldsymbol{\varphi}_2:\mathbf{R}\to U$ 是两个解, 且设 $\boldsymbol{\varphi}_1(t_1)=\boldsymbol{\varphi}_2(t_2)=\mathbf{x}$,则解 $\boldsymbol{\varphi}_2$ 和 $\boldsymbol{\varphi}_3=\boldsymbol{\varphi}_1\circ h^{t_1-t_2}$ 满足相同的初始条件 $\boldsymbol{\varphi}_2(t)=\boldsymbol{\varphi}_3(t)=\mathbf{x}$, 因此,由唯一性定理知它们应相重合: $\boldsymbol{\varphi}_2=\boldsymbol{\varphi}_1\circ h^{t_1-t_2}$. 由于映射 h^s: $\mathbf{R}\to\mathbf{R}$ 是一对一的, 因此映射 $\boldsymbol{\varphi}_1$ 和 $\boldsymbol{\varphi}_1\circ h^s$: $\mathbf{R}\to U$ 有相同的像. 所以 $\boldsymbol{\varphi}_1(\mathbf{R})=\boldsymbol{\varphi}_2(\mathbf{R})$. □

注 非自治方程不相重合的相曲线可以相交,因此非自治方程的解最好是沿着积分曲线考虑.

问题 2 假定通过方程 $\dot{\mathbf{x}}=\mathbf{v}(t,\mathbf{x})$ 的相空间的每一点有且仅有一条相曲线,能否由此推出方程是自治的,即 $\mathbf{v}(t,\mathbf{x})$ 与时间无关?

答 不能.

10.2 闭相曲线

我们已经知道自治方程 (2) 的不同的相曲线互不相交. 现在我们考察单个相曲线是否自我相交.

设 $\boldsymbol{\varphi}_0:I\to U$ (图 74)是方程(2)在两点 $t_1<t_2\in I$ 取相同值

1) 这里我们考虑到最大相曲线. 所谓最大相曲线是指映射 $\boldsymbol{\varphi}:I\to U$ 的像,此处 $\boldsymbol{\varphi}$ 是一个不能延拓到包含 I 的比 I 更大的任何区间上去的解 [例如 I 是整条直线(因此解已无限延拓) 或当 t 趋向于区间 I 的边界时 $\boldsymbol{\varphi}(t)$ 趋向于区域 U 的边界].

$\boldsymbol{\varphi}_0(t_1)=\boldsymbol{\varphi}_0(t_2)$ 的解.

定理 满足条件 $\boldsymbol{\varphi}_0(t_1)=\boldsymbol{\varphi}_0(t_2)$ 的解 $\boldsymbol{\varphi}_0$ 可以延拓到整个 t 轴上,而且所得的解 $\boldsymbol{\varphi}:\mathbf{R}\to U$ 将有周期 $T=t_2-t_1$，即对于所有的 t, $\boldsymbol{\varphi}(t+T)=\boldsymbol{\varphi}(t)$.

证明 每一个 $t\in\mathbf{R}$ 可以唯一地表示成形式 $t=nT+\tau$，$0\leqslant\tau<T$. 设 $\boldsymbol{\varphi}(t)=\boldsymbol{\varphi}_0(t+\tau)$，则 $\boldsymbol{\varphi}$ 显然是周期为 T 的周期函数. 为了看出 $\boldsymbol{\varphi}$ 是解，我们注意到在每一点 $t\in\mathbf{R}$ 的一个邻域内 $\boldsymbol{\varphi}$ 与解 $\boldsymbol{\varphi}_0$ 的移动相重合(对 $\tau>0$ 的点，这是显然的，对 $\tau=0$ 的点，则从 $\boldsymbol{\varphi}_0(t_1)=\boldsymbol{\varphi}_0(t_2)$ 的事实得到). 因此由定理 10.1 知 $\boldsymbol{\varphi}$ 是解;这是由于 $\boldsymbol{\varphi}(t_1)=\boldsymbol{\varphi}_0(t_1)$. 定理证毕. □

现在我们考虑产生连续函数 $\boldsymbol{\varphi}$ 的所有周期的集合.

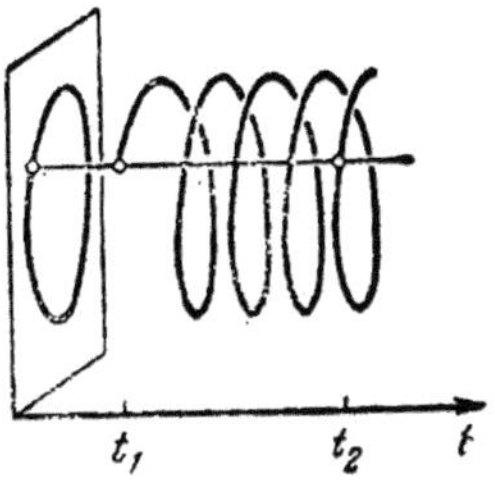

图 74 闭相曲线和对应的积分曲线

引理 1 连续函数 $\boldsymbol{\varphi}:\mathbf{R}\to U$ 的所有周期的集合是实数群 $\mathbf{R}$ 的闭子群.

证明 若 $\boldsymbol{\varphi}(t+T_1)\equiv\boldsymbol{\varphi}(t)$ 和 $\boldsymbol{\varphi}(t+T_2)\equiv\boldsymbol{\varphi}(t)$，则 $\boldsymbol{\varphi}(t+T_1\pm T_2)\equiv\boldsymbol{\varphi}(t+T_1)\equiv\boldsymbol{\varphi}(t)$，此处 $\equiv$ 表示 t 的恒等式. 又若 $T_i\to T$,则由于 $\boldsymbol{\varphi}$ 的连续性有

$$\boldsymbol{\varphi}(t+T)\equiv\lim_{i\to\infty}\boldsymbol{\varphi}(t+T_i)\equiv\lim_{i\to\infty}\boldsymbol{\varphi}(t)\equiv\boldsymbol{\varphi}(t).\qquad\square$$

引理 2 实数群 $\mathbf{R}$ 的每一个闭子群或是 $\mathbf{R}$;或是 $\{0\}$; 或是某个数 $T_0\in\mathbf{R}$ 的所有整数倍的集合 $\{kT_0,k\in\mathbf{Z}\}$.

证明 若 $G\neq\{0\}$,则在 G 中存在正元素(若 $t<0$,则 $-t>0$). 设

$$T_0=\inf\{t:t\in G,\ t>0\}.$$

显然 $0\leqslant T_0<\infty$. 假定 $T_0>0$,则由于 G 是闭集,所以 T_0 属于 G. 由于 G 是子群,因此 T_0 的整数倍也属于 G. 而且 G 不包含另外的点. 事实上,点 kT_0 分直线 $\mathbf{R}$ 为区间 $kT_0<t<(k+1)T_0$ (图 75). 若群 G 有一个额外元素，此元素将落在所指类型的区间

中，因此G将包含元素 $t-kT_0$，使得 $0<t-kT_0<T_0$，这与 T_0 是下确界的定义相矛盾． 因此 $T_0>0$ 推出 $G=\{kT_0:k\in \mathbf{Z}\}$.

我们还须研究 $T_0=0$，此时，任意给定 $\varepsilon>0$，G包含一个元素 t，$0<t<\varepsilon$，因而包含所有点 kt，$k\in\mathbf{Z}$．点 kt 把 $\mathbf{R}$ 分成长度小于 ε 的许多区间，因此在 $\mathbf{R}$ 的任何点的每一个邻域中都有G的点，因为G是闭集，所以 $G=\mathbf{R}$. □

***问题 1** 求平面 $\mathbf{R}^2$ (图 76)，空间 $\mathbf{R}^n$ 和圆

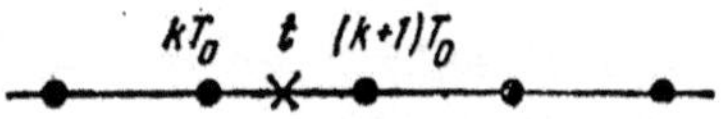

图 75 直线上的闭子集

$S^1=\{z\in\mathbf{C},|z|=1\}$ 所组成的群的所有闭子群.

回到周期函数，我们看到周期的集合或者是由整条直线组成(这种情形函数是常数)或者由最小周期 T_0 的所有整数倍组成．因此一个自交的相曲线不是驻定点就是在 T_0 时第一次变成闭的闭曲线，例如极限环的情形(图 77).

问题 2 证明： 除了退化为一点的闭相曲线外，闭相曲线与圆微分同胚[1)].

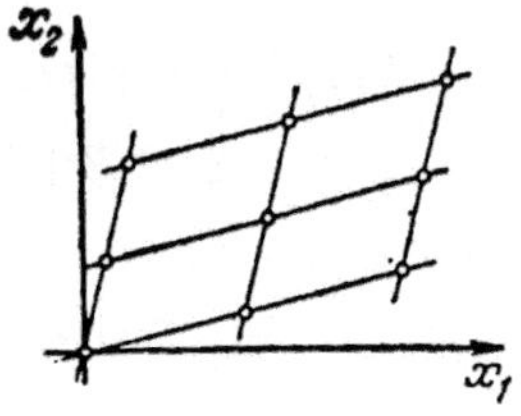

图 76 平面的闭子群

图 77 极限环

提示 微分同胚可以由公式

$$\varphi(t)\sim\left(\cos\frac{2\pi t}{T_0},\ \sin\frac{2\pi t}{T_0}\right)$$

1) 一曲线到另一曲线上的微分同胚映射的定义，例如将在 § 33.6 中给出.

来描述.

虽然非闭的相曲线彼此不相交，但他们能够以复杂的方式相互缠绕.

问题 3 求"两重摆"：

$$\ddot{x}_1 = -x_1, \quad \ddot{x}_2 = -2x_2$$

的相曲线的闭包.

答 一点,圆和环面 $S^1 \times S^1$（见 § 24 和 § 25.6).

***问题 4** 设 φ: $\mathbf{R} \to U$ 是 (2)的对应非闭的相曲线的解,因此若 $t_1 \neq t$ 则 $\varphi(t_1) \neq \varphi(t_2)$,则直线 R 到相曲线 $\Gamma = \varphi(R)$ 上的映射 φ 是一对一的,且有逆 $\varphi^{-1}: \Gamma \to \mathbf{R}$.

φ^{-1} 必定连续吗?

提示 参考前面的问题. 可能发生

$$\lim_{i\to\infty} \varphi(t_i) \in \Gamma, \qquad \lim_{i\to\infty} t_i = \infty.$$

§ 11 方向导数. 首次积分

许多几何概念可以用两种方式来描述，一种是用空间点的语言;另一种是借助于定义在此空间中的函数. 在许多数学分支中，这种二重性经常发现是有益的. 特别，向量场不仅能用曲线而且也可用函数的微分来描述. 基本定理可以用首次积分来表示.

11.1 在向量方向的导数

设 U 是欧几里得空间的一个区域, x 是 U 的一点,而 $\mathbf{v}$ 是切向量, $\mathbf{v} \in TU_x$ (图 78). 设 $f: U \to R$ 是可微函数; 设 $\varphi: I \to U$ 是具有速度 $\mathbf{v}$ 且经过点 x 的任何曲线, $\varphi(0) = x$. 则区间 I 被实变数的实复合函数

$$f \circ \varphi: I \to \mathbf{R},$$
$$(f \circ \varphi)(t) = f(\varphi(t))$$

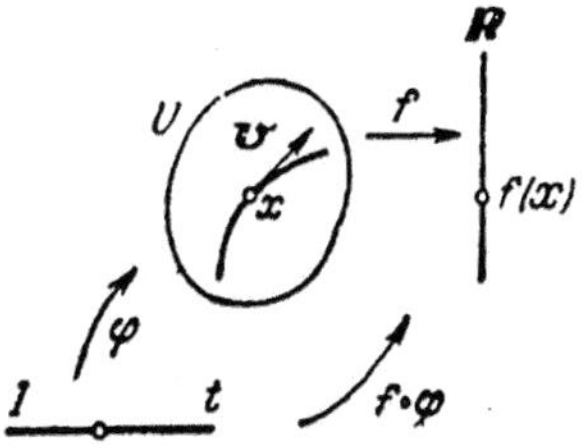

图 78 在向量 $\mathbf{v}$ 方向的函数 f 的导数

映入实轴.

定义 所谓函数 f 在向量 $\mathbf{v}$ 方向的导数指的是数

$$L_{\mathbf{v}}f\Big|_x=\frac{d}{dt}\Big|_{t=0}f\circ\varphi.$$

为了证明这个定义是恰当的，我们必须证明问题中的数不依赖于曲线 φ 的选择，而只依赖于速度向量 $\mathbf{v}$. 例如，这可从导数的坐标表示中得到. 按照复合函数的微分法则，我们有

$$L_{\mathbf{v}}f|_x=\frac{d}{dt}\Big|_{t=0}f\circ\varphi=\sum_{i=1}^{n}\frac{\partial f}{\partial x_i}\Big|_x v_i, \tag{1}$$

此处 $x_i:U\to\mathbf{R}$ 是区域 U 中的坐标系，而 v_i 是在这个坐标系中的速度 $\mathbf{v}$ 的分量(它与 φ 的选择无关).

11.2 向量场的方向导数

现在设 $\mathbf{v}$ 是区域 U 中的向量场，因此在每一点 $x\in U$ 都有一个切向量 $\mathbf{v}(x)\in TU_x$. 若 $f: U\to\mathbf{R}$ 是可微函数，我们可以形成在 $\mathbf{v}(x)$ 方向函数 f 的导数. 它在 U 的每一点给出了一个数 $L_{\mathbf{v}}f|_x$.

定义 所谓函数 $f: U\to\mathbf{R}$ 在向量场 $\mathbf{v}$ 方向的导数指的是新的函数 $L_{\mathbf{v}}f:U\to R$，它在 x 的值等于 f 在 $\mathbf{v}(x)$ 方向的导数.

例 1 设 $\mathbf{e}_1$ 是平行于欧几里得空间标准基的第一基本向量，即在 U 中坐标系 $x_1, x_2, \cdots, x_n$ 内具有分量 $1, 0, \cdots, 0$ 的向量，则显然有

$$L_{\mathbf{e}_1}f=\frac{\partial f}{\partial x_1}.$$

从(1)推得：若函数 f 和场 $\mathbf{v}$ 是 C^r 类的，则函数 $L_{\mathbf{v}}f$ 是 C^{r-1} 类的.

11.3 方向导数的性质

设 F 表示所有无限次可微函数 $f: U\to\mathbf{R}$ 所成的集合. 此集合有实线性空间的自然结构（因函数相加保持可微性），而且它甚至有环的自然结构(因可微函数的乘积仍可微). 设 $\mathbf{v}$ 是无限可微

向量场，则函数 $f \in F$ 在 $\mathbf{v}$ 方向的导数 $L_{\mathbf{v}}f$ 仍是 F 的元素（这里无限次可微性是本质的东西！）. 因此，在场 $\mathbf{v}$ 方向的微分是无限次可微函数环到它自身的映射 $L_{\mathbf{v}}: F \to F$.

问题 1 证明算子 $L_{\mathbf{v}}$ 的下列性质（除一个不成立的性质外）:

1) $L_{\mathbf{v}}(f+g) = L_{\mathbf{v}}f + L_{\mathbf{v}}g$;

2) $L_{\mathbf{v}}(fg) = fL_{\mathbf{v}}g + gL_{\mathbf{v}}f$;

3) $L_{\mathbf{u}+\mathbf{v}} = L_{\mathbf{u}} + L_{\mathbf{v}}$;

4) $L_{f\mathbf{u}} = fL_{\mathbf{u}}$;

5) $L_{\mathbf{u}}L_{\mathbf{v}} = L_{\mathbf{v}}L_{\mathbf{u}}$.

（这里 f, g 是充分光滑的函数，$\mathbf{u}, \mathbf{v}$ 是充分光滑的向量场.）

11.4 关于术语的注

代数学家把术语微分应用到任意（可交换）环 F 到它自身的、满足映射 $L_{\mathbf{v}}$ 的性质 1) 与 2) 的任何一个映射上去. 一个环的所有微分的集合形成此环上的模.

因此，U 中的向量场形成一个定义在 U 内的无限次可微函数环上的模. 性质(3)和(4)意味着把向量场 $\mathbf{v}$ 映入微分 $L_{\mathbf{v}}$ 的算子 L 是 F 模的同态. 性质(5)意味着微分 $L_{\mathbf{u}}$ 和微分 $L_{\mathbf{v}}$ 可交换（在一般情况，他们不能交换）.

***问题 2** 同态 L 是一个同构吗?

分析学家称映射 $L_{\mathbf{v}}: F \to F$ 为一阶线性齐次微分算子. 这一名称由性质1)和2)推出映射 $L_{\mathbf{v}}: F \to F$ 是 $\mathbf{R}$ 线性算子的事实来解释. 在局部坐标 $x_1, \cdots, x_n$ 中，此算子取形式

$$L_{\mathbf{v}} = v_1 \frac{\partial}{\partial x_1} + \cdots + v_n \frac{\partial}{\partial x_n}$$

（见公式(1)）.

11.5 向量场的李代数

问题 3 证明微分算子 $L_{\mathbf{a}}L_{\mathbf{b}} - L_{\mathbf{b}}L_{\mathbf{a}}$ 不是二阶的（乍看，似

乎是这样)．而是一阶的，即

$$L_{\mathbf{a}}L_{\mathbf{b}}-L_{\mathbf{b}}L_{\mathbf{a}}=L_{\mathbf{c}},$$

此处 $\mathbf{c}$ 是依赖于场 $\mathbf{a}$ 和 $\mathbf{b}$ 的向量场．

评注 用$[\mathbf{a},\mathbf{b}]$表示的场 $\mathbf{c}$ 称为场 $\mathbf{a}$ 和 $\mathbf{b}$ 的换位子或泊松括号．

问题 4 证明换位子的下列三个性质：

a) $[\mathbf{a},\mathbf{b}+\lambda\mathbf{c}]=[\mathbf{a},\mathbf{b}]+\lambda[\mathbf{a},\mathbf{c}],\lambda\in\mathbf{R}$ （线性）；

b) $[\mathbf{a},\mathbf{b}]+[\mathbf{b},\mathbf{a}]=0$ （反对称性）；

c) $[[\mathbf{a},\mathbf{b}],\mathbf{c}]+[[\mathbf{b},\mathbf{c}],\mathbf{a}]+[[\mathbf{c},\mathbf{a}],\mathbf{b}]=0$

（雅可比恒等式）；

评注 满足上述三条件的且赋有二元运算的线性空间称为李代数．因此，取可交换算子的向量场形成李代数．李代数的其他例子如下：

1）赋有向量乘法运算的三维空间；

2）具有把 A，B 映入 $AB-BA$ 的运算的所有 $n\times n$ 阶矩阵的空间．

问题 5 从某一坐标系中场 $\mathbf{a}$ 和 $\mathbf{b}$ 的分量出发，求它们换位子的分量．

答 $$[\mathbf{a},\mathbf{b}]_i=\sum_{j=1}^{n}\left(a_j\frac{\partial b_i}{\partial x_j}-b_j\frac{\partial a_i}{\partial x_j}\right).$$

*__问题 6__ 设 g^t 是由向量场 $\mathbf{a}$ 确定的相流，而 h^s 是由场 $\mathbf{b}$ 确定的相流．证明相流可交换（$g^th^s=h^sg^t$）当且仅当场的换位子为零．

11.6 首次积分

设 $\mathbf{v}$ 是区域 U 中的向量场；$f:U\to\mathbf{R}$ 是可微函数．

定义 函数 f 称为微分方程

$$\dot{x}=\mathbf{v}(x),\quad x\in U \tag{2}$$

的首次积分[1]，如果它在向量场 $\mathbf{v}$ 的方向导数等于零

1）首次积分这个奇特的术语是数学家仍然试图用积分法解微分方程的时代的遗物．在那时，术语积分(或特积分)是指现在我们称为解的那个东西．

$$L_v f = 0.$$

下列两条性质显然等价于方程(3)，而且可以作为首次积分的定义：

1) 沿着每个解 $\varphi: I \to U$，函数 f 是常数，即若 φ 是解，则每个函数 $f\circ\varphi: I \to \mathbf{R}$ 是常数；

2) 每一条相曲线属于且只属于函数 f 的一个水平集(图 79)[1]。

例 1 考虑相空间是全平面的下列方程组(图 80)：

图 79 整个位于首次积分的一个水平曲面上的一条相曲线

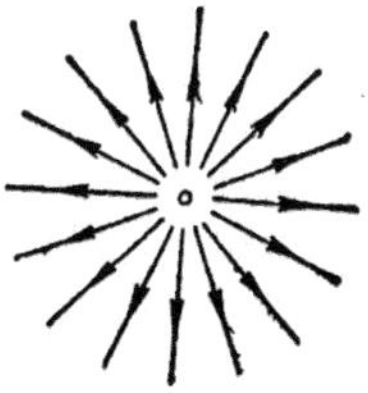

图 80 一个没有异于常数的首次积分的系统

$$\begin{cases} \dot{x}_1 = x_1, \\ \dot{x}_2 = x_2. \end{cases}$$

这个方程组没有异于常数的首次积分. 事实上，任何首次积分在全平面是连续的，而且在从原点出发的每一条射线上都是常数，因此首次积分是常数.

问题 1 证明在方程(2)的极限环的一个邻域内，每个首次积分是常数(图 81a).

问题 2 对什么样的 k 值，方程组

$$\begin{cases} \dot{x}_1 = x_1, \\ \dot{x}_2 = kx_2, \end{cases} \qquad (x_1, x_2) \in \mathbf{R}^2$$

有异于常数的首次积分(图 81b, c, d)?

异于常数的首次积分很少遇见. 因此，首次积分存在并能求出来的那些情形是很令人感兴趣的.

例 2 设 H 是 $2n$ 个变量 $p_1, \cdots, p_n, q_1, \cdots, q_n$ 的可微函数

1) 所谓函数 $f: U \to \mathbf{R}$ 的水平集 C 指的是点 $C \in \mathbf{R}$ 的完全原像，即集合 $f^{-1}C \subset U$.

图 81　这些系统中哪一个有异于常数的首次积分?

($r \geqslant 2$ 次)，则所谓哈密顿典则方程[1]我们指的是 $2n$ 个方程的方程组

$$\dot{p}_i = -\frac{\partial H}{\partial q_i}, \quad \dot{q}_i = \frac{\partial H}{\partial p_i}, \quad i = 1, \cdots, n. \tag{4}$$

定理(能量守恒定律)　函数 $H:\mathbf{R}^{2n} \to \mathbf{R}$ 是典则方程组 (4) 的首次积分.

证明　从(1)和(4)推得

$$L_{\mathbf{v}}H = \sum_{i=1}^{n} \left[\frac{\partial H}{\partial p_i}\left(-\frac{\partial H}{\partial q_i}\right) + \frac{\partial H}{\partial q_i}\frac{\partial H}{\partial p_i}\right] = 0. \qquad \square$$

11.7　局部首次积分

异于常数的首次积分的不存在是与相曲线集合的拓扑结构有关. 一般说来，微分方程组的相曲线不是全部停留在任何函数的水平曲面族上，因此没有异于常数的首次积分. 然而，在任一常点的一个邻域内的相曲线必有一简单的局部结构，而且异于常数的首次积分必局部存在.

设 U 是 n 维欧几里得空间的一个区域；$\mathbf{v}$ 是 U 中的可微向量场；x 是常点 ($\mathbf{v}(x) \neq 0$).

定理　存在点 $x \in U$ 的一个邻域 V，使得方程 (2) 在 V 中有 $n-1$ 个函数独立[2]的首次积分. 而且(2)的在 V 中的任一首次积

1) 哈密顿证明了在力学，光学，变分学和其他科学分支中遇见的各种各样的问题的微分方程都可以写成形式(4).

2) 由微积分的知识知道：函数 $f_1, \cdots, f_m$: $U \to \mathbf{R}$ 在点 $x \in U$ 的一个邻域内是函数独立的，如果由函数 $f_1, \cdots, f_m$ 决定的映射 f: $U \to \mathbf{R}^m$ 的导数 $f_*|_x$ 的秩等于 m.

分都是 $f_1, \cdots, f_{n-1}$ 的函数.

证明 定理对于 $\mathbf{R}^n$ 中的标准方程

$$\dot{y}_1 = 1, \quad \dot{y}_2 = \cdots = \dot{y}_n = 0 \tag{5}$$

是显然的(图 82). 事实上，首次积分是坐标 $y_2, \cdots, y_n$ 的任意可微函数，而且坐标 $y_2, \cdots, y_n$ 为我们给出了 $n-1$ 个函数独立的首次积分. 上述结论对空间 $\mathbf{R}^n$ 的任何凸域[1)]W中的方程(5)同样是正确的. 由基本定理(§ 7.1)知，方程(2)在适当的坐标 y 下，在点 x 的某一邻域中是 (5) 的形式，而且在坐标 y 中，此邻域可以认为是凸域（否则可以用较小的凸邻域代替）. 剩下仅需注意到函数成为首次积分的性质和函数独立的性质是与坐标系无关的两个性质.

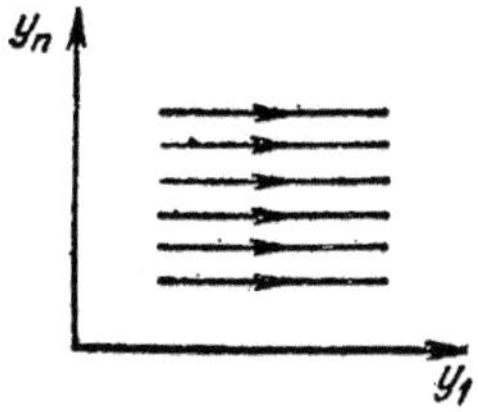

图 82 坐标 y_n 是首次积分

11.8 依赖于时间的首次积分

设 $f: \mathbf{R} \times U \to \mathbf{R}$ 是在微分方程

$$\dot{x} = \mathbf{v}(t, x), \quad t \in \mathbf{R}, \quad x \in U \tag{6}$$

的扩张相空间中的可微函数，方程(6)一般是非自治的(右边 $\mathbf{v}(t, x)$假定是可微的). 则函数 f 称为依赖于时间的首次积分，如果它是从(6)加入方程 $\dot{t} = 1$ 的自治系统

$$\dot{X} = \mathbf{V}(X), \quad X \in \mathbf{R} \times U, \quad X = (t, x), \quad \mathbf{V}(t, x) = (1, \mathbf{v})$$

的首次积分，换句话说，方程 (6) 的每一条积分曲线都整个地位于函数 f 的一个水平集上 (图 83).

向量场 V 不等于零，由前面定理推得方程(6)在每一点 (t, x) 的某一邻域内有 n 个函数独立(依赖于时间)的首次积分 $f_1, \cdots, f_n$，而且在此邻域内方程(6)的每个(依赖于时间的)首次积分都可

---

1) $\mathbf{R}^n$ 中的一个区域称为是凸的，如果它一旦包含了两点，则它必包含连接这两点的整个线段. 试给出一个方程 (5) 的在空间 $\mathbf{R}^n$ 的非凸区域 W 中不能化为 $y_2, \cdots, y_n$ 的函数的首次积分的例子.

以用 $f_1, \cdots, f_n$ 表示出来.

特别,具有 n 维相空间的自治方程(2)在任意点(不必是常点)的邻域内有 n 个依赖于时间的函数独立的首次积分.

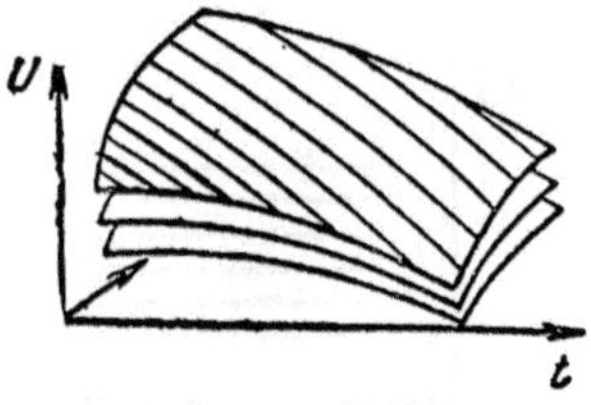

图 83 在依赖于时间的首次积分水平曲面上的积分曲线

问题 1 假定方程(6)的每一个解都可以延拓到整个 t 轴上. 证明方程(6)在整个扩张相空间中有 n 个函数独立的(依赖于时间)首次积分,而且每一个(依赖于时间)首次积分,我们都可以用它们表示出来.

所谓任意阶的微分方程(或微分方程组)的首次积分指的是等价的一阶方程组的首次积分.

§ 12 一个自由度的保守系统

现在我们考虑一个自由度的无摩擦的力学系统,作为研究微分方程首次积分应用的例子.

12.1 定义

所谓一个自由度的保守系统指的是由微分方程

$$\ddot{x} = F(x) \tag{1}$$

所描述的系统,此处 F 是定义在实 x 轴的区间 I 上的可微函数. 方程(1)等价于方程组

$$\begin{cases} \dot{x}_1 = x_2, \\ \dot{x}_2 = F(x_1), \end{cases} \qquad (x_1, x_2) \in I \times \mathbf{R}. \tag{2}$$

下列术语是力学中惯用的:

I 构形空间;

$x_1 = x$ 坐标;

$x_2 = \dot{x}$ 速度;

$\ddot{x}$ 加速度;

$I \times \mathbf{R}$ 相空间;

(1) 牛顿方程；

F 力场；

$F(x)$ 力.

我们还要研究定义在相空间上的下列函数：

$T=\frac{1}{2}\dot{x}^2=\frac{1}{2}x_2^2$ 动能；

$U=-\int_{x_0}^{x}F(\xi)d\xi$ 势能；

$E=T+U$ 总机械能.

显然，$F(x)=-\partial U/\partial x$，因此势能决定系统.

例 1 对于单摆(见 § 1.6)

我们有

$$\ddot{x}=-\sin x,$$

此处 x 是偏离角，因此

$$F(x)=-\sin x,$$

$$U(x)=-\cos x$$

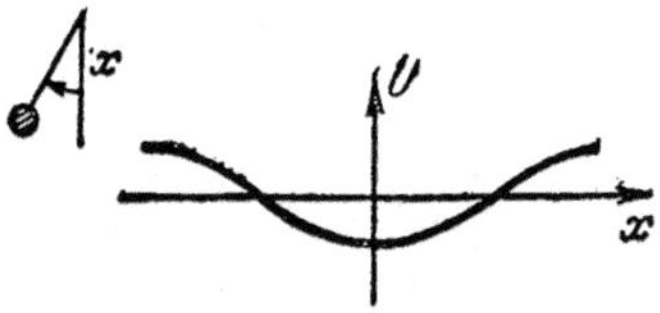

图 84 单摆的势能

(图 84)，又对于单摆的小振动

$$\ddot{x}=-x,\ F(x)=-x,\ U(x)=\frac{1}{2}x^2,$$

而对于倒置单摆的小振动

$$\ddot{x}=x,\ F(x)=x,\ U(x)=-\frac{1}{2}x^2$$

(图 85).

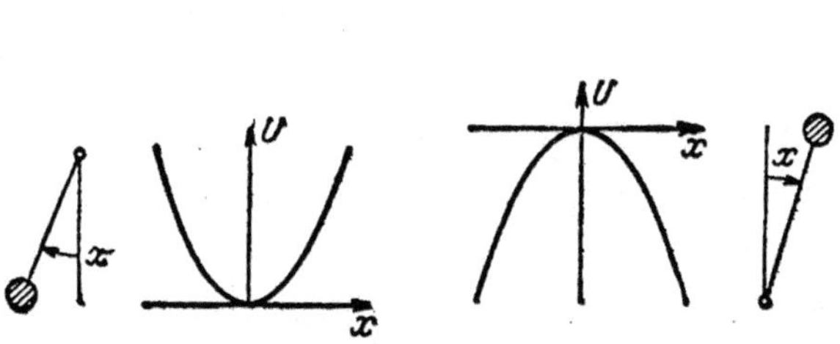

图 85 在最低与最高平衡位置附近，单摆的势能

12.2 能量守恒定律

定理 总能量 E 是方程组(2)的首次积分.

证明 我们仅需注意到

$$\frac{d}{dt}\left[\frac{1}{2}x_2^2(t)+U(x_1(t))\right]=x_2\dot{x}_2+U'\dot{x}_1$$
$$=x_2F(x_1)-F(x_1)x_2=0.$$

□

借助于这个定理，可以研究形式(1)的方程，例如单摆的方程，而且可以用"积分法"求得它的显式解.

12.3 能量水平曲线

转到方程组(2)的相曲线，我们注意到每条这样的曲线整个位于能量的一个水平集上．现在我们研究这些水平集.

定理 能量水平集 $\left\{(x_1, x_2): \frac{1}{2}x_2^2+U(x_1)=E\right\}$ 是在此集合上每一点的一个邻域内的光滑曲线，但平衡点是一个例外，所谓平衡点就是使 $F(x_1)=0$，$x_2=0$ 的点 (x_1, x_2).

证明 我们利用隐函数定理，注意到

$$\frac{\partial E}{\partial x_1}=-F(x_1), \qquad \frac{\partial E}{\partial x_2}=x_2.$$

若这些导数中的某一个不等于零，则在所考虑的点的一个邻域内 E 的水平集是形式为 $x_1=x_1(x_2)$ 或 $x_2=x_2(x_1)$ 的可微函数的图形. □

注意到出现在定理中使 $F(x_1)=0$ 和 $x_2=0$ 的例外点(x_1, x_2)，刚好是方程组(2)的驻定点(平衡位置)，它也是相速度向量场的奇点．此外，这同一点还是总能量 $E(x_1, x_2)$ 的临界点，而使 $F(x_1)=0$ 的点是势能 U 的临界点[1].

为了画出能量水平曲线，想象一粒小珠在"势井" U 中滑动常是有益的(图 86).

假定总能量有固定值 E．因为势能不能超过总能量，能量 E 的水平曲线在构形空间 (x_1 轴) 上的投影位于点集 $\{x_1\in I: U(x_1)\leqslant E\}$ 内，在此集合内，每点的势能的值不超过 E (在势井中小珠

1) 所谓函数的临界点指的是函数在其上的全微分等于零的点． 此点的函数值称为临界值.

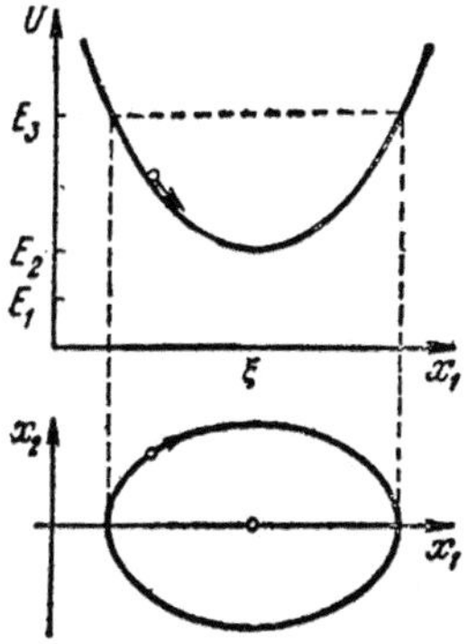

图 86　在势井中的一粒小珠和对应的相曲线

不能走向比水平 E 更高的地方). 而且因为 $|x_2|=\sqrt{2(E-U(x_1))}$, 所以速度 (指绝对值) 越大, 势能就越小. 即小珠落入井中时获得速度; 而它从井底升起时, 则失去速度. 注意在使 $U(x_1)=E$ 的“转点”处速度为零.

从能量关于 x_2 的偶性推得能量水平曲线关于 x_1 轴对称 (小珠以相同速度沿相反的方向两次穿过每一点).

这些简单的研究足够使我们画出有各种势能 U 的系统的能量水平曲线. 首先我们考虑最简单的情形 (具有一个吸引中心 ξ 的无限深的势井), 此处 $F(x)$ 单调递减: $F(\xi)=0$, $I=\mathbf{R}$ (图86).

若总能量的值 E_1 小于势能的最小值 E_2, 则水平集 $E=E_1$ 是空的 (小珠的运动自然是不可能的). 于是, 水平集 $E=E_2$ 由单一的点 $(\xi, 0)$ 组成 (小珠停留在井底).

若总能量的值 E_3 大于临界值 $E_2=U(\xi)$, 则 $E=E_3$ 的水平集是围绕相平面上平衡位置 $(\xi, 0)$ 的对称光滑闭曲线 (小珠来回在井中滑动, 在速度等于零的时刻升到高度 E_3, 然后跌回井中且经过 $(\xi, 0)$, 在此时速度达最大值, 以后再在另一边升起, 如此循环不已).

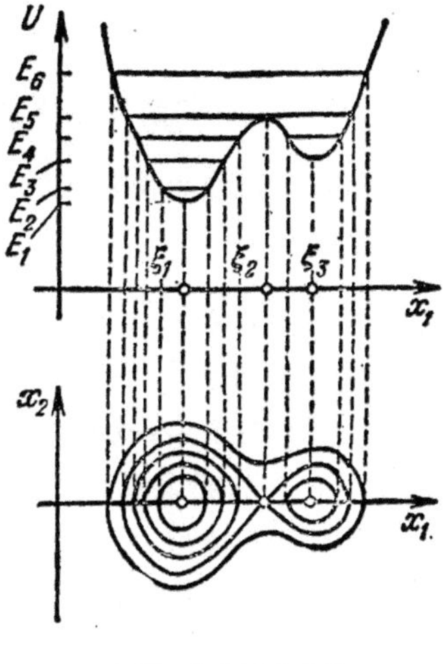

图 87　势有两个井的能量水平曲线

为了研究更复杂的情形, 我

们用同样方式进行，即我们逐步增大总能量 E 的值，当 E 的值等于势能 U 的临界值（此处 $U'(\xi)=0$）时停止，而且在每一种情形，考察比临界值稍小一点的 E 值曲线和比临界值稍大一点的 E 的值曲线.

例 1 假定势能 U 有三个临界点，一个为最小值 ξ_1，一个为局部极大值 ξ_2，另一个为局部极小值 ξ_3. 则图 87 表示对应值为 $E_1 = U(\xi_1)$, $U(\xi_1)<E_2<U(\xi_3)$, $E_3 = U(\xi_3)$, $U(\xi_3)<E_4<U(\xi_2)$, $E_5 = U(\xi_2)$, $E_6 > U(\xi_2)$ 的水平曲线.

问题 1 画出单摆方程 $\ddot{x}=-\sin x$ 与在最低和最高平衡位置附近时单摆方程（$\ddot{x}=-x$ 和 $\ddot{x}=x$）的能量水平曲线.

问题 2 对开普勒（Kepler）势[1)]

$$U = -\frac{1}{x} + \frac{C}{x^2}$$

和表示在图 88 中的势，画出它们的能量水平曲线.

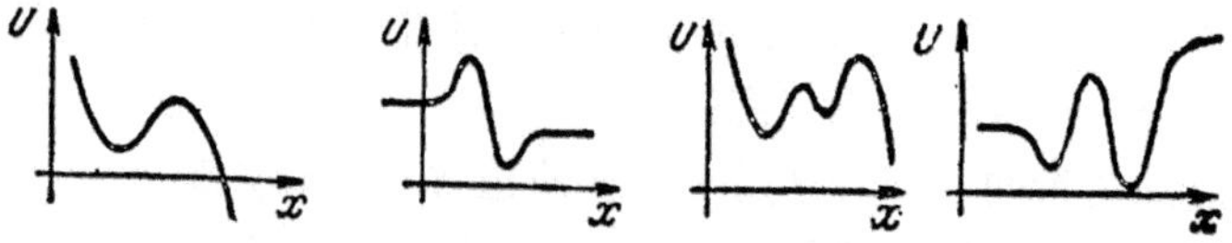

图 88 对每一个这样的势，能量水平曲线的图形怎样？

12.4 奇点附近的能量水平曲线

研究能量临界值附近的水平曲线的性能时，记住下列事实是有益的.

注 1 若势能是二次型 $U=\frac{1}{2}kx^2$，则能量水平曲线是二次曲线 $2E=x_2^2+kx_1^2$.

在吸引的情形，我们有 $k>0$，而且临界点 0 是势能的最小值（图 89）. 此时能量水平曲线是中心在点 0 的位似椭圆.

在排斥的情形，我们有 $k<0$，而且临界点 0 是势能的极大值（图 90）. 能量水平曲线则是中心在 0 的位似双曲线和一对渐近线 $x_2=\pm\sqrt{-k}\,x_1$. 由于这些渐近线把不同类型的双曲线彼此分

1) 行星（或彗星）和太阳之间的距离的改变由具有此势的牛顿方程描述.

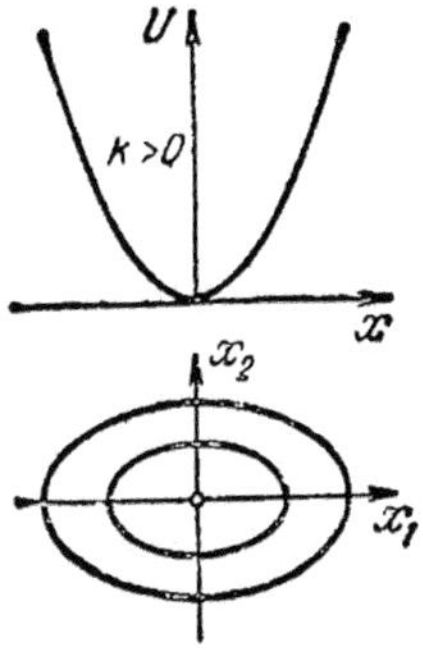

图 89　吸引的二次势能的能量水平曲线

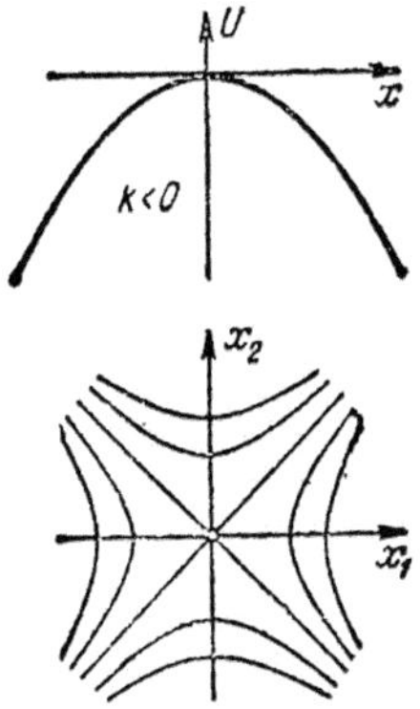

图 90　排斥的二次势能的能量水平曲线

开，因此称它们为分界线.

注 2　在适当选取的坐标下函数 $f(x)$ 的增量在非退化临界点的一个邻域内是二次型.

这里我们假定 $f(0)=0$，而且导数 $f'(0)$ 和 $f''(0)$ 存在，若 $f'(0)=0$，则点 0 是 f 的临界点；若 $f''(0)\neq 0$，则称临界点 0 是非退化的.

引理 1（摩斯（Morse））　在非退化临界点 0 的一个邻域内，可选择坐标 y，使得

$$f=cy^2,\quad c=\operatorname{sgn}f''(0).$$

当然，$y=x\sqrt{|\varphi(x)|}$ 就是这样的一种坐标，而上述结论在于证明对应 $x\longmapsto y$ 在 0 的一个邻域内是微分同胚的.

在证明摩斯引理中，我们利用下列命题：

引理 2（阿达玛（Hadamard））[1]　设 f 是使得 f 和它的导数 f' 在点 $x=0$ 的值都为零的可微函数（C^r 类的），则 $f(x)=xg(x)$，此处 g 是可微函数（点 $x=0$ 的一个邻域内的 C^{r-1} 类的）.

证明　我们仅需注意到

$$f(x)=\int_0^1\frac{df(tx)}{dt}\,dt=\int_0^1 f'(tx)x\,dt=x\int_0^1 f'(tx)\,dt,$$

---

1) 两个引理都可以推广到多元函数的情形.

此处

$$g(x)=\int_0^1 f'(tx)\,dt$$

是 C^{r-1} 类的函数.

把阿达玛引理接连二次应用到摩斯引理中出现的函数 f 上，我们求得 $f=x^2\varphi(x)$，此处 $2\varphi(0)=f''(0)\neq 0$. 因此 $y=x\sqrt{|\varphi(x)|}$，又因为函数 $\sqrt{|\varphi(x)|}$ 在点 $x=0$ 的一个邻域内是可微的(若 f 是 C^r 类的，则它是 $r-2$ 次可微的)，所以摩斯引理得到了证明.

因此，在非退化临界点的一个邻域内，能量水平曲线在坐标系 (x_1, x_2) 的微分同胚变换下，它或者变为椭圆或者变为双曲线.

问题 1 求与排斥奇点 $(U''(\xi)<0)$ 的分界线相切的切线

答 $x_2=\pm\sqrt{|U''(\xi)|}\,(x_1-\xi)$ (图 91).

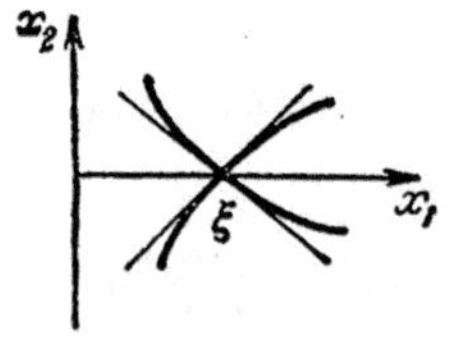

图 91 与排斥奇点的分界线相切的切线

12.5 牛顿方程的解的延拓

假定势能在整个 x 轴上都有定义. 则由能量守恒定律立即推得下面的定理.

定理 若势能 U 到处是正的[1]，则方程

$$\ddot{x}=-\frac{dU}{dx} \tag{1'}$$

的解可以无限延拓.

例 1 若 $U=-\frac{1}{2}x^4$，则解 $x=1/(t-1)$ 不能延拓到 $t=1$.

首先我们证明下列的"先验估计"：

引理 若一个解对 $|t|<\tau$ 存在，则它满足不等式

1) 自然，势能改变一个常数不改变方程(1')，因此唯一本质的东西是 U 有下界.

$$|\dot{x}(t)| < \sqrt{2E_0}, \quad |x(t) - x(0)| < \sqrt{2E_0}|t|,$$

此处 $E_0 = \frac{1}{2}\dot{x}^2(0) + U(x(0))$ 是能量的初始值.

证明 根据能量守恒定律

$$\frac{1}{2}\dot{x}^2(t) + U(x(t)) = E_0,$$

又因 $U > 0$，所以第一个不等式得到了证明．第二个不等式从第一个不等式推得，因为

$$x(t) - x(0) = \int_0^t \dot{x}(\theta)d\theta. \qquad \square$$

定理的证明 设 T 是一个任意的正数；Π (图 92)是相平面内的矩形

$$|x_1 - x_1(0)| \leqslant 2\sqrt{2E_0}T, \quad |x_2| \leqslant 2\sqrt{2E_0}.$$

考虑扩张相空间 (x_1, x_2, t) 内的平行六面体 $|t| \leqslant T$，$(x_1, x_2) \in \Pi$．由延拓定理知，解可以延拓到此平行六面体的边界上．由引理知，解只有通过 $|t| = T$ 的那些面才能离开此平行六面体．因此解可以延拓到任意的 $t = \pm T$，从而解可以无限延拓．

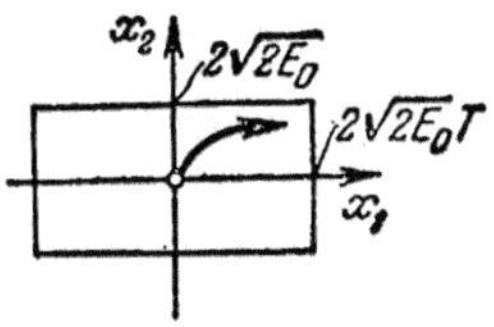

图 92 在时刻 T 时，相点不能离开的矩形

问题 1 在正势能 ($U>0$) 的情形，证明无限延拓牛顿方程组

$$m_i\ddot{x}_i = -\frac{\partial U}{\partial x_i}, \ i = 1, \cdots N, \ m_i > 0, \ x \in \mathbf{R}^n$$

的解的可能性.

12.6 能量的非临界水平曲线

假定势能 U 定义在整个 x 轴上，设 E 是能量的非临界值，即设 E 与函数 U 在任何临界点的值不同．考虑 U 的值小于 E 的点所成的集合 $\{x: U(x) \leqslant E\}$．由于 U 是连续的，因此这个集合(图 93)由有限个或可数个区间组成(这些区间中的两个可以延伸到无穷远)．在这些区间的端点 $U(x) = E$，因为 E 不是临界点，所以

$U'(x)\neq 0$. 由于这一理由，集合 $\{x: U(x)=E\}$的每一点刚好是 $U(x)<E$ 的一个区间的端点. 因此整个集合 $\{x: U(x)<E\}$ 或是整个 x 轴或是不多于可数多个两两不相交的闭区间的并集，其中可能包含一至二条延伸至无穷远的射线. 在下面的定理中，我们考虑这些区间中的一个 $a\leqslant x\leqslant b$ (图94)，此处 $U(a)=U(b)=E$ 而且当 $a<x<b$ 时，$U(x)<E$.

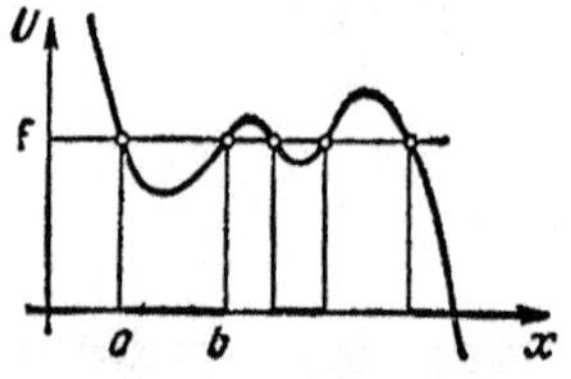

图 93　$U(x)<E$(E 是非临界能量水平值) 的点 x 的集合

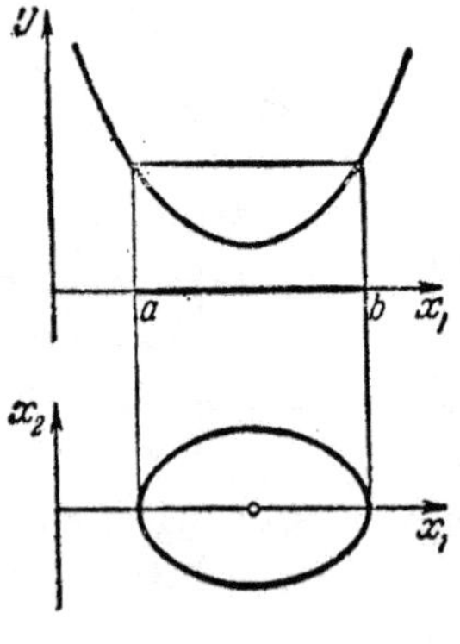

图 94　与圆微分同胚的相曲线

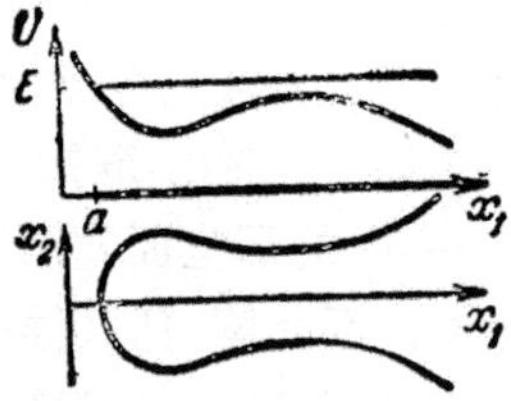

图 95　与直线微分同胚的相曲线

定理　方程

$$\frac{1}{2}x_2^2+U(x_1)=E,\quad a\leqslant x_1\leqslant b$$

在平面 (x_1, x_2) 中确定一条光滑曲线. 此曲线与圆微分同胚而且是方程组(2)的相曲线. 类似地，使 $U(x)<E$ 的射线 $a\leqslant x<\infty$ (或 $-\infty<x\leqslant b$) 是与直线微分同胚的相曲线在 x_1 轴上的投影 (图 95). 最后，在整个直线上 $U(x)<E$ 的情形，E 的水平集由两条相曲线

$$x_2=\pm\sqrt{2(E-U(x_1))}$$

组成.

因此，当能量 E 是非临界情形，E 的水平集由有限条或无穷可数条光滑的相曲线组成.

12.7 定理 12.6 的证明

能量守恒定律使我们能显式地解出牛顿方程. 事实上，对于总能量的一个固定值 E，由于

$$\dot{x}=\pm\sqrt{2(E-U(x))},\tag{3}$$

因此速度 $\dot{x}$ 的数值（但不是符号）由位置 x 所确定，而且我们已经完全知道如何去解这个一维的方程.

设 (x_1, x_2) 是我们的水平集中的点，此处 $x_2>0$（图 96）. 利用(3)，我们寻求方程(1)满足初始条件 $\varphi(t_0)=x_1$，$\dot{\varphi}(t_0)=x_2$ 的解. 对 t_0 附近的 t，我们得到

$$t-t_0=\int_{x_1}^{\varphi(t)}\frac{d\xi}{\sqrt{2(E-U(\xi))}}.\tag{4}$$

由于 $U'(a)\neq 0$，$U'(b)\neq 0$，积分

$$\frac{T}{2}=\int_a^b\frac{d\xi}{\sqrt{2(E-U(\xi))}}$$

收敛；因此(4)在某一区间 $t_1\leqslant t\leqslant t_2$ 上确定了一个连续函数 φ，且 $\varphi(t_1)=a$，$\varphi(t_2)=b$. 此函数处处满足牛顿方程.

区间 (t_1, t_2) 的长为 $T/2$. 应用对称原理：$\varphi(t_2+\tau)=\varphi(t_2-\tau)$，$0\leqslant\tau\leqslant T/2$，把 φ 延拓到长为 $T/2$ 的第二个区间. 更进一步的延拓 φ 则按周期性 $\varphi(t_2+T)=\varphi(t)$ 进行. 这样得到的定义在整个直线上的函数处处满足牛顿方程，并且满足 $\varphi(t_0)=x_1$，$\dot{\varphi}(t_0)=x_2$. 这样一来，我们已经构造了一个方程组(2)的满足初始条件 (x_1, x_2) 的解，而且它还是周期为 T 的周期解. 对应的闭相曲线刚好是 E 的水平集位于区间 $a\leqslant x\leqslant b$ 上的那一部分. 这条曲线如同每一条闭相曲线一样与圆微分同胚(见 § 10).

区间延伸至无穷远的情形(在一个方向或是两个方向)比刚才

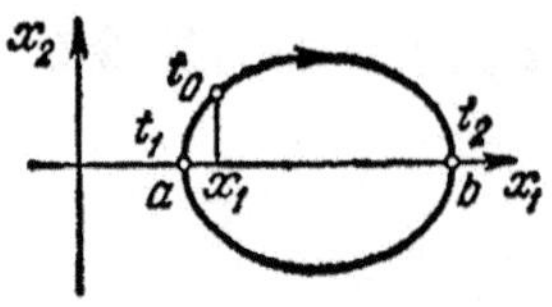

图 96 在有限时间 $T/2 = t_2 - t_1$ 内，相点(从 a 到 b)移过半条相曲线

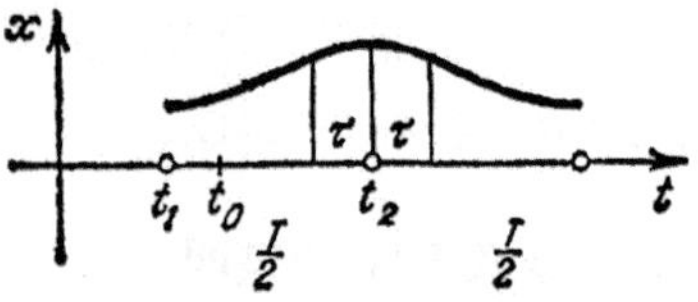

图 97 应用反射延拓牛顿方程的解

研究过的情形来得简单，因而留作习题.

12.8 临界水平曲线

临界的水平曲线的结构可能更为复杂. 注意这类相曲线包括静止点 (x_1, x_2) (此处 $U'(x_1) = 0$, $x_2 = 0$)，这些静止点本身就是相曲线. 若在区间 $a \leqslant x \leqslant b$ 上除 $U(a) = U(b) = E$ 外，处处有 $U(x) < E$，又若两端都是临界点，即 $U'(a) = U'(b) = 0$，则两个开弧

$$x_2 = \pm \sqrt{2(E - U(x_1))}, \quad a < x_1 < b$$

都是相曲线(图 98a). 相点走过此弧所取时间为无限(定理 12.5 加上唯一性).

若 $U'(a) = 0$, $U'(b) \neq 0$ (图 98b)，则方程

$$\frac{1}{2} x_2^2 + U(x_1) = E, \quad a < x_1 \leqslant b$$

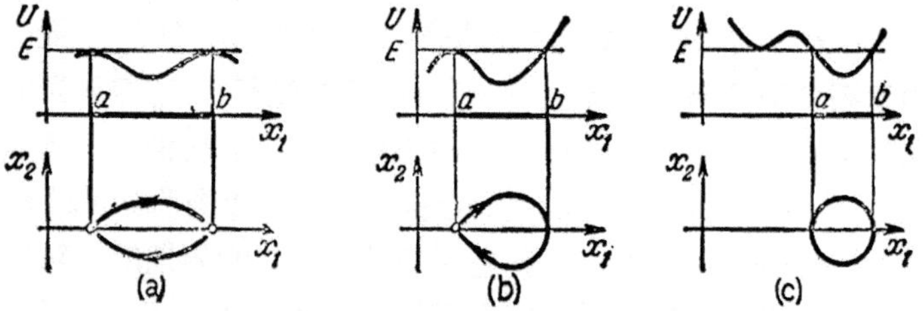

图 98 能量的临界水平曲线分解为相曲线

确定了一个非闭的相曲线. 最后，若 $U'(a) \neq 0$, $U'(b) \neq 0$ (图

98c) 则正如非临界水平 E 一样，位于区间 $a \leqslant x \leqslant b$ 上的那部分临界水平集是闭相曲线.

12.9 例

现在把上面的研究应用于单摆的方程

$$\ddot{x} = -\sin x,$$

它具有势能 $U(x) = -\cos x$ (图 99) 和临界点 $x_1 = k\pi$, $k = 0, \pm 1, \cdots$. 在点 $x_1=0$, $x_2=0$ 的附近的闭相曲线像椭圆，而且这些曲线对应于单摆的小振动. 只要振幅很小，振动的周期 T 就只轻微地依赖于振幅. 对于较大的能量常数，我们得到较大范围的闭曲线，此过程直到能量达到单摆在上下颠倒位置时的势能的临界值为止. 而振动的周期在增加（因为沿着由临界水平集所组成的分界线的运动的时间是无限的).

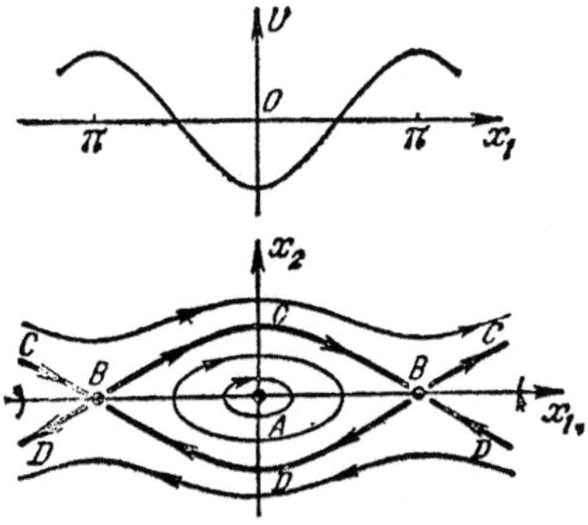

图 99 单摆方程 $\ddot{x} = -\sin x$ 的相曲线

对于较大的能量值，我们得到非闭曲线，在此曲线上 x_2 不改变符号，即单摆不是在振动而是在旋转；而且单摆在最低位置时达到速度的最大值，在最高位置时达到速度的最小值. 注意到相差 $2k\pi$ 的 x_1 的值对应着单摆的同一位置. 因此，我们选柱面(x_1 mod 2π, x_2) 而不用平面 (x_1, x_2) 作为单摆的相空间是很自然的 (图 100).

取已经画在平面中的图象并把它包在柱面上，我们得到在柱面上的单摆的相曲线. 除了两个静止点 A, B(最低和最高平衡位置)和两条分界线 C, D 外，相曲线都是闭的光滑曲线.

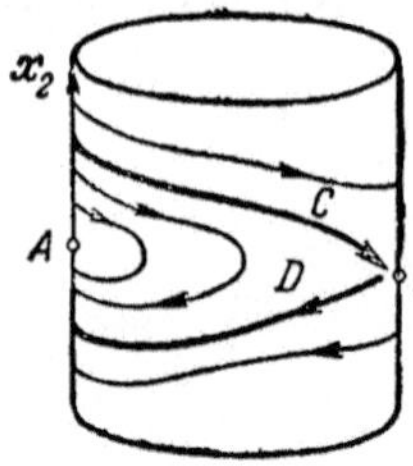

图 100　单摆的柱面相空间

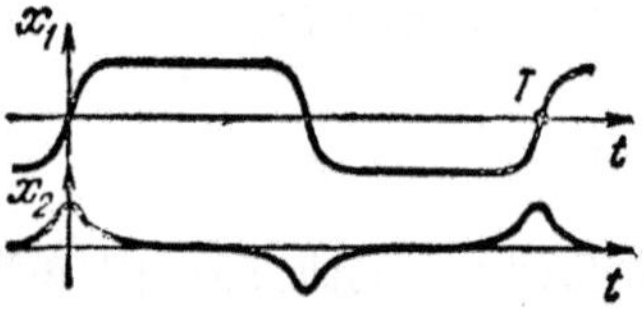

图 101　振幅接近于π时，单摆的偏离角度和它的运动速度

问题 1　对能量值接近但稍低于最高位置的临界能量的解，画出函数 $x_1(t)$ 和 $x_2(t)$ 的图形.

答　见图 101，函数 $x_1(t)$ 和 $x_2(t)$ 可以用 sn 和 cn（椭圆正弦和椭圆余弦）表示. 当 E 接近下临界值时，单摆的振动近似变成简谐的，而且 sn 和 cn 成为 sin 和 cos.

问题 2　当能量值 E 趋近于上临界值 E_1 时，单摆的振动周期以什么比率趋向于无限？

答　对数比率 $(\sim C\ln(E_1 - E))$.

提示　见公式(4).

12.10　保守系统的小扰动

研究了保守系统的运动后，现在我们可以利用关于参数的可微性定理（§ 9.5）去研究一般形式的邻近方程组. 在这样做时，我们遇见一个性质上完全新的，在应用上很重要的现象，即自振或自激振荡.

问题 1　研究方程组

$$\begin{cases} \dot{x}_1 = x_2 + \varepsilon f_1(x_1, x_2), \\ \dot{x}_2 = -x_1 + \varepsilon f_2(x_1, x_2), \end{cases} \qquad \varepsilon \ll 1, \quad x_1^2 + x_2^2 \leqslant R^2$$

的相曲线，此方程组与单摆的小振动方程组只有很小的差别.

解　当 $\varepsilon = 0$ 时，我们得到单摆的小振动方程. 由关于参数的可微性定理知解（在有限时间区间）与简谐振动

$$x_1 = A\cos(t - t_0), \quad x_2 = -A\sin(t - t_0)$$

差一个 ε 阶的修正项，此处假定 ε 是小量. 因此，对于充分小的 $\varepsilon = \varepsilon(T)$，在时间区间 T 内相点停留在半径为 A 的圆的附近.

与保守系统($\varepsilon = 0$)不同，对于 $\varepsilon \neq 0$，相曲线不必是闭的，它可以有螺线的形式(图102)，且相邻两圈之间有(ε级的)小距离．为了确定相曲线是否接近坐标原点或是离开坐标原点，我们考虑绕原点一周后能量 $E = \frac{1}{2}x_1^2 + \frac{1}{2}x_2^2$ 的增量．对于这增量的符号我们特别感兴趣，此符号在伸展开的(不盘绕的)螺线上是正的，在收缩的(绷紧的)螺线上是负的，在极限环本身上为零．现在我们导出能量的增量的一个近似表达式，即公式(6)．

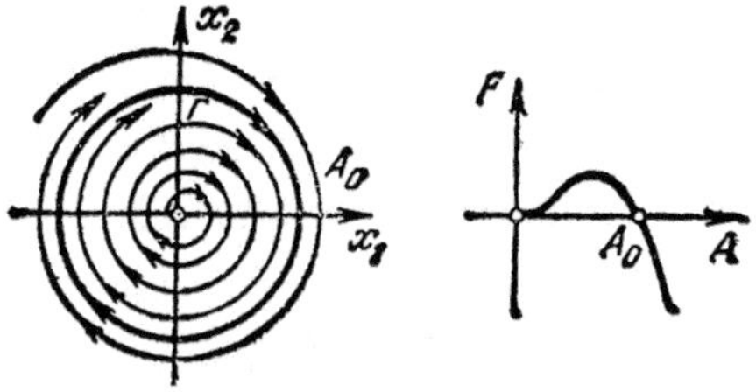

图 102　范德坡(van der Pol)方程的相曲线和绕原点一圈后能量的增量

对于我们所考虑的向量场的方向，能量的导数是容易计算的且它与 ε 成比例：

$$\dot{E}(x_1, x_2) = \varepsilon(x_1 f_1 + x_2 f_2). \tag{5}$$

为了计算经过一圈后能量的增量，此函数应该沿相轨线的一圈进行积分，但后者可惜是未知的．但正如已经说明的，此圈接近于圆，因此，在精度 $O(\varepsilon^2)$ 内，积分可以沿半径为 A 的圆 S 进行：

$$\Delta E = \int_0^{2\pi} \dot{E}(A\cos t, \ -A\sin t)dt + O(\varepsilon^2).$$

把(5)代入此式，我们得[1]

$$\Delta E = \varepsilon F(A) + O(\varepsilon^2), \tag{6}$$

此处

$$F(A) = \oint f_1 dx_2 - f_2 dx_1$$

(积分沿半径为 A 的圆，方向取逆时针方向)．

一旦算出函数 $F(A)$ 后，我们就能研究相曲线的性能．若函数 $F(A)$ 是正的，则经过一圈后能量的增量 ΔE 也是正的(对小的正数 ε)．在这种情形，相曲线是伸展螺线，系统实现增加振荡．在另一方面，若 $F<0$，则 $\Delta E<0$

1) 这里我们用到事实：沿着 S，$dx_1 = x_2 dt$，$dx_2 = -x_1 dt$．

且相螺线是收缩的，此时振荡是衰减的.

函数 $F(A)$ 改变符号是可能发生的（图 102），假定 $F(A)$ 有单重零点 A_0。则对于小的 ε，方程

$$\Delta E(x_1, x_2) = 0$$

为相平面上接近半径为 A_0 的圆的闭曲线 Γ 所满足（这从隐函数定理推出）. 显然 Γ 是闭相曲线，即我们系统的一个极限环.

导数 $F' = \left.\frac{dF}{dA}\right|_{A=A_0}$ 的符号决定邻近的相曲线是否绕向极限环或从极限环上伸展开去. 若 $\varepsilon F' > 0$，则环是**不稳定的**；若 $\varepsilon F' < 0$，则环是**稳定的**. 事实上，在第一种情形，若相曲线位于环之外，则经过一圈后能量的增加大于零；若相曲线位于环内，则能量的增加是负的，因此相曲线总是离开环而运动. 然而在第二种情形，相曲线则从环内外两方面接近于环，如图 102.

例 1 考虑范德坡方程

$$\ddot{x} = -x + \varepsilon\dot{x}(1 - x^2),$$

当 $f_1 = 0$，$f_2 = x_2(1 - x_1^2)$ 时，计算积分(6)，我们得到

$$F(A) = \pi\left(A^2 - \frac{A^4}{4}\right).$$

这个函数有一单重零点 $A_0 = 2$（图 102），而且对于较小的 A 函数值为正；对于较大的 A 则为负. 因此对于小的 ε，范德坡方程在相平面上有接近于圆 $x^2 + \dot{x}^2 = 4$ 的稳定极限环.

设想我们比较原保守系统（$\varepsilon = 0$）的运动与 $\varepsilon \neq 0$ 发生的运动. 在保守系统，能够发生任意振幅的振荡（所有的相曲线都是闭的）且振幅仅由初始条件决定. 在非保守系统（$\varepsilon \neq 0$），则可能出现性质上不同的现象，例如稳定极限环. 在此情形，非常不同的初始条件导致完全确定振幅的同一个周期振荡的建立，所得稳定状态的系统称为**自振**.

*问题 2 研究具有小摩擦的受到常数扭矩 M 作用的摆的自振运动:

$$\ddot{x} + \sin x + \varepsilon\dot{x} = M.$$

提示 此问题在 A. A. Ardronov, A. A. Vitt and S. E. khaikin 所著的 Theory of Qcillations (in Russian),Moscow (1959)

第七章中对任何 ε 和 M 进行了详细的分析.

第三章　线性系统

线性系统几乎是微分方程中存在完整理论的唯一的一大类．这种理论本质上是线性代数的一个分支，它允许我们去解所有的自治线性方程．

这种线性方程的理论对于用一次近似来研究非线性问题也是有用的，例如，它允许我们研究平衡位置的稳定性和在非退化情况下向量场奇点的拓扑分类．

§13　线性问题

我们从产生线性方程的两个例子的研究开始．

13.1　例：线性化

考虑在相空间中由向量场所决定的微分方程．我们已经知道，向量场在一个常点($\mathbf{v}\neq 0$)的邻域里有简单的结构，即它可用微分同胚直化．现在我们研究奇点——场向量为零的点——的邻域中场的结构．这样的点 X_0 是方程的驻定点．如果这个方程描述了某个物理过程，则 X_0 是这个过程的驻定状态，也就是它的"平衡位置"．所以研究奇点的邻域就意味着研究过程的初始条件稍微地偏离它们的平衡值时（例如考虑单摆的最高平衡位置和最低平衡位置）此过程是如何演化的．

为了研究场向量为零的点 X_0 的邻域中的向量场，在所给的邻域中，作场的泰勒级数展开是很自然的．这个泰勒级数的首项是线性的，把去掉其余项的过程称为**线性化**．线性化了的向量场，可以认为是具有奇点 X_0 的向量场的一个例子．另一方面，可以期望线性化方程的性态接近于原来方程的性态（因为在作线性化时被去掉的是高阶小量). 当然,原来方程与那些线性化方程的解之间的关系问题需要专门的研究. 这个研究是基于线性方程的详细分析,这将是我们首先关心的一个课题.

问题 1 证明线性化是一个不变运算,即是一个不依赖于坐标系的运算.

更严格地,假定在区域 U 中场 $\mathbf{v}$ 由坐标系 x_i 中的分量 $v_i(x)$ 给出,又设奇点的坐标为 $x_i=0$, 因此 $v_i(x)=0, i=1,2,\cdots,n$. 则原方程取方程组

$$\dot{x}_i=v_i(x),\quad i=1,2,\cdots,n$$

的形式. 现在定义方程

$$\dot{\xi}_i=\sum_{j=1}^{n}a_{ij}\xi_j,\quad i=1,\cdots,n,\qquad a_{ij}=\left.\frac{\partial v_i}{\partial x_j}\right|_{x=0}$$

为线性化方程. 考虑具有分量 $\xi_i, i=1,\cdots,n$ 的切向量 $\xi\in TU_0$, 则线性方程可以写成

$$\dot{\xi}=A\xi$$

的形式,此处 A 是由矩阵 (a_{ij}) 所确定的线性映射 $A: TU_0\to TU_0$. 现在可以断言,映射 A 不依赖于在它的定义中所出现的坐标系 x_i.

问题 2 在平衡位置 $x_0=k\pi, \dot{x}_0=0$ 附近,把单摆方程 $\ddot{x}=-\sin x$ 线性化.

13.2 例: $\mathbf{R}^n$ 的单参数线性变换群

能够立即导致线性微分方程的另一个问题是描述线性空间 $\mathbf{R}^n$ 的单参数线性变换群的问题.

首先我们注意到把线性空间 $\mathbf{R}^n$ 在任何一点的切空间与线性空间本身看作同一个空间是很自然的. 事实上,我们认为切空间 $T\mathbf{R}^n_x$ 的元素 $\dot{\boldsymbol{\varphi}}$——它的代表是曲线 $\boldsymbol{\varphi}: I\to\mathbf{R}^n, \boldsymbol{\varphi}(0)=X$,与空间 $\mathbf{R}^n$ 的向量

$$\mathbf{v}=\lim_{t\to 0}\frac{\boldsymbol{\varphi}(t)-X}{t}\in\mathbf{R}^n$$

是一样的(这个对应 $\mathbf{v}\to\dot{\boldsymbol{\varphi}}$ 是一对一的).

这种粘合依赖于线性空间 $\mathbf{R}^n$ 的结构,而且在微分同胚下不能被保持. 然而,在我们现在所关心的线性问题中(例如,在单参数

线性变换群的问题中)，$\mathbf{R}^n$ 的线性空间的结构是完全固定的．因此，现在我们作粘合 $T\mathbf{R}^n_x \equiv \mathbf{R}^n$，直到我们转向非线性问题研究时为止．

设$\{g^t, t\in\mathbf{R}\}$是一个单参数线性变换群，且考虑经过点$X_0\in\mathbf{R}^n$的轨线$\boldsymbol{\varphi}: \mathbf{R}\to\mathbf{R}^n$．

问题 1 证明 $\varphi(t)$ 是方程

$$\dot{\mathbf{x}} = A\mathbf{x} \tag{1}$$

满足初始条件 $\varphi(0)=\mathbf{x}$ 的解，此处 $A:\mathbf{R}^n\to\mathbf{R}^n$ 是由公式

$$A\mathbf{x} = \left.\frac{d}{dt}\right|_{t=0} g^t\mathbf{x} \quad \forall\ \mathbf{x}\in\mathbf{R}^n$$

所定义的线性算子(≡一个R自同态)．

提示 见§3.2．

方程(1)称为是线性的．于是，为了描述所有的单参数线性变换群，我们仅需研究线性方程(1)的解．

我们以后将看到，单参数线性变换群与类型(1)的线性方程之间的对应是一对一的，由此，每一个算子 $A:\mathbf{R}^n\to\mathbf{R}^n$ 确定了一个单参数群 $\{g^t\}$．

例 1 设 $n=1$，A是用数 k 相乘，则 g^t 是 e^{kt} 倍的伸展．

问题 2 一个刚体以角速度 ω 绕过原点的一根轴旋转，求此刚体上点的速度场．

13.3 线性方程

设 A: $\mathbf{R}^n\to\mathbf{R}^n$ 是 n 维实空间 $\mathbf{R}^n$ 中的线性算子．

定义 所谓线性方程指的是具有相空间 $\mathbf{R}^n$ 且由速度场

$$\mathbf{v}(\mathbf{x}) = A\mathbf{x}$$

所决定的方程

$$\dot{\mathbf{x}} = A\mathbf{x}. \tag{1}$$

方程(1)的全称为“n 个实常系数的一阶齐次线性微分方程的方程组”．

设 x_i, $i=1,\cdots,n$ 是 $\mathbf{R}^n$ 中一个固定的(线性)坐标系，则方

程(1)可以写成一个有 n 个方程的方程组

$$\dot{x}_i = \sum_{j=1}^{n} a_{ij}x_j, \quad i = 1, \cdots, n, \tag{1'}$$

此处 (a_{ij}) 是算子 A 在给定坐标系中的矩阵，这个矩阵称为系统(1′)的矩阵.

当 $n = 1$ 时，方程(1)满足初始条件 $\boldsymbol{\varphi}(0) = \mathbf{x}_0$ 的解由指数函数

$$\boldsymbol{\varphi}(t) = e^{tA}\mathbf{x}_0$$

给出．在一般情况下，假定我们阐明了线性算子的指数的意义，则这个解仍然可由同样的公式 $\boldsymbol{\varphi}(t) = e^{tA}\mathbf{x}_0$ 给出．现在把我们的注意力转到这个问题上.

§14 算子指数

函数 e^A, $A \in \mathbf{R}$ 可以由两个等价的方式

$$e^A = E + A + \frac{A^2}{2!} + \frac{A^3}{3!} + \cdots, \tag{1}$$

$$e^A = \lim_{n\to\infty}\left(E + \frac{A}{n}\right)^n \tag{2}$$

中的任何一个来定义(此处 E 表示单位算子).

现在设 $A: \mathbf{R}^n \to \mathbf{R}^n$ 是线性算子．为了定义 e^A，我们必须首先定义线性算子序列的极限概念.

14.1 算子的范数

设$(\cdot,\cdot)$是 $\mathbf{R}^n$ 中的一个纯量积，而且设$|\mathbf{x}| = \sqrt{(\mathrm{x},\mathrm{x})}$ 是向量 $\mathrm{x} \in \mathbf{R}^n$ 的范数，即 $\mathbf{x}$ 与它自身的纯量积的平方根.

定义 所谓线性算子 A: $\mathbf{R}^n \to \mathbf{R}^n$ 的范数指的是数

$$|A| = \sup_{\mathrm{x}\neq 0}\frac{|A\mathrm{x}|}{|\mathrm{x}|}.$$

在几何上，$|A|$正好是变换 A 的最大“伸展系数”.

问题 1 证明 $0\leqslant|A|<\infty$.

提示 $|A|=\sup\limits_{|x|=1}|Ax|$，球 $|x|=1$ 是紧致的，且函数 $|Ax|$ 是连续的.

问题 2 证明

$$|\lambda A|=|\lambda||A|,\quad |A+B|\leqslant|A|+|B|,$$
$$|AB|\leqslant|A||B|,$$

此处 $A, B: \mathbf{R}^n\to\mathbf{R}^n$ 是线性算子；$\lambda\in\mathbf{R}$ 是一个数.

问题 3 设 (a_{ij}) 是算子 A 在一个正交基下的矩阵，证明

$$\max_j\sum_i a_{ij}^2\leqslant|A|^2\leqslant\sum_{ij}|a_{ij}|^2.$$

提示 G.E.Shilov, An Introdwtion to the Theory of Linear Spaces (translated by R.A.Silverman), Dover, New Tork(1974), Sel.53.

14.2 算子度量空间

所有线性算子 $A: \mathbf{R}^n\to\mathbf{R}^n$ 所成的集合 L 本身是实数域上的一个线性空间(由定义推出 $(A+\lambda B)X=AX+\lambda BX$).

问题 1 线性空间 L 的维数是多少?

答 n^2.

提示 一个算子是由它的矩阵来确定的.

现在我们把二个算子 A，B 之间的距离定义为这两个算子差 $A-B$ 的范数:

$$\rho(A,B)=|A-B|. \tag{3}$$

定理 赋予度量 ρ 的线性算子空间是一个完备度量空间[1].

证明 由定义 (3) 可得：如果 $A\neq B$，则 $\rho>0$；$\rho(A,A)=$

---

1) 所谓一个度量空间指的是由一个集合 M 和一个称为度量的函数 $\rho: M\times M\to\mathbf{R}$ 所组成的一个偶，ρ 满足条件:

1) $\rho(x,y)\geqslant0$ $\forall x, y\in M$，当且仅当 $x=y$ 时有 $\rho(x,y)=0$;
2) $\rho(x,y)=\rho(y,x)$ $\forall x, y\in M$;
3) $\rho(x,y)\leqslant\rho(x,z)+\rho(z,y)$ $\forall x, y, z\in M$.

若 $\forall\,\varepsilon>0\,\exists N$，对 $\forall i, j>N$ 有 $\rho(x_i,x_j)<\varepsilon$，则称度量空间 M 的一个点列 x_i 为柯西 (Cauchy) 序列. 若 $\forall\,\varepsilon>0\,\exists N$，对 $\forall i>N$ 有 $\rho(x,x_i)<\varepsilon$，则称点列 x_i 收敛于点 x. 如果每一个柯西序列在 M 中都收敛，则称空间 M 是完备的.

0; $\rho(B, A) = \rho(A, B)$. 如果我们置 $X = A - B$, $Y = B - C$, 则三角不等式

$$\rho(A, C) \leqslant \rho(A, B) + \rho(B, C)$$

是不等式 $|X + Y| \leqslant |X| + |Y|$ 的直接结果(§ 14.1 问题 2). 因此, ρ 是一个度量,赋予度量 ρ 的空间 L 是一个度量空间. L 的完备性是容易证明的(见下段). □

14.3 完备性的证明

设 A_i 是一个柯西序列, 即假定对于每一个 $\varepsilon>0$, 存在一个 $N(\varepsilon)>0$,使得 $m,k>N$ 时就有 $\rho(A_m, A_k)<\varepsilon$. 给定任一点 $\mathbf{x}\in\mathbf{R}^n$,构造一个点列 $\mathbf{x}_i\in\mathbf{R}^n$, $\mathbf{x}_i = A_i\mathbf{x}$. 则在赋予欧几里得度量 $\rho(\mathbf{x}, \mathbf{y}) = |\mathbf{x} - \mathbf{y}|$ 的空间 $\mathbf{R}^n$ 中, $\mathbf{x}_i$ 是一个柯西序列. 事实上,由算子范数的定义,对于 m, $k>N$,有

$$|\mathbf{x}_m - \mathbf{x}_k| \leqslant \rho(A_m, A_k)|\mathbf{x}| \leqslant \varepsilon|\mathbf{x}|.$$

因为 $|\mathbf{x}|$ 是一个固定的数(不依赖于 m 和 k),这就证明了 $\mathbf{x}_i$ 是一个柯西序列. 因为 $\mathbf{R}^n$ 是完备的,因此极限

$$\mathbf{y} = \lim_{i\to\infty} \mathbf{x}_i \in \mathbf{R}^n$$

存在. 注意, 对于 $k>N(\varepsilon)$ 有 $|\mathbf{x}_k - \mathbf{y}| \leqslant \varepsilon|\mathbf{x}|$,此处 $N(\varepsilon)$ 是一个不依赖于 $\mathbf{x}$ 的和上面那个 N 相同的数. 点 $\mathbf{y}$ 是线性地依赖于点 $\mathbf{x}$ (和的极限等于极限的和). 这就给出了一个线性算子 A: $\mathbf{R}^n\to\mathbf{R}^n$, $A\mathbf{x} = \mathbf{y}$, $A\in L$. 而且对于 $k>N(\varepsilon)$ 有

$$\rho(A_k, A) = |A_k - A| = \sup_{\mathbf{x}\neq 0}\frac{|\mathbf{x}_k - \mathbf{y}|}{|\mathbf{x}|} \leqslant \varepsilon.$$

所以

$$A = \lim_{k\to\infty} A_k,$$

因此空间 L 是完备的. □

问题 1 证明一个算子序列 A_i 收敛当且仅当它的矩阵序列在一个固定的基下收敛. 利用这个结论,试给出完备性的另一个证明.

14.4 级数

设 M 是一个实线性空间,假如赋予 M 一个度量 ρ, 使得 M 的二点之间的距离仅依赖于这两点之间的差;且有

$$\rho(\lambda x, 0) = |\lambda|\rho(x, 0),\quad x\in M,\ \lambda\in\mathbf{R}.$$

再假定取上述度量的空间 M 是一个完备度量空间，则 M 称为一个线性赋范空间，函数 $\rho(x,0)$ 称为 x 的范数并且用 $|x|$ 表示之.

例 1 赋予度量

$$\rho(x,y)=|\mathbf{x}-\mathbf{y}|=\sqrt{(\mathbf{x}-\mathbf{y},\mathbf{x}-\mathbf{y})}$$

的欧几里得空间 $M=\mathbf{R}^n$.

例 2 赋予度量

$$\rho(A,B)=|A-B|$$

的线性算子 $A,B:\mathbf{R}^n\to\mathbf{R}^n$ 组成的空间 L.

元素 $A,B\in M$ 间的距离将用 $|A-B|$ 表示. 因为 M 中的元素可以相加和可以用数相乘；M 中的柯西序列有极限，所以形如

$$A_1+A_2+\cdots,\ A_i\in M$$

的级数的理论与数值级数的理论完全相同. 同时，函数级数的理论也可以立即搬到在 M 上取值的函数级数上.

问题 1 证明下列二个定理:

魏尔斯特拉斯（Weierstrass）判别法 若函数 $f_i: X\to M$ 组成的级数

$$\sum_{i=1}^{\infty} f_i \tag{4}$$

以一个收敛的数值级数为优级数，也就是说，若

$$|f_i|<a_i,\ \sum_{i=1}^{\infty} a_i<\infty,\quad a_i\in\mathbf{R},$$

则级数(4)在 X 上绝对且一致收敛.

级数的可微性定理 若函数 $f_i:\mathbf{R}\to M$ 组成的级数(4)收敛，且其导数所组成的级数

$$\sum_{i=1}^{\infty}\frac{df_i}{dt} \tag{5}$$

是一致收敛的，则级数(4)可以逐项微分（t 是直线 $\mathbf{R}$ 上的坐标）:

$$\frac{d}{dt}\sum_{i=1}^{\infty} f_i=\sum_{i=1}^{\infty}\frac{df_i}{dt}.$$

提示 当 $M=\mathbf{R}$ 时，证明已在高等微积分中给出，对于一般情况的证明，可以逐字逐句地搬过来.

14.5 指数 e^A 的定义

设 $A: \mathbf{R}^n \to \mathbf{R}^n$ 是一个线性算子.

定义 所谓算子 A 的指数 e^A 指的是线性算子

$$e^A = E + A + \frac{A^2}{2!} + \cdots = \sum_{k=0}^{\infty} \frac{A^k}{k!},$$

此处 E 是一个恒等算子 $(Ex = x)$.

定理 给定任意一个 A,在每个集合 $X = \{A: |A| \leqslant a, a \in \mathbf{R}\}$ 上,级数 e^A 是一致收敛的.

证明 如果 $|A| \leqslant a$,则级数 e^A 以收敛于 e^a 的数值级数

$$1 + a + a^2/2! + \cdots,$$

为优级数,根据魏尔斯特拉斯判别法,对于 $|A| \leqslant a$, 级数 e^A 是一致收敛的. □

问题 1 如果矩阵 A 的形式是

a) $\begin{pmatrix} 1 & 0 \\ 0 & 2 \end{pmatrix}$; b) $\begin{pmatrix} 0 & 1 \\ 0 & 0 \end{pmatrix}$; c) $\begin{pmatrix} 0 & 1 \\ -1 & 0 \end{pmatrix}$;

d) $\begin{pmatrix} 0 & 1 & 0 \\ 0 & 0 & 1 \\ 0 & 0 & 0 \end{pmatrix}$,

试计算矩阵 e^A.

14.6 例

考虑具有实系数的一个变量 x 的次数小于 n 的所有多项式组成的集合. 因为多项式能够相加和用数相乘, 所以这个集合有实线性空间的通常结构.

问题 1 求所有次数小于 n 的多项式组成的空间的维数.

答 n; 例如: $1, x, x^2, \cdots, x^{n-1}$ 是一个基.

我们用 $\mathbf{R}^n$ 表示所有次数小于 n 的多项式组成的空间[1]. 一个

1) 因此我们认为这个赋予问题 1 中所指基的多项式空间与同构的坐标空间 $\mathbf{R}^n$ 是一样的.

次数小于 n 的多项式 p 的导数仍是一个次数小于 n 的多项式，这就给出了一个映射

$$A: \mathbf{R}^n \to \mathbf{R}^n, \quad Ap = \frac{dp}{dx}. \tag{6}$$

问题 2　证明 A 是一个线性算子，并求它的核和像.

答　$\operatorname{Ker} A = \mathbf{R}^1$, $\operatorname{Im} A = \mathbf{R}^{n-1}$.

另一方面，设 $H^t(t \in \mathbf{R})$ 表示关于 t 的移动算子，它把多项式 $p(x)$ 变换到 $p(x+t)$.

问题 3　证明 $H^t: \mathbf{R}^n \to \mathbf{R}^n$ 是线性算子，并求它的核和像.

答　$\operatorname{Ker} H^t = 0$, $\operatorname{Im} H^t = \mathbf{R}^n$.

最后，我们构造算子 e^{tA}.

定理　如果 A 是算子(6)，则

$$e^{tA} = H^t.$$

证明　这正好是多项式的泰勒公式

$$p(x+t) = p(x) + \frac{t}{1!}\frac{dp}{dx} + \frac{t^2}{2!}\frac{d^2p}{dx^2} + \cdots$$

(通过计算就可通晓). □

14.7　对角线算子的指数

假定算子 A 的矩阵是对角线矩阵，其对角线元素为 $\lambda_1, \cdots, \lambda_n$. 则容易看到算子 e^A 的矩阵也是对角线矩阵，其对角线元素为 $e^{\lambda_1}, \cdots, e^{\lambda_n}$.

定义　若算子 $A: \mathbf{R}^n \to \mathbf{R}^n$ 在某一个基下的矩阵是对角线矩阵，则称算子 A 为对角线算子. 这样的基称为特征基.

问题 1　给出一个非对角线算子的例子.

问题 2　证明对角线算子 A 的特征值是实的.

问题 3　证明：如果一个算子 $A: \mathbf{R}^n \to \mathbf{R}^n$ 的 n 个特征值全都是实的，且互不相同，则 A 是一个对角线算子.

设 A 是一个对角线算子，则在特征基下，e^A 是最容易计算的.

例 1　若算子 A 在基 $\mathbf{e}_1$, $\mathbf{e}_2$ 下有形如

$$\begin{pmatrix} 1 & 1 \\ 1 & 1 \end{pmatrix}$$

的矩阵. 因为它的特征值 $\lambda_1 = 2, \lambda_2 = 0$ 是实的且互不相同,所以算子 A 对于特征基 $\mathbf{f}_1 = \mathrm{e}_1 + \mathrm{e}_2$, $\mathbf{f}_2 = \mathrm{e}_1 - \mathrm{e}_2$ 来说是一个对角线算子. 在这个基下 A 的矩阵刚好是

$$\begin{pmatrix} 2 & 0 \\ 0 & 0 \end{pmatrix}.$$

因此算子 e^A 在这个特征基下的矩阵是

$$\begin{pmatrix} e^2 & 0 \\ 0 & 1 \end{pmatrix}.$$

于是算子 e^A 关于原来的基的矩阵是

$$\frac{1}{2}\begin{pmatrix} e^2+1 & e^2-1 \\ e^2-1 & e^2+1 \end{pmatrix}.$$

14.8 幂零算子的指数

定义 若算子 $A:\mathbf{R}^n \to \mathbf{R}^n$ 的某个幂为 0,则称算子 A 为**幂零算子**.

问题 1 证明具有矩阵

$$\begin{pmatrix} 0 & 1 \\ 0 & 0 \end{pmatrix}$$

的算子是幂零算子. 更一般地,证明如果一个算子的矩阵的主对角线上及主对角线以下的所有元素都为 0,则这个算子是幂零算子.

问题 2 证明: 在所有次数小于 n 的多项式组成的空间中, 微分算子 d/dx 是幂零算子.

如果算子 A 是幂零算子,则级数 e^A 是有尽的, 即可化为一个有限和.

问题 3 计算 $e^{tA}(t\in\mathbf{R})$ 此处 A: $\mathbf{R}^n\to\mathbf{R}^n$ 是一个算子,其矩阵为

$$\begin{pmatrix} 0 & 1 & & 0 \\ & 0 & \ddots & \\ & & \ddots & 1 \\ 0 & & & 0 \end{pmatrix}$$

(主对角线上面为 1, 其余处为零).

提示 解决这个问题的一个方法是利用多项式的泰勒公式. 在某一个

基下(哪一个?),微分算子 d/dx 有一个如上面所指出的类型的矩阵,更详细的论证见 §25.

14.9 拟多项式

设 λ 是一固定的实数,则所谓具有指数 λ 的拟多项式指的是形如 $e^{\lambda x}p(x)$ 的一个乘积,其中 $p(x)$ 是一个多项式. $p(x)$ 的次数称为拟多项式的次数.

问题 1 证明指数为 λ 次数小于 n 的所有拟多项式组成的集合是一个线性空间. 这个空间的维数是多少?

答 n; 例如, $e^{\lambda x}$, $xe^{\lambda x}$, $\cdots$, $x^{n-1}e^{\lambda x}$ 是一个基.

注 正如在多项式的情况一样,拟多项式的概念中必然存在着一些含蓄的可作两种解释的地方. 一个(拟)多项式可以看作由符号和字母组成的一个表达式,在这种情况下,前面问题的解答是显然的;另一方面,我们也可以把(拟)多项式看作为一个函数,即作为一个映射 $f:\mathbf{R}\to\mathbf{R}$. 实际上,这两种概念是等价的(当多项式的系数是实数或复数时[1]).

问题 2 证明: 可以写成拟多项式的每一个函数 $f:\mathbf{R}\to\mathbf{R}$ 有一个唯一的拟多项式的表示式.

提示 我们仅需注意: 如果 $e^{\lambda x}p(x)\equiv 0$, 则多项式的系数全部为零.

指数为 λ 次数小于 n 的拟多项式的 n 维线性空间将用 $\mathbf{R}^n$ 表示.

定理 微分算子 d/dx 是一个从 $\mathbf{R}^n$ 到 $\mathbf{R}^n$ 的线性算子, 它对每一个 $t\in R$ 有

$$e^{td/dt}=H^t, \tag{7}$$

此处 $H^t:\mathbf{R}^n\to\mathbf{R}^n$ 是关于 t 的移动算子,即

$$(H^tf)(x)=f(x+t).$$

证明 首先证明一个次数小于 n 的拟多项式的导数和移动仍是一个次数小于 n 的拟多项式,我们注意到

---

1) 我们即将考虑具有实系数的(拟)多项式.

$$\frac{d}{dx}\left(e^{\lambda x}p(x)\right)=\lambda e^{\lambda x}p(x)+e^{\lambda x}p'(x),$$

$$e^{\lambda(x+t)}p(x+t)=e^{\lambda x}e^{\lambda t}p(x+t).$$

此外，拟多项式的导数和移动的线性是显而易见的．还要注意到一个拟多项式的泰勒级数在整个实直线上是绝对收敛的(因为 $e^{\lambda x}$ 和 $p(x)$ 的泰勒级数均绝对收敛)．比较泰勒级数

$$f(x+t)=\sum_{n=0}^{\infty}\frac{f^{(n)}(x)}{n!}t^n$$

和展开式

$$e^{tA}=\sum_{n=0}^{\infty}\frac{A^n}{n!}t^n,$$

我们就得到了(7)． □

问题 3 如果算子 A 的矩阵为

$$\begin{pmatrix}\lambda & 1 & & 0\\ & \lambda & \ddots & \\ & & \ddots & 1\\ 0 & & & \lambda\end{pmatrix}$$

(在主对角线上为 λ，主对角线上面为 1，其余处为 0)．试计算算子 e^{tA} 的矩阵．例如，计算

$$\exp\begin{pmatrix}1 & 1\\ 0 & 1\end{pmatrix}.$$

提示 在拟多项式空间中微分算子的矩阵形式是一定存在的(在哪一个基中?)．更详细的论证见 §25．

§15 指数的性质

现在我们来建立算子 $e^A: \mathbf{R}^n \to \mathbf{R}^n$ 的一些性质．这些性质建立后，我们才能用 e^A 去解线性微分方程．

15.1 群的性质

设 $A: \mathbf{R}^n \to \mathbf{R}^n$ 是一个线性算子．

定理 线性算子族 e^{tA}: $\mathbf{R}^n \to \mathbf{R}^n$, $t \in \mathbf{R}$ 是一个 $\mathbf{R}^n$ 的单参数线性变换群.

证明 因为已经知道 e^{tA} 是一个线性算子，所以我们只需要证明

$$e^{(t+s)A} = e^{tA} \cdot e^{sA} \tag{1}$$

以及 e^{tA} 可微地依赖于 t. 事实上，如期望于指数函数那样，我们将证明

$$\frac{d}{dt} e^{tA} = Ae^{tA}. \tag{2}$$

为了证明群性质(1)，首先我们把级数按 A 的幂进行形式上的相乘,得到

$$\left(E + tA + \frac{t^2}{2}A^2 + \cdots\right)\left(E + sA + \frac{s^2}{2}A^2 + \cdots\right)$$
$$= E + (t+s)A + \left(\frac{t^2}{2} + ts + \frac{s^2}{2}\right)A^2 + \cdots.$$

因为在数值级数 ($A \in \mathbf{R}$) 时公式(1)成立,所以在乘积中 A^k 的系数等于 $(t+s)^k/k!$. 这种逐项相乘的合法性可以用证明绝对收敛的数值级数逐项相乘的合法性一样的方法来证明（因为级数 $e^{|t|a}$ 和 $e^{|s|a}$ 是收敛的，此处 $a = |A|$, 所以级数 e^{tA} 和 e^{sA} 是绝对收敛的).

为了证明(2),我们对级数 e^{at} 关于 t 进行形式上的微分,得到一个导数的级数:

$$\sum_{k=0}^{\infty} \frac{d}{dt}\left(\frac{t^k}{k!}\right)A^k = A\sum_{k=0}^{\infty}\left(\frac{t^k}{k!}\right)A^k.$$

这个级数正如原来的级数一样在任何域 $|A| \leqslant a, |t| \leqslant T$ 中绝对且一致收敛. 所以级数和的导数存在且等于导数级数的和. □

在证明了下面的引理以后,我们也能够直接化为数值级数的情况来证明(1).

引理 设 $p \in \mathbf{R}[z_1, \cdots, z_N]$ 是一个具有非负系数的关于变量 $z_1, \cdots, z_N$ 的多项式; $A_1, \cdots, A_N$: $\mathbf{R}^n \to \mathbf{R}^n$ 都是线性算子,则

$$|p(A_1, \cdots, A_N)| \leqslant p(|A_1|, \cdots, |A_N|).$$

证明 这是§14.1问题2的直接结果.

公式(1)的证明 设 $S_m(A)$ 为级数 e^A 的部分和:

$$S_m(A) = \sum_{k=0}^{m} \frac{A^k}{k!},$$

则 S_m 是一个具有非负系数关于 A 的多项式,我们必须证明: 当 $m \to \infty$ 时,差

$$\Delta_m = S_m(tA)S_m(sA) - S_m((t+s)A)$$

收敛于0. 注意到 Δ_m 是一个具有非负系数的关于 sA 和 tA 的多项式. 事实上,在乘积级数中,关于 A 的次数不高于 m 的所有项是由两个因子级数中关于 A 的次数不高于 m 的项相乘而得到. 此外, $S_m((s+t)A)$ 是乘积级数的部分和, 所以 Δ_m 是在积 $S_m(tA)S_m(sA)$ 中关于 A 的次数高于 m 的所有项的和,而具有非负系数多项式的乘积的所有系数仍是非负的.

根据引理得到

$$|\Delta_m(tA, sA)| \leqslant \Delta_m(|tA|, |sA|).$$

设 τ 和 σ 表示非负数 $|tA|$ 和 $|sA|$,这样就有

$$\Delta_m(\tau, \sigma) = S_m(\tau)S_m(\sigma) - S_m(\tau + \sigma).$$

因为 $e^\tau e^\sigma = e^{\tau+\sigma}$,所以当 $m \to \infty$ 时,上式的右端收敛于0,于是

$$\lim_{m \to \infty} \Delta_m(tA, sA) = 0,$$

因此公式(1)获证. ▮ □

问题1 $e^{A+B} = e^A \cdot e^B$ 正确吗?

答 不正确.

问题2 证明 $\det e^A \neq 0$.

提示 $e^{-A} = (e^A)^{-1}$.

问题3 证明: 在欧几里得空间里,如果 A 是一个反对称算子,则算子 e^A 是正交的.

15.2 常系数线性方程理论的基本定理

由定理15.1可直接推出微分方程

$$\dot{\mathbf{x}} = A\mathbf{x}, \quad \mathbf{x} \in \mathbf{R}^n \tag{3}$$

的解的一个公式.

定理 方程(3)满足初始条件 $\boldsymbol{\varphi}(0) = \mathbf{x}_0$ 的解是

$$\boldsymbol{\varphi}(t) = e^{tA}\mathbf{x}_0, \quad t \in \mathbf{R}. \tag{4}$$

证明 根据微分公式(2)有

$$\frac{d\boldsymbol{\varphi}}{dt} = Ae^{tA}\mathbf{x}_0 = A\boldsymbol{\varphi}(t),$$

所以 $\boldsymbol{\varphi}$ 是一个解. 而且 $e^0 = E$, $\boldsymbol{\varphi}(0) = \mathbf{x}_0$. 因为由唯一性定理, 方程(3)的每一个解与式(4)在它的定义域里是重合的, 这就证明了定理. □

15.3 空间 $\mathbf{R}^n$ 的单参数线性变换群的一般形式

定理 设 $g^t: \mathbf{R}^n \to \mathbf{R}^n$ 是一个单参数线性变换群,则存在一个线性算子 $A: \mathbf{R}^n \to \mathbf{R}^n$, 使得 $g^t = e^{tA}$ 成立.

证明 设

$$A = \left.\frac{dg^t}{dt}\right|_{t=0} = \lim_{t\to 0} \frac{g^t - E}{t}.$$

我们已经证明了(见 §3.2 和 §13.2 中的问题 1)轨线 $\boldsymbol{\varphi}(t) = g^t\mathbf{x}_0$ 是方程 (3) 满足初始条件 $\boldsymbol{\varphi}(0) = \mathbf{x}_0$ 的一个解. 但由于(4),我们得到 $g^t\mathrm{x}_0 = e^{tA}\mathrm{x}_0$. □

算子 A 称为群 $\{g^t\}$ 的无穷小生成元.

问题 1 证明无穷小生成元是由群唯一决定的.

注 于是形如(3)的线性微分方程和它们的相流 $\{g^t\}$ 之间存在着一个一一对应关系,此处每一个相流由线性微分同胚组成.

15.4 指数的另一个定义

定理 如果 $A: \mathbf{R}^n \to \mathbf{R}^n$ 是一个线性算子,则

$$e^A = \lim_{m\to\infty}\left(E + \frac{A}{m}\right)^m. \tag{5}$$

证明 考虑差

$$e^A - \left(E + \frac{A}{m}\right)^m = \sum_{k=0}^{\infty}\left(\frac{1}{k!} - \frac{C_m^k}{m^k}\right)A^k,$$

因为关于 e^A 的级数收敛而且

$$\left(E+\frac{A}{m}\right)^m$$

是一个多项式,所以此级数收敛. 又因为

$$\frac{1}{k!}\geqslant\frac{m(m-1)\cdots(m-k+1)}{m\cdot m\cdots m}\frac{1}{k!},$$

所以右边级数的系数是非负的.

因此,置$|A|=a$,我们得到

$$\left|e^A-\left(E+\frac{A}{m}\right)^m\right|\leqslant\sum_{k=0}^{\infty}\left(\frac{1}{k!}-\frac{C_k^m}{m^k}\right)a^k$$
$$=e^a-\left(1+\frac{a}{m}\right)^m,$$

当 $m\to\infty$ 时,此表达式的右边趋向于 0. ▯

15.5 例: e^z 的欧拉公式

设 **C** 是复线,我们可以把 **C** 看作实平面 $\mathbf{R}^2$, 而且把用一个复数 z 相乘看作为一个线性算子 A: $\mathbf{R}^2\to\mathbf{R}^2$. 则算子 A 是转角为 $\arg z$ 的旋转加上$|z|$倍的伸展.

问题 1 求在基 $e_1=1$, $e_2=i$ 下,用 $z=u+iv$ 相乘的矩阵.

答 $\begin{pmatrix}u & -v\\ v & u\end{pmatrix}$.

现在我们来求 e^A. 根据公式 (5), 首先我们必须构造用 $1+(z/m)$相乘所对应的算子 $E+(A/m)$,即作转角为 $\arg(1+z/m)$ 的旋转的同时作伸展因子为$|1+(z/m)|$的伸展(图 103).

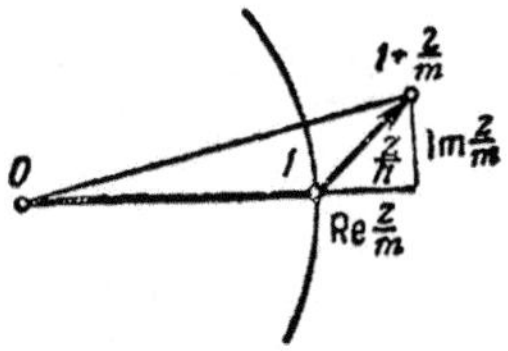

图 103 复数 $1+(z/m)$

问题 2 证明：当 $m \to \infty$ 时有

$$\arg\left(1+\frac{z}{m}\right)=\operatorname{Im}\frac{z}{m}+o\left(\frac{1}{m}\right),$$

$$\left|1+\frac{z}{m}\right|=1+\operatorname{Re}\frac{z}{m}+o\left(\frac{1}{m}\right). \tag{6}$$

算子 $(E+(A/m))^m$ 是转角为 $m\arg(1+(z/m))$ 的旋转以及伸展因子为 $|1+(z/m)|^m$ 的伸展．利用式(6)，我们求得旋转角度和伸展系数的极限值

$$\lim_{m\to\infty} m\arg\left(1+\frac{z}{m}\right)=\operatorname{Im} z,$$

$$\lim_{m\to\infty}\left|1+\frac{z}{m}\right|^m=e^{\operatorname{Re} z}. \tag{7}$$

定理 设 $z=u+iv$ 是一个复数而且 $A:\mathbf{R}^2\to\mathbf{R}^2$ 是一个用 z 相乘的算子，则 e^A 是一个用复数 $e^u(\cos v+i\sin v)$ 相乘的算子．

证明 这是公式(7)的直接结果．

定义 复数

$$e^u(\cos v+i\sin v)=\lim_{m\to\infty}\left(1+\frac{z}{m}\right)^m$$

称为复数 $z=u+iv$ 的指数，并用

$$e^z=e^u(\cos v+i\sin v) \tag{8}$$

表示．

注 如果我们认为复数 z 与用 z 相乘的算子是一样的，则因为一个算子的指数已经有了定义，所以这个定义可看作一个定理．

问题 3 求 $e^0, e^1, e^i, e^{\pi i}, e^{2\pi i}$.

问题 4 证明 $e^{z_1+z_2}=e^{z_1}e^{z_2}$，此处 $z_1, z_2\in\mathbf{C}$.

注 因为指数也可以用级数来定义，我们有

$$e^z=1+z+\frac{z^2}{2!}+\cdots,\ z\in\mathbf{C} \tag{9}$$

(这个级数在每一个圆盘$|z| \leqslant a$内是绝对且一致收敛的).

问题 5 将此级数与欧拉(Euler)公式(8)比较,试导出 $\sin v$ 和 $\cos v$ 的泰勒级数.

注 反之,从 $\sin v$, $\cos v$ 和 e^v 的泰勒级数的知识出发,取公式(9)作为 e^z 的定义,我们可以证明公式(8).

15.6 欧拉折线

结合公式(4)与(5),我们得到一个通常称为欧拉折线法的求微分方程(3)的近似解的方法.

考虑具有线性相空间 $\mathbf{R}^n$ 且由向量场 $\mathbf{v}$ 决定的微分方程. 为了求微分方程 $\dot{\mathbf{x}} = \mathbf{v}(\mathbf{x})$, $\mathbf{x} \in \mathbf{R}^n$ 满足初始条件 $\mathbf{x}_0$ 的解 $\boldsymbol{\varphi}$,我们的过程如下(图 104). 在点 $\mathbf{x}_0$ 的速度是已知的而且刚好等于 $\mathbf{v}(\mathbf{x}_0)$. 假定我们经过 $\mathbf{x}_0$, 以 $\mathbf{v}(\mathbf{x}_0)$ 的速度移动一个时间间隔 $\Delta t = t/N$. 则我们到达点 $\mathbf{x}_1 = \mathbf{x}_0 + \mathbf{v}(\mathbf{x}_0)\Delta t$. 然后,我们再以 $\mathbf{v}(\mathbf{x}_1)$ 的速度移动另一个时间间隔 Δt, 等等:

$$\mathbf{x}_{k+1} = \mathbf{x}_k + \mathbf{v}(\mathbf{x}_k)\Delta t,\ k = 0, 1, \cdots, N-1.$$

最后一点 $\mathbf{x}_k$ 用 $\mathbf{x}_N(t)$ 表示. 注意: 这个表示具有分段常速度的运动的图像是扩张相空间 $\mathbf{R} \times \mathbf{R}^n$ 中由N个线段组成的一条多角曲线(直线). 这种多角曲线通常称为欧拉折线. 当 $N \to \infty$ 时, 希望欧拉折线序列将收敛到一条积分曲线是很自然的. 因此对于大的N,最后一点 $\mathbf{x}_N(t)$ 将接近于满足初始条件 $\boldsymbol{\varphi}(0) = \mathbf{x}_0$ 的解 $\boldsymbol{\varphi}$ 在

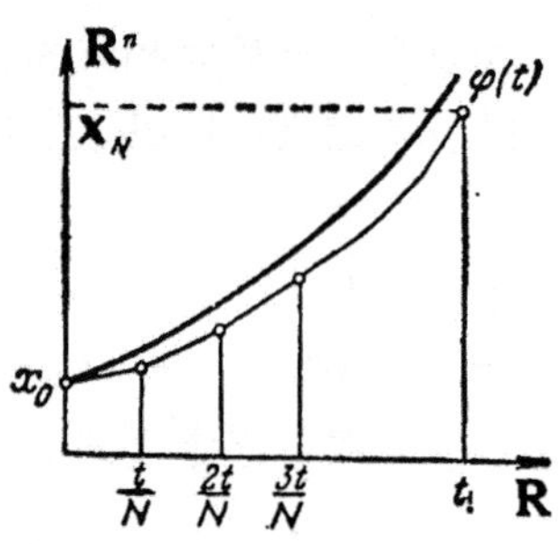

图 104 欧拉折线

时刻 t 的值.

定理 对于线性方程(3)有

$$\lim_{N\to\infty} \mathbf{X}_N(t) = \boldsymbol{\varphi}(t). \tag{10}$$

证明 从 $\mathbf{v}(\mathbf{x}) = A\mathbf{x}$ 的欧拉折线的构造推得

$$\mathbf{X}_N = \left(E + \frac{At}{N}\right)^N \mathbf{x}_0.$$

所以由(5)得

$$\lim_{N\to\infty} \mathbf{X}_N(t) = e^{tA}\mathbf{x}_0.$$

再由(4),我们从上式推得(10). □

问题 1 证明:不仅欧拉折线的末端逼近 $\boldsymbol{\varphi}(t)$,而且以欧拉折线为它的图象的整个逐段线性函数序列 $\boldsymbol{\varphi}_n$: $I\to\mathbf{R}^n$ 在区间 $[0, t]$ 上也一致收敛到解 $\boldsymbol{\varphi}$.

注 在一般情况下(向量场 $\mathbf{v}$ 非线性地依赖于 $\mathbf{x}$),欧拉折线也能够写成形式

$$\mathbf{X}_N = \left(E + \frac{tA}{N}\right)^N \mathbf{x}_0,$$

此处 A 是一个把点 $\mathbf{x}$ 变换到点 $\mathbf{v}(\mathbf{x})$ 的非线性算子. 以后我们将看到(§ 31.9)即使在这种情况下,至少对充分小的 $|t|$,欧拉折线序列仍收敛到一个解. 于是表达式(4)非常一般地给出了所有微分方程的解,表达式(4)中的指数由公式(5)定义[1].

这种指数的欧拉理论(所有它的各种不同的形式,本质上都是相同的),从数 e 的定义、e^x 的欧拉公式和泰勒公式,一直到线性方程解的公式(4)和欧拉折线法,有许多超出本教材范围的其他方面的应用.

---

1) 在实践中,欧拉折线的应用不是近似地解微分方程的一个方便的方法,因为要得到高精度,我们必须挑选一个非常小的"步长" Δt 的值. 更常用的是各种精炼的欧拉方法. 在这些方法中,积分曲线不是用直线段来近似,而是用某次幂的抛物线弧或其他曲线弧来近似. 最常用的方法是那些在近似计算书中讨论的阿达姆斯(Adams),斯图默(Störmer)和龙格(Runge)方法.

§ 16 指数的行列式

假定算子 A 是由它的矩阵所规定． 则为了求出算子 e^A 的矩阵可能需要经过冗长的计算．然而，我们即将看到算子 e^A 的矩阵的行列式可以非常容易地计算出来．

16.1 算子的行列式

定义 所谓线性算子 $A: \mathbf{R}^n \to \mathbf{R}^n$ 的行列式指的是在任何基 $\mathbf{e}_1, \cdots, \mathbf{e}_n$ 下 A 的矩阵的行列式，此行列式用 $\det A$ 表示．

算子 A 的矩阵的行列式不依赖于基．事实上，如果 (A) 是在基 $\mathbf{e}_1, \cdots, \mathbf{e}_n$ 下算子 A 的矩阵，则在另一个基下 A 的矩阵是 $(B)\cdot(A)(B^{-1})$．而且明显地有 $\det(B)(A)(B^{-1}) = \det(A)$．

一个矩阵的行列式是平行六面体[1]的[2]有向体积，此平行六面体的棱由此矩阵的列给出．

例如，当 $n = 2$（图 105）时行列式

$$\begin{vmatrix} x_1 & x_2 \\ y_1 & y_2 \end{vmatrix}$$

是由向量 $\boldsymbol{\xi}_1 = (x_1, y_1)$ 和 $\boldsymbol{\xi}_2 = (x_2, y_2)$ 所张成的平行四边形的面积，而且规定如果向量序偶 $(\boldsymbol{\xi}_1, \boldsymbol{\xi}_2)$ 与基向量偶 $(\mathbf{e}_1, \mathbf{e}_2)$ 有相同的 $\mathbf{R}^2$ 的方向时此面积取正号，否则取负号．

在基 $\mathbf{e}_1, \cdots, \mathbf{e}_n$ 下，算子 A 的矩阵的第 i 列是由第 i 个基向量 $\mathbf{e}_i$ 的像 $A\mathbf{e}_i$ 的分量所组成，因此，算子 A 的行列式是单位立方体（棱为 $\mathbf{e}_1, \cdots, \mathbf{e}_n$ 的平行六面体）在映射 A 之下的像的有向体积．

问题 1 设 Π 是一个具有线性无关棱的平行六面体． 证明在

1） 棱为 $\boldsymbol{\xi}_1, \cdots, \boldsymbol{\xi}_n \in \mathbf{R}^n$ 的平行六面体是 $\mathbf{R}^n$ 的子集，此子集为所有形如

$$x_1\boldsymbol{\xi}_1 + \cdots + x_n\boldsymbol{\xi}_n,\quad 0 \leqslant x_i \leqslant 1,\quad i = 1, 2, \cdots, n$$

的点所组成．当 $n = 2$ 时，这种平行六面体称为平行四边形．从体积的任何定义出发，我们可以容易地证明这个打重点号的结论．反之，这个结论可以作为平行六面体体积的定义．

2） 原文如此，其实应为超平行体．——译者注

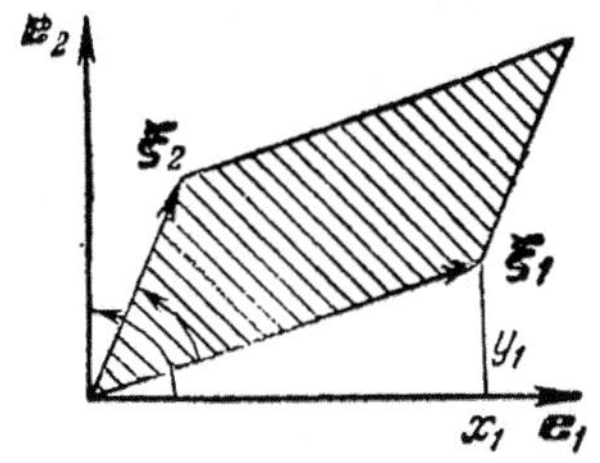

图 105 一个矩阵的行列式等于由这个矩阵的列所张成的平行四边形的有向面积

映射 A，下平行六面体的像 $A\Pi$ 的(有向)体积与 Π 的(有向)体积之比与 Π 无关，且等于 $\det A$.

注 通晓 $\mathbf{R}^n$ 中体积度量理论的读者将会发现 Π 可用任何其他具有体积的图形来代替.

于是在 A 的作用下，任何一个图形的有向体积被伸展了，其伸展因子为 $\det A$，在这个意义下，一个算子 A 的行列式是有向体积的伸展系数. 在几何上，因为一个线性变换能够剧烈地改变一个图形的形状，所以对所有图形(甚至在平面的情况下)体积伸展都是相同的结论并不是显然的.

16.2 算子的迹

所谓矩阵 $A=(a_{ij})$ 的迹——用 $\operatorname{Tr} A$[1] 表示——指的是它的对角线元素的和，即

$$\operatorname{Tr} A=\sum_{i=1}^{n} a_{ii}.$$

一个算子 $A:\mathbf{R}^n\to\mathbf{R}^n$ 的矩阵的迹不依赖于基，而仅依赖于算子本身.

问题 1 证明一个矩阵的迹等于它的所有 n 个特征值之和，而它的行列式等于所有特征值之积.

提示 把公式

1) A 的迹有时用 SpA 表示(从德文"Spur"而来).

$$(\lambda - x_1)\cdots(\lambda - x_n) = \lambda^n - (x_1 + \cdots + x_n)\lambda^{n-1} + \cdots + (-1)^n x_1 \cdots x_n$$

应用到多项式

$$\det(A - \lambda E) = (-\lambda)^n + (-\lambda)^{n-1}\sum_{i=1}^{n} a_{ii} + \cdots$$

上.

因为特征值是不依赖于基，所以我们有下面的定义.

定义 所谓一个算子 A 的迹指的是它的矩阵在任何（因此是每一个）基下的迹.

16.3 行列式和迹之间的关系

定理 若 $A: \mathbf{R}^n \to \mathbf{R}^n$ 是一个线性算子而且 ε 是一个实数，则当 $\varepsilon \to 0$ 时，

$$\det(E + \varepsilon A) = 1 + \varepsilon \operatorname{Tr} A + O(\varepsilon^2).$$

第一个证明 算子 $E + \varepsilon A$ 的行列式等于这个算子的特征值之积，而 $E + \varepsilon A$ 的特征值(应当注意特征值的重数)等于 $1+\varepsilon\lambda_i$，此处 λ_i 是 A 的特征值. 从而有

$$\det(E + \varepsilon A) = \prod_{i=1}^{n}(1 + \varepsilon\lambda_i) = 1 + \varepsilon\sum_{i=1}^{n}\lambda_i + O(\varepsilon^2). \qquad \square$$

第二个证明 显然 $\varphi(\varepsilon) = \det(E + \varepsilon A)$ 是一个关于 ε 的多项式，且有 $\phi(0) = 1$. 我们必须证明 $\varphi'(0) = \operatorname{Tr} A$. 把矩阵 $E + \varepsilon A$ 的元素用 x_{ij} 表示，我们有

$$\left.\frac{d\varphi}{d\varepsilon}\right|_{\varepsilon=0} = \sum_{i,j=1}^{n}\left.\frac{\partial\Delta}{\partial x_{ij}}\right|_E \frac{dx_{ij}}{d\varepsilon},$$

此处 Δ 是 $E + \varepsilon A = (x_{ij})$ 的行列式. 由定义，偏导数 $\left.\frac{\partial\Delta}{\partial x_{ij}}\right|_E$ 等于

$$\left.\frac{d}{dh}\right|_{h=0}\det(E + he_{ij}),$$

此处(e_{ij})是这样的矩阵，它的唯一的非零元素是在第 i 行第 j 列位置上的1. 而

$$\det(E + he_{ij}) = \begin{cases} 1 & \text{如果 } i \neq j, \\ 1 + h & \text{如果 } i = j, \end{cases}$$

因此

$$\left.\frac{\partial \Delta}{\partial x_{ij}}\right|_E = \begin{cases} 0 & \text{如果 } i \neq j, \\ 1 & \text{如果 } i = j. \end{cases}$$

从而有

$$\left.\frac{d\varphi}{d\varepsilon}\right|_{\varepsilon=0} = \sum_{i=1}^{n} \frac{dx_{ii}}{d\varepsilon} = \sum_{i=1}^{n} a_{ii} = \mathrm{Tr}A. \qquad \square$$

顺便提一句，我们又一次证明了迹与基无关.

推论 假定一个平行六面体的棱作一些微小的变化，则对平行六面体的体积的变化的主要作用是由于每一条棱在它自己方向的变化，而在另一些棱的方向上的变化对体积的变化仅是一个二阶量的作用.

例如，在图 106 中所示的接近于已知正方形的平行四边形的面积与画阴影线的矩形的面积相差仅为一个二阶无穷小量.

这个推论也可以由初等几何的方法导出，这样导致上面定理的一个纯几何的证明.

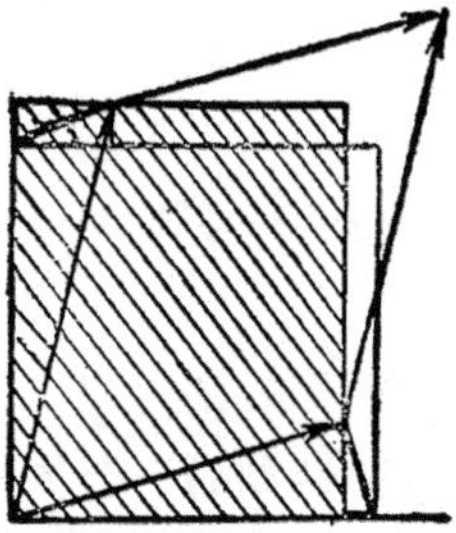

图 106 接近于已知正方形的平行四边形的面积的近似测定

16.4 算子 e^A 的行列式

定理 对于任何线性算子 $A:\mathbf{R}^n \to \mathbf{R}^n$ 均有

$$\det e^A = e^{\mathrm{Tr}A}.$$

证明 按照指数的第二个定义，

$$\det e^A = \det \lim_{m\to\infty}\left(E + \frac{A}{m}\right)^m = \lim_{m\to\infty} \det\left(E + \frac{A}{m}\right)^m,$$

因为一个矩阵的行列式关于它的元素是一个多项式（因此是连续的）．此外，由定理 16.3，

$$\det\left(E+\frac{A}{m}\right)^m=\left[\det\left(E+\frac{A}{m}\right)\right]^m$$
$$=\left[1+\frac{1}{m}\operatorname{Tr}A+O\left(\frac{1}{m^2}\right)\right]^m,\quad m\to\infty.$$

最后注意到对于任何 $a\in\mathbf{R}$ 都有

$$\lim_{m\to\infty}\left[1+\frac{a}{m}+O\left(\frac{1}{m^2}\right)\right]^m=e^a,$$

特别当 $a=\operatorname{Tr}A$ 时，上式应该成立． □

推论 1 算子 e^A 是非奇异的．

推论 2 算子 e^A 保持 $\mathbf{R}^n$ 的方向(即 $\det e^A>0$)．

推论 3（刘维尔公式） 线性方程

$$\dot{\mathbf{x}}=A\mathbf{x},\quad \mathbf{x}\in\mathbf{R}^n \tag{1}$$

的 t 推进映射 g^t 是用因子 e^{at} 乘任何一个图形的体积，此处

$$a=\operatorname{Tr}A.$$

证明 注意到

$$\det g^t=\det e^{tA}=e^{\operatorname{Tr}tA}=e^{t\operatorname{Tr}A}.$$ □

特别，这个推论还蕴含了

推论 4 如果 A 的迹等于 0，则方程(1)的相流保持体积不变，即 g^t 把每一个平行六面体变换到另一个体积相等的平行六面体．

证明 只要注意到 $e^0=1$ 即可． □

例 1 考虑具有摩擦系数 $-k$ 的单摆方程

$$\ddot{x}=-x+k\dot{x},$$

它等价于系统

$$\begin{cases}\dot{x}_1=x_2,\\ \dot{x}_2=-x_1+kx_2,\end{cases}$$

它的矩阵为

$$\begin{pmatrix}0&1\\-1&k\end{pmatrix}$$

(图 107). 这个矩阵的迹等于 k. 设 $\{g^t\}$ 是由上面系统所规定的相流. 则如果 $k<0$, 变换 g^t 把相平面上每一个区域变换到面积较小的区域; 另一方面, 在一个具有负摩擦 ($k>0$) 的系统中, 区域 g^tU, $t>0$ 的面积大于 U 的面积. 最后, 如果没有摩擦 ($k=0$), 则相流保持区域的面积不变. 这是不足为奇的, 因为在最后一种情况, 我们从 § 6.6 知道 g^t 是一个转角为 t 的旋转.

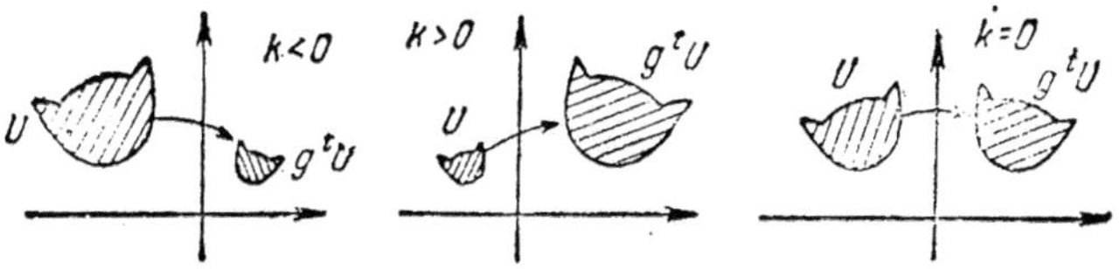

图 107　在有摩擦系数 $-k$ 的单摆方程的相流的变换下, 面积的变化情况.

问题 1　假定 A 的所有特征值的实部是负的, 证明经过方程 (1) 的相流 g^t 变换后, 体积是减小的 ($t>0$).

问题 2　证明算子 e^A 的特征值等于 e^{λ_i}, 此处 λ_i 是算子 A 的特征值. 利用这个结论, 试证明定理 16.4.

§ 17　互不相同的实特征值的情况

在涉及微分方程的实际问题中, 算子 A 的矩阵是在某个基下给出的, 同时我们必须确切地计算在同一个基下算子 e^A 的矩阵. 现在, 我们在 A 具有互不相同的实特征值的特别简单的情况下着手解决这个问题.

17.1　对角线算子

考虑线性微分方程

$$\dot{\mathbf{x}} = A\mathbf{x}, \quad \mathbf{x} \in \mathbf{R}^n, \tag{1}$$

此处 $A: \mathbf{R}^n \to \mathbf{R}^n$ 是一个对角线算子. 算子 A 的矩阵在它的特征

基下[1])有如下形式

$$\begin{pmatrix} \lambda_1 & & 0 \\ & \ddots & \\ 0 & & \lambda_n \end{pmatrix},$$

此处 λ_i 是 A 的特征值. 算子 e^A 的矩阵在相同的基下为

$$\begin{pmatrix} e^{\lambda_1} & & 0 \\ & \ddots & \\ 0 & & e^{\lambda_n} \end{pmatrix}.$$

于是在这个基下,方程(1)满足初始条件 $\boldsymbol{\varphi}(0)=(x_{10},\cdots,x_{n0})$ 的解 $\boldsymbol{\varphi}$ 有分量

$$\phi_k = e^{\lambda_k t} x_{k0}, \quad k=1,\cdots,n.$$

如果算子 A 的 n 个特征向量是实的且互不相同，则 A 是一个对角线算子（$\mathbf{R}^n$ 可以分解成在 A 作用下一维不变子空间的直接和). 在这种情况下,解方程(1)的程序如下进行:

1）形成特征方程

$$\det(A-\lambda E)=0;$$

2）求这特征方程的根 $\lambda_1, \cdots, \lambda_n$（$\lambda_i$ 假定是实的且互不相同);

3）求满足线性方程

$$A\boldsymbol{\xi}_k=\lambda_k\boldsymbol{\xi}_k,\ \boldsymbol{\xi}_k\neq 0, \quad k=1,\cdots,n$$

的特征向量 $\boldsymbol{\xi}_1,\cdots,\boldsymbol{\xi}_n$;

4）关于特征向量展开初始条件:

$$\mathbf{x}_0=\sum_{k=1}^{n} C_k\boldsymbol{\xi}_k;$$

5）写出答案

$$\boldsymbol{\varphi}(t)=\sum_{k=1}^{n} C_k e^{\lambda_k t}\boldsymbol{\xi}_k.$$

1）如果算子 A 的矩阵原来是在一个其他的基下给出的，则我们首先要把这个矩阵转向特征基下.

特别，我们有下面的

推论 设 A 是一个对角线算子，则在任何一个基下，矩阵 e^{tA} 的元素是指数 $e^{\lambda_k t}$ 的线性组合，此处 λ_k 是矩阵 A 的物征值.

17.2 例

考虑有摩擦的单摆

$$\begin{cases}\dot{x}_1 = x_2,\\ \dot{x}_2 = -x_1 - kx_2.\end{cases}$$

算子 A 的矩阵为

$$\begin{pmatrix}0 & 1\\ -1 & -k\end{pmatrix},$$

因此

$$\operatorname{Tr} A = -k, \quad \det A = 1.$$

相应的特征方程为

$$\lambda^2 + k\lambda + 1 = 0,$$

如果它的判别式是正的，即如果 $|k| > 2$，则此方程有二个不相同的实根. 因此如果摩擦系数 k 充分大（绝对值），则算子 A 是一个对角线算子.

现在假定 $k > 2$，则特征方程的二个根 λ_1, λ_2 是负的，而且在特征基下方程变为

$$\begin{cases}\dot{y}_1 = \lambda_1 y_1, & \lambda_1 < 0,\\ \dot{y}_2 = \lambda_2 y_2, & \lambda_2 < 0.\end{cases}$$

因此，像在 §4 中一样，我们得到方程的解为

$$y_1(t) = e^{\lambda_1 t} y_1(0),$$
$$y_2(t) = e^{\lambda_2 t} y_2(0),$$

而且相曲线如图 108 中所示，它有一个结点. 当 $t \to \infty$ 时，所有解都趋向于 0，又如果 $|\lambda_2| > |\lambda_1|$ 则几乎所有的积分曲线都切于 y_1 轴（y_2 趋向于 0 比 y_1 快）. 平面 (x_1, x_2) 上的图像是由平面 (y_1, y_2) 上的图像作一个线性变换而得到的.

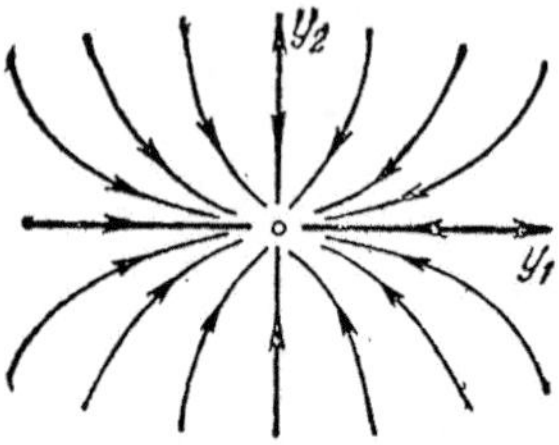

图 108　在特征基下具有强摩擦的单摆方程的相曲线

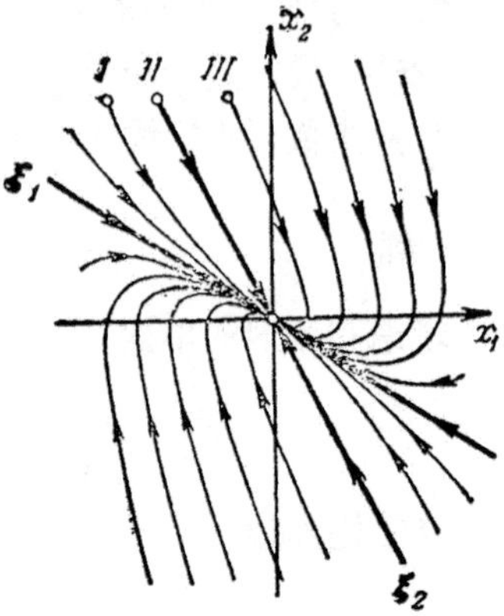

图 109　在一般基下具有强摩擦的单摆方程的相曲线

例如，假设 $k=10/3$，则 $\lambda_1=-1/3$，$\lambda_2=-3$．为了求出特征向量 $\boldsymbol{\xi}_1$，我们利用条件 $x_1=-3x_2$，得到 $\boldsymbol{\xi}_1=\mathbf{e}_2-3\mathbf{e}_1$．类似地，我们可得 $\boldsymbol{\xi}_2=\mathbf{e}_1-3\mathbf{e}_2$．因为 $|\lambda_1|<|\lambda_2|$，所以相曲线有如图 109 所表示的形状．研究图 109，我们得到下面值得注意的结论：如果摩擦系数 k 充分大（$k>2$），则单摆不作衰减振动，而是直接地进入它的平衡位置；事实上，它的速度 x_2 变号的次数不大于一．

问题 1　求图 109 中对应于相曲线 I，II 和 III 的单摆的运动．并画出 $x(t)$ 的典型图像．

问题 2　研究具有摩擦的倒置单摆的运动：

$$\ddot{x}=x-k\dot{x}.$$

17.3　离散情况

上面所说的关于具有连续自变量 t 的指数 e^{tA} 的一切内容都可以同样地应用到具有离散的自变量 n 的指数 A^n 上去．特别，如果 A 是一个对角线算子，则过渡到对角线基，A^n 的计算是很方便的．

问题 1　如果 $n\geqslant 2$，则斐波那契（Fibonacci）序列

$$0,1,1,2,3,5,8,13,\cdots$$

是由条件

$$x_0 = 0,\ x_1 = 1,\ x_n = x_{n-1} + x_{n-2}$$

来定义的. 试求 x_n 的显式表示式. 证明 x_n 像几何级数一样地增长,并求

$$\lim_{n\to\infty}\left(\frac{\ln x_n}{n}\right) = \alpha.$$

提示 注意到向量 $\xi_n = (x_n, x_{n-1})$ 可以用 ξ_{n-1} 来线性表示:

$$\xi_1 = (1, 0),\quad \xi_n = A\xi_{n-1},\quad A = \begin{pmatrix} 1 & 1 \\ 1 & 0 \end{pmatrix}.$$

因此 x_n 是向量 $A^{n-1}\xi_1$ 的第一个分量.

答 $\alpha = \ln\dfrac{\sqrt{5}+1}{2}$, $x_n = \dfrac{1}{\sqrt{5}}(\lambda_1^n - \lambda_2^n)$, 此处 $\lambda_{1,2} = \dfrac{1\pm\sqrt{5}}{2}$ 是 A 的特征值.

评注 进行同样的论证,可以把由关系式

$$x_n = a_1x_{n-1} + a_2x_{n-2} + \cdots + a_kx_{n-k},\quad n \geqslant k,$$

连同前面 k 项 $x_0, x_1, \cdots, x_{k-1}$[1] 来定义的任何一个 k 次递推序列的研究化为指数 A^n 的研究,此处 $A: \mathbf{R}^k \to \mathbf{R}^k$ 是一个线性算子. 因此知道了如何计算一个指数的矩阵,就使我们能够计算所有的递推序列.

回到计算 e^{tA} 的一般问题,我们注意到特征方程 $\det(A - \lambda E) = 0$ 的根可以是复数. 为了研究这种情况,我们首先考虑具有复相空间 $\mathbf{C}^n$ 的线性方程.

§18 复化与实化

在研究复微分方程以前,我们引入一个实空间复化 (Complexification) 和一个复空间实化 (Decomplexification) 的概念.

18.1 实化

设 $\mathbf{C}^n$ 表示在复数域 $\mathbf{C}$ 上的一个 n 维线性空间. 所谓空间 $\mathbf{C}^n$ 的实化指的是一个实线性空间,这个实线性空间作为一个群与 $\mathbf{C}^n$

1) 一个 k 阶递推序列的定义需要知道这个序列的前面 k 项,这个事实与一个 k 阶微分方程的相空间是 k 维的这个事实是有密切关系的,如果微分方程写成差分方程的极限,则这个关系就成为显而易见的了.

重合，并且在这个空间中乘以实数的乘法的定义和 $\mathbf{C}^n$ 中定义的方法相同，而乘以复数的乘法是完全没有定义的.（换句话说，实化 $\mathbf{C}^n$ 指的是忘掉关于 $\mathbf{C}$ 加法群的结构，而保持 $\mathbf{R}$ 加法群的结构.）

显而易见，空间 $\mathbf{C}^n$ 的实化空间是一个 $2n$ 维实线性空间 $\mathbf{R}^{2n}$. 我们用左上标 R 表示实化空间，例如，${}^{\mathbf{R}}\mathbf{C}=\mathbf{R}^2$.

如果 $\mathbf{e}_1,\cdots,\mathbf{e}_n$ 是 $\mathbf{C}^n$ 中的一个基，则 $\mathbf{e}_1,\cdots,\mathbf{e}_n, i\mathbf{e}_1,\cdots, i\mathbf{e}_n$ 是 ${}^{\mathbf{R}}\mathbf{C}^n=\mathbf{R}^{2n}$ 中的一个基.

设 A: $\mathbf{C}^m\to\mathbf{C}^n$ 是一个线性算子. 所谓算子 A 的**实化**指的是 $\mathbf{R}$ 线性算子 ${}^{\mathbf{R}}A$: ${}^{\mathbf{R}}\mathbf{C}^m\to{}^{\mathbf{R}}\mathbf{C}^n$，而这个 $\mathbf{R}$ 线性算子 ${}^{\mathbf{R}}A$ 与 A 逐点重合.

问题 1 设 $\mathbf{e}_1,\cdots,\mathbf{e}_m$ 和 $\mathbf{f}_1,\cdots\mathbf{f}_n$ 分别是空间 $\mathbf{C}^m$ 和 $\mathbf{C}^n$ 中的基，而设 (A) 是算子 A 的矩阵，试求实化算子 ${}^{\mathbf{R}}A$ 的矩阵.

答 $\begin{pmatrix}\alpha & -\beta\\ \beta & \alpha\end{pmatrix}$，此处 $(A)=(\alpha)+i(\beta)$.

问题 2 证明

$${}^{\mathbf{R}}(A+B)={}^{\mathbf{R}}A+{}^{\mathbf{R}}B,\quad {}^{\mathbf{R}}(AB)={}^{\mathbf{R}}A{}^{\mathbf{R}}B.$$

18.2 复化

设 $\mathbf{R}^n$ 是一个 n 维实线性空间. 所谓**空间** $\mathbf{R}^n$ **的复化**指的是一个用 ${}^{\mathbf{C}}\mathbf{R}^n$ 表示的 n 维复线性空间，这个 n 维复线性空间按下述方式构造. ${}^{\mathbf{C}}\mathbf{R}^n$ 的每一点都是一个点偶 $(\boldsymbol{\xi},\boldsymbol{\eta})$，$\boldsymbol{\xi}\in\mathbf{R}^n$，$\boldsymbol{\eta}\in\mathbf{R}^n$. 我们用 $\boldsymbol{\xi}+i\boldsymbol{\eta}$ 表示这样的点偶 $(\boldsymbol{\xi},\boldsymbol{\eta})$，并用通常的方法定义加法和乘以复数的乘法的运算：

$$(\boldsymbol{\xi}_1+i\boldsymbol{\eta}_1)+(\boldsymbol{\xi}_2+i\boldsymbol{\eta}_2)=(\boldsymbol{\xi}_1+\boldsymbol{\xi}_2)+i(\boldsymbol{\eta}_1+\boldsymbol{\eta}_2),$$
$$(u+iv)(\boldsymbol{\xi}+i\boldsymbol{\eta})=(u\boldsymbol{\xi}-v\boldsymbol{\eta})+i(v\boldsymbol{\xi}+u\boldsymbol{\eta}).$$

容易证明所得的 $\mathbf{C}$ 加法群是一个 n 维复线性空间 ${}^{\mathbf{C}}\mathbf{R}^n=\mathbf{C}^n$. 如果 $\mathbf{e}_1,\cdots\mathbf{e}_n$ 是 $\mathbf{R}^n$ 的一个基，则向量 $\mathbf{e}_1+i\mathbf{0},\cdots,\mathbf{e}_n+i\mathbf{0}$ 构成 $\mathbf{C}^n={}^{\mathbf{C}}\mathbf{R}^n$ 的一个 $\mathbf{C}$ 基. 向量 $\boldsymbol{\xi}+i\mathbf{0}$ 简洁地用 $\boldsymbol{\xi}$ 表示.

设 A: $\mathbf{R}^m\to\mathbf{R}^n$ 是一个 $\mathbf{R}$ 线性算子. 所谓**算子** A **的复化**指的是由公式

$${}^{\mathbf{C}}A(\boldsymbol{\xi}+i\boldsymbol{\eta})=A\boldsymbol{\xi}+iA\boldsymbol{\eta}$$

定义的 $\mathbf{C}$ 线性算子 ${}^{\mathbf{C}}A:{}^{\mathbf{C}}\mathbf{R}^m \to {}^{\mathbf{C}}\mathbf{R}^n$.

问题 1 设 $\mathbf{e}_1, \cdots, \mathbf{e}_m$ 和 $\mathbf{f}_1, \cdots, \mathbf{f}_n$ 分别是空间 $\mathbf{R}^m$ 和 $\mathbf{R}^n$ 中的基；(A) 是算子 A 的矩阵. 求复化算子 ${}^{\mathbf{C}}A$ 的矩阵.

答 $({}^{\mathbf{C}}A) = (A)$.

问题 2 证明

$$ {}^{\mathbf{C}}(A + B) = {}^{\mathbf{C}}A + {}^{\mathbf{C}}B, \quad {}^{\mathbf{C}}(AB) = {}^{\mathbf{C}}A\,{}^{\mathbf{C}}B. $$

关于术语的注 复化和实化的运算既是关于空间也是关于映射来定义的. 代数学家们称这种运算为函子.

18.3 复共轭

考虑 $2n$ 维实线性空间 $\mathbf{R}^{2n} = {}^{\mathbf{RC}}\mathbf{R}^n$, 这个空间是先对 $\mathbf{R}^n$ 复化再继续实化而得到. 这个空间包含形如 $\boldsymbol{\xi} + i\mathbf{0}$, $\boldsymbol{\xi} \in \mathbf{R}^n$ 的向量的一个 n 维子空间,这个子空间称为实平面 $\mathbf{R}^n \subset \mathbf{R}^{2n}$. 形如 $\mathbf{0} + i\boldsymbol{\xi}$, $\boldsymbol{\xi} \in \mathbf{R}^n$ 的向量的子空间称为虚平面 $i\mathbf{R}^n \subset \mathbf{R}^{2n}$. 整个空间 $\mathbf{R}^{2n}$ 是这两个 n 维子空间的直和.

在 $\mathbf{C}^n = {}^{\mathbf{C}}\mathbf{R}^n$ 中用 i 相乘的算子 iE 经过实化后变成一个 $\mathbf{R}$ 线性算子 ${}^{\mathbf{R}}(iE) = I:\mathbf{R}^n \to \mathbf{R}^n$ (图 110). 这个算子 I 把实平面同构地映射为虚平面,反过来也是这样. 算子 I 的平方等于 $-E$.

问题 1 设 $\mathrm{e}_1, \cdots, \mathrm{e}_n$ 是 $\mathbf{R}^n$ 中的一个基；$\mathrm{e}_1, \cdots, \mathrm{e}_n, i\mathrm{e}_1, \cdots, i\mathrm{e}_n$ 是

$$ \mathbf{R}^{2n} = {}^{\mathbf{RC}}\mathbf{R}^n $$

中的一个基,求算子 I 在这个基下的矩阵.

答 $(I) = \begin{pmatrix} 0 & -E \\ E & 0 \end{pmatrix}$.

设 $\sigma:\mathbf{R}^{2n} \to \mathbf{R}^{2n}$ (图 111)表示取复共轭的算子,因此

$$ \sigma(\boldsymbol{\xi} + i\boldsymbol{\eta}) = \boldsymbol{\xi} - i\boldsymbol{\eta}. $$

算子 σ 的作用经常用上面一划来表示. 在实平面上，算子 σ 与 E 重合,在虚平面上与 $-E$ 重合. 注意 σ 是对合的: $\sigma^2 = E$.

设 A: ${}^{\mathbf{C}}\mathbf{R}^m \to {}^{\mathbf{C}}\mathbf{R}^n$ 是一个 $\mathbf{C}$ 线性算子. 所谓算子 A 的复共轭 $\bar{A}$ 指的是由公式

$$ \overline{A\mathbf{z}} = \bar{A}\bar{\mathbf{z}}, \quad \forall\ \mathbf{z} \in {}^{\mathbf{C}}\mathbf{R}^m $$

定义的算子 $\bar{A}$: ${}^{\mathbf{C}}\mathbf{R}^m \to {}^{\mathbf{C}}\mathbf{R}^n$.

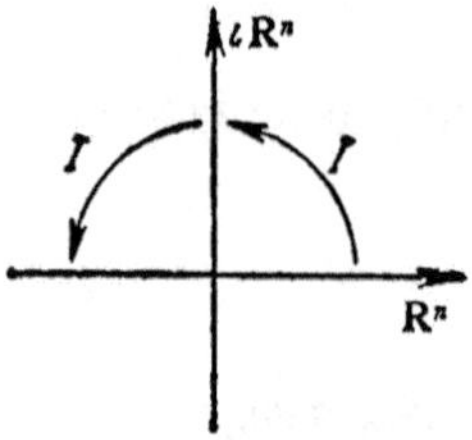

图 110 用 i 相乘的算子

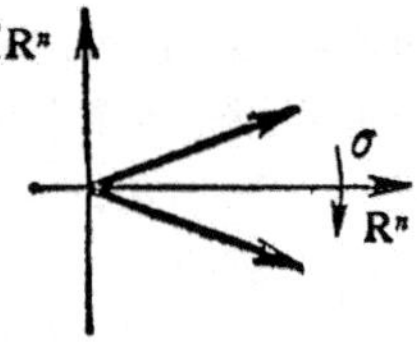

图 111 复共轭

问题 2 证明 $\bar{A}$ 是一个 **C** 线性算子.

问题 3 证明算子 $\bar{A}$ 在一个实基下的矩阵是算子 A 在同一个基下的矩阵的复共轭.

问题 4 证明

$$\overline{A+B}=\bar{A}+\bar{B},\quad \overline{AB}=\bar{A}\bar{B},\quad \overline{\lambda A}=\bar{\lambda}\bar{A}.$$

问题 5 证明一个复线性算子 A: ${}^{\mathbf{C}}\mathbf{R}^m\to{}^{\mathbf{C}}\mathbf{R}^n$ 是一个实算子的复化当且仅当 $\bar{A}=A$.

18.4 复算子的指数、行列式和迹

用和实的情况完全一样的方法可以定义一个复算子的指数、行列式和迹,而且它们和实的情况有完全相同的性质,唯一不同的是复算子的行列式是复数,因而不是一个图形的体积了.

问题 1 证明指数的下列性质:

$$^{\mathbf{R}}(e^A)=e^{^{\mathbf{R}}A},\quad \overline{e^A}=e^{\bar{A}},\quad ^{\mathbf{C}}(e^A)=e^{^{\mathbf{C}}A}.$$

问题 2 证明行列式的下列性质:

$$\det{}^{\mathbf{R}}A=|\det A|^2,\quad \det\bar{A}=\overline{\det A},\quad \det{}^{\mathbf{C}}A=\det A.$$

问题 3 证明迹的下列性质:

$$\mathrm{Tr}\,{}^{\mathbf{R}}A=\mathrm{Tr}\,A+\mathrm{Tr}\,\bar{A},\quad \mathrm{Tr}\,\bar{A}=\overline{\mathrm{Tr}\,A},$$
$$\mathrm{Tr}\,{}^{\mathbf{C}}A=\mathrm{Tr}\,A.$$

问题 4 证明公式

$$\det e^A=e^{\mathrm{Tr}\,A}$$

在复的情况下仍然成立.

18.5 复值曲线的导数

所谓复值曲线指的是由实轴上的一个开区间 I 映入复线性空间 $\mathbf{C}^n$ 的映射 $\boldsymbol{\varphi}$: $I \to \mathbf{C}^n$. 用通常的方法来定义曲线 $\boldsymbol{\varphi}$ 在点 $t_0 \in I$ 的导数,而且此导数是空间 $\mathbf{C}^n$ 的一个向量:

$$\left.\frac{d\boldsymbol{\varphi}}{dt}\right|_{t=t_0} = \lim_{h \to 0} \frac{\boldsymbol{\varphi}(t_0 + h) - \boldsymbol{\varphi}(t_0)}{h}.$$

例 1 设 $n = 1$, $\boldsymbol{\varphi}(t) = e^{it}$ (图 112), 则

$$\left.\frac{d\boldsymbol{\varphi}}{dt}\right|_{t=0} = i.$$

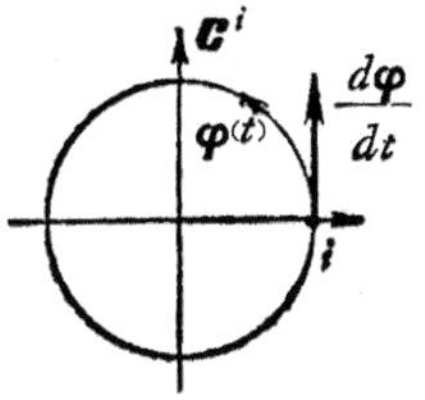

图 112 曲线 $\boldsymbol{\varphi} = e^{it}$ 在点 $t = 0$ 的导数等于 i

更详细的考察 $n = 1$ 的情况, 我们注意: 因为在 $\mathbf{C}$ 中乘法是有定义的,所以值在 $\mathbf{C}$ 中的曲线可以进行相乘以及相加:

$$(\boldsymbol{\varphi}_1 + \boldsymbol{\varphi}_2)(t) = \boldsymbol{\varphi}_1(t) + \boldsymbol{\varphi}_2(t),$$

$$(\boldsymbol{\varphi}_1\boldsymbol{\varphi}_2)(t) = \boldsymbol{\varphi}_1(t)\boldsymbol{\varphi}_2(t), \quad t \in I.$$

问题 1 证明

$$\frac{d}{dt}(\boldsymbol{\varphi}_1 + \boldsymbol{\varphi}_2) = \frac{d\boldsymbol{\varphi}_1}{dt} + \frac{d\boldsymbol{\varphi}_2}{dt},$$

$$\frac{d}{dt}(\boldsymbol{\varphi}_1\boldsymbol{\varphi}_2) = \frac{d\boldsymbol{\varphi}_1}{dt}\boldsymbol{\varphi}_2 + \frac{d\boldsymbol{\varphi}_2}{dt}\boldsymbol{\varphi}_1.$$

评注 特别, 具有复系数的多项式的导数可用与实系数多项式相同的公式给出.

如果 $n > 1$, 我们不能把值在 $\mathbf{C}^n$ 中的两条曲线相乘. 然而, 因为 $\mathbf{C}^n$ 是一个 $\mathbf{C}$ 加法群, 我们可以用一个函数 f: $I \to \mathbf{C}$ 与曲线

$\varphi: I \to \mathbf{C}^n$ 相乘:

$$(f\varphi)(t) = f(t)\varphi(t).$$

问题 2 证明

$$\frac{d}{dt}({}^{\mathbf{R}}\varphi) = \frac{{}^{\mathbf{R}}d\varphi}{dt}, \quad \frac{d}{dt}({}^{\mathbf{C}}\varphi) = \frac{{}^{\mathbf{C}}d\varphi}{dt},$$

$$\frac{d\bar{\varphi}}{dt} = \overline{\frac{d\varphi}{dt}}, \quad \frac{d(\varphi_1 + \varphi_2)}{dt} = \frac{d\varphi_1}{dt} + \frac{d\varphi_2}{dt},$$

$$\frac{d(f\varphi)}{dt} = \frac{df}{dt}\varphi + f\frac{d\varphi}{dt}.$$

此处,自然地假定在问题中导数是存在的.

定理 设 $A: \mathbf{C}^n \to \mathbf{C}^n$ 是一个 $\mathbf{C}$ 线性算子,则从 $\mathbf{C}^n$ 到 $\mathbf{C}^n$ 的 $\mathbf{C}$ 线性算子

$$\frac{d}{dt}e^{tA} = Ae^{tA}$$

对每一个 $t \in \mathbf{R}$ 都存在.

证明 可以用与实的情况完全一样的方法证明,但是我们也可以从实的情况出发. 事实上,实化 $\mathbf{C}^n$,我们得到

$$^{\mathbf{R}}\left(\frac{d}{dt}e^{tA}\right) = \frac{d}{dt}{}^{\mathbf{R}}(e^{tA}) = \frac{d}{dt}e^{t({}^{\mathbf{R}}A)}$$

$$= ({}^{\mathbf{R}}A)e^{t({}^{\mathbf{R}}A)} = {}^{\mathbf{R}}(Ae^{tA}).$$ □

§19 具有复相空间的线性方程

像经常遇到的那样,复的情况比实的情况更为简单. 复的情况从它自身的地位来看是重要的;而且,复的情况的研究将有助于我们对实的情况的研究.

19.1 定义

设 $A: \mathbf{C}^n \to \mathbf{C}^n$ 是一个 $\mathbf{C}$ 线性算子. 所谓具有相空间 $\mathbf{C}^n$ 的线性方程指的是方程

$$\dot{\mathbf{z}} = A\mathbf{z}, \quad \mathbf{z} \in \mathbf{C}^n. \tag{1}$$

方程(1)的完整叙述是"复常系数一阶齐次线性微分方程组".

所谓方程 (1) 满足初始条件 $\boldsymbol{\varphi}(t_0) = \mathbf{z}_0$, $t_0 \in \mathbf{R}$, $\mathbf{z}_0 \in \mathbf{C}^n$ 的解 $\boldsymbol{\varphi}$ 指的是实 t 轴上的一个区间映入 $\mathbf{C}^n$ 的映射 $\boldsymbol{\varphi}$: $I \to \mathbf{C}^n$, 使得 $t_0 \in I$, $\boldsymbol{\varphi}(t_0) = \mathbf{z}_0$; 且对每一个 $\tau \in I$ 有

$$\left.\frac{d\boldsymbol{\varphi}}{dt}\right|_{t=\tau} = A\boldsymbol{\varphi}(\tau).$$

换句话说,如果空间 $\mathbf{C}^n$ 和算子 A 实化后,映射 $\boldsymbol{\varphi}$ 是具有 $2n$ 维实相空间的方程

$$\dot{\mathbf{z}} = {}^{\mathbf{R}}A\mathbf{z}, \quad \mathbf{z} \in \mathbf{R}^{2n} = {}^{\mathbf{R}}\mathbf{C}^n$$

的解,则映射 $\boldsymbol{\varphi}$: $I \to \mathbf{C}^n$ 称为方程 (1) 的解.

19.2 基本定理

用和实的情况完全相同的方法可以证明下面的定理(见定理 15.2 和 15.3):

定理 方程(1)满足初始条件 $\boldsymbol{\varphi}(0) = \mathbf{z}_0$ 的解是由公式

$$\boldsymbol{\varphi}(t) = e^{tA}\mathbf{z}_0$$

给出. 而且,空间 $\mathbf{C}^n$ 的每一个单参数 $\mathbf{C}$ 线性变换群 $\{g^t, t \in \mathbf{R}\}$ 的形式为

$$g^t = e^{At},$$

此处 A: $\mathbf{C}^n \to \mathbf{C}^n$ 是一个 $\mathbf{C}$ 线性算子.

现在我们的目的是研究和显式地算出 e^{tA}.

19.3 对角线情况

设 A: $\mathbf{C}^n \to \mathbf{C}^n$ 是 $\mathbf{C}$ 线性算子,且考虑特征方程

$$\det(A - \lambda E) = 0. \tag{2}$$

定理 若方程(2)的 n 个根 $\lambda_1, \cdots, \lambda_n$ 互不相同, 则 $\mathbf{C}^n$ 可以分解成在 A 和 e^{tA} 下的一维不变子空间 $\mathbf{C}_1^1, \cdots, \mathbf{C}_n^1$ 的直和

$$\mathbf{C}^n = \mathbf{C}_1^1 + \cdots + \mathbf{C}_n^1.$$

在每一个一维不变子空间中，例如在 $\mathbf{C}_k^1$ 中，e^{tA} 简化为用复数 $e^{\lambda_k t}$ 相乘.

证明 算子 A 有 n 个线性无关的特征线[1)]

$$\mathbf{C}^n = \mathbf{C}_1^1 + \cdots + \mathbf{C}_n^1.$$

在线 $\mathbf{C}_k^1$ 上算子 A 的作用和用 λ_k 相乘一样，因此算子 e^{tA} 的作用和用 $e^{\lambda_k t}$ 相乘一样. ∎

现在我们更详细地考虑一维情况 ($n = 1$).

19.4 例

考虑以复线为它的相空间的线性方程

$$\dot{\mathbf{z}} = \lambda \mathbf{z},\ \mathbf{z} \in \mathbf{C},\ \lambda \in \mathbf{C},\ t \in \mathbf{R}. \tag{3}$$

正如我们已经知道的，方程(3)的解正好是

$$\boldsymbol{\varphi}(t) = e^{\lambda t}\mathbf{z}_0.$$

考虑一个实变量 t 的复值函数 $e^{\lambda t}$: $\mathbf{R} \to \mathbf{C}$. 如果 λ 是实数，则函数 $e^{\lambda t}$ 是实函数(图 113)，方程(3)的相流由伸展因子为 $e^{\lambda t}$ 的伸展所组成. 如果 λ 是纯虚数，即 $\lambda = i\omega$, $\omega \in \mathbf{R}$，则由欧拉公式

$$e^{\lambda t} = e^{i\omega t} = \cos \omega t + i \sin \omega t.$$

这时方程(3)的相流是一个转角为 ωt 的旋转族 $\{g^t\}$ (图 114). 最后，在一般情况下，$\lambda = \alpha + i\omega$，用 $e^{\lambda t}$ 相乘等于用 e^{α} 和 $e^{i\omega t}$ 相乘的积(见 § 15.5):

$$e^{\lambda t} = e^{(\alpha + i\omega)t} = e^{\alpha t} e^{i\omega t}. \tag{4}$$

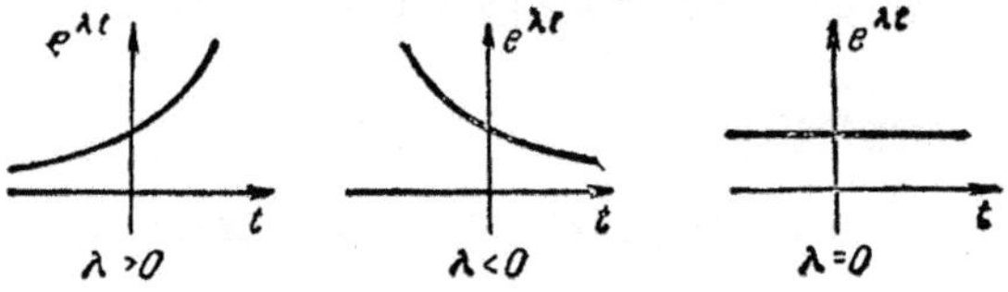

图 113 t 为实数时函数 $e^{\lambda t}$ 的图像.

1) 这是复的情况和实的情况唯一不同的地方，实的情况较大的复杂性在于域 $\mathbf{R}$ 代数上是不封闭的这个事实.

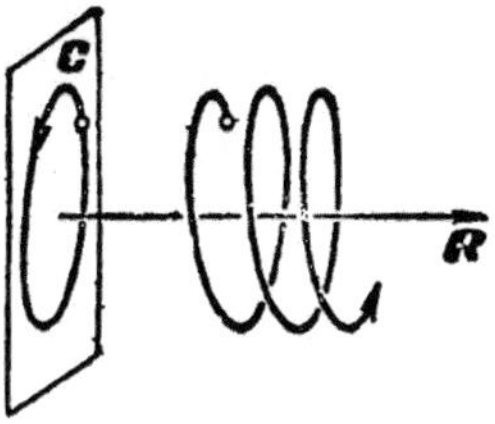

图 114　当 λ 为纯虚数时方程 $\dot{z}=\lambda z$ 的相曲线和积分曲线

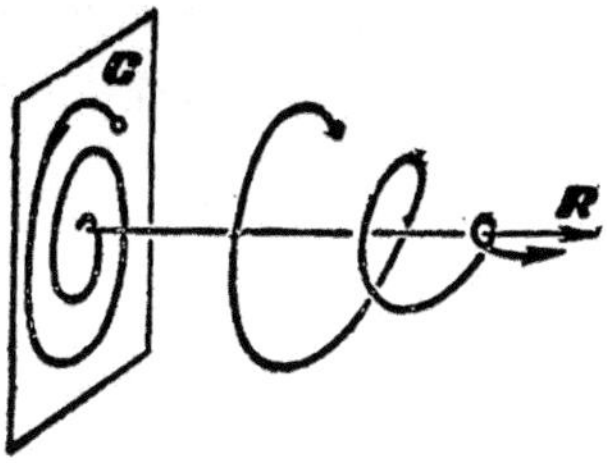

图 115　当 $\lambda=\alpha+i\omega,\ \alpha<0,\ \omega>0$ 时方程 $\dot{z}=\lambda z$ 的相曲线和积分曲线

于是，方程(3)的相流的变换 g^t 是 $e^{\alpha t}$ 倍的伸展同时加上一个转角为 ωt 的旋转.

现在我们考虑在一般情况的相曲线. 例如，假定 $\alpha<0$, $\omega>0$ (图 115)，则当 t 递增时，相点 $e^{\lambda t}\mathbf{z}_0$“按逆时针方向”，即从 1 到 i 的方向缠绕着原点而趋近于原点. 在极坐标中，适当挑选一个初始角，其相曲线有方程

$$r=e^{k\theta},\quad k=\alpha/\omega$$

或

$$\theta=\frac{1}{k}\ln r.$$

这种类型的曲线称为**对数螺线**. 对于 α 与 ω 的符号的其他组合所得的相曲线也是对数螺线(图 116, 117). 在每一种情况下($\lambda=0$ 除外)，点 $\mathbf{z}=0$ 是相流的唯一的不动点(是对应于方程(3)的向量场的唯一的奇点). 这种奇点称为**焦点**(我们假定 $\alpha\neq0$, $\omega\neq0$).

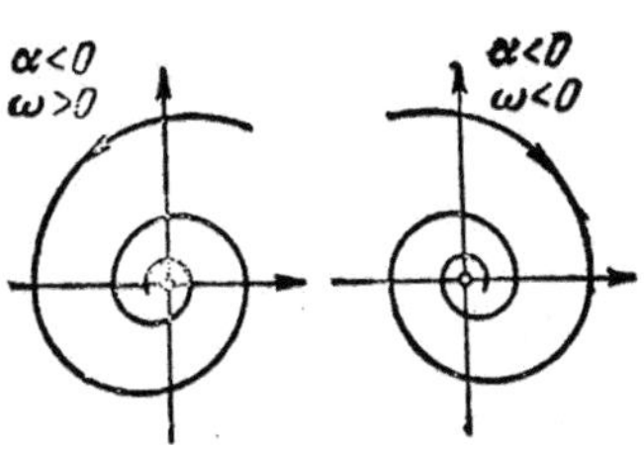

图 116　稳定焦点

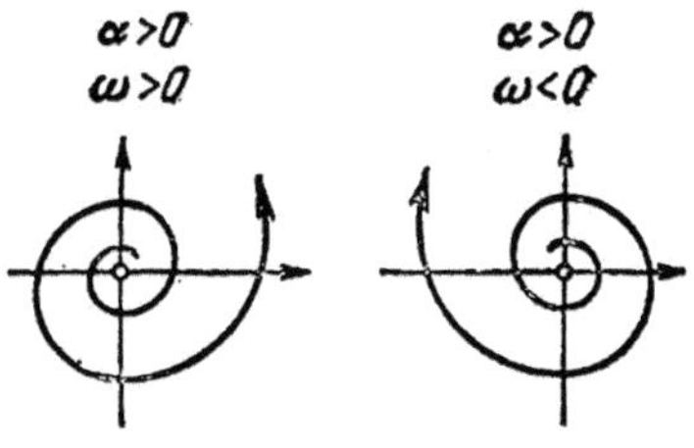

图 117　不稳定焦点

如果 $\alpha < 0$，则当 $t \to +\infty$ 时 $\varphi(t) \to 0$，这种焦点称为稳定的；而如果 $\alpha > 0$，这种焦点称为不稳定的．如果 $\alpha = 0$，$\omega \neq 0$，这种相曲线是以奇点作为它们的中心的一些同心圆(图 118)．

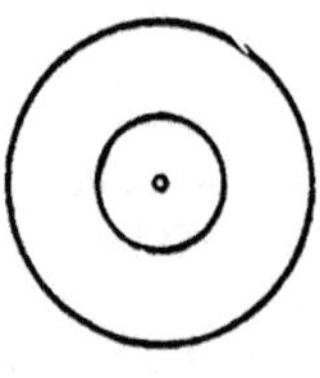

图 118　中心

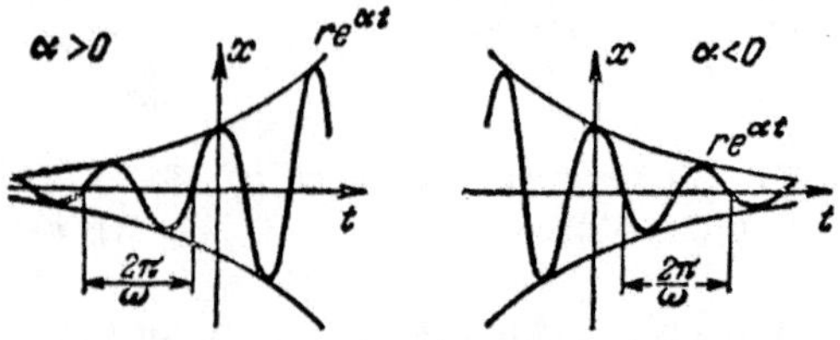

图 119　看作时间函数的 $e^{\lambda t}$ 的实部

在 $\mathbf{C}^1$ 中选择坐标 $z = x + iy$，现在我们研究相点移动时 z 坐标的实部 $x(t)$ 和虚部 $y(t)$ 的变化情况．从(4)可得

$$x(t) = re^{\alpha t}\cos(\omega t + \theta),$$
$$y(t) = re^{\alpha t}\sin(\omega t + \theta),$$

此处常数 r 和 θ 是由初始条件决定的(图 119)．如果 $\alpha > 0$，坐标 $x(t)$ 和 $y(t)$ 是实行"具有指数增长的振幅 $re^{\alpha t}$ 频率为 ω 的简谐振动"；如果 $\alpha < 0$ 是衰减振动．x 或 y 随时间的变化也可以写成形式

$$Ae^{\alpha t}\cos\omega t + Be^{\alpha t}\sin\omega t,$$

此处 A, B 是由初始条件决定的常数．

注 1　通过用这种方法研究方程 (3)，我们同时已经研究了所有复直线的单参数 $\mathbf{C}$ 线性变换群．

注 2　同时，我们已经研究了由实化方程(3)而得到的在实平面上线性方程组

$$\begin{cases}\dot{x} = \alpha x - \omega y,\\ \dot{y} = \omega x + \alpha y.\end{cases}$$

定理 19.2 和 19.3 连同上面的计算，立即可得方程(1)的解的显式表达式．

19.5 推论

若特征方程(2)的 n 个根 $\lambda_1, \cdots, \lambda_n$ 是互不相同的，则方程(1)的每一个解的形式为

$$\boldsymbol{\varphi}(t)=\sum_{k=1}^{n} c_k e^{\lambda_k t}\boldsymbol{\xi}_k, \tag{5}$$

此处 $\boldsymbol{\xi}_k$ 是与初始条件无关的常向量而 c_k 是依赖于初始条件的复常数. 每当选定这些常数时，公式(5)就给出了方程(1)的一个解.

证明 我们仅需要关于特征基展开初始条件

$$\boldsymbol{\varphi}(0)=c_1\boldsymbol{\xi}_1+\cdots+c_n\boldsymbol{\xi}_n. \qquad \square$$

如果 $z_1, \cdots, z_n$ 是一个在 $\mathbf{C}^n$ 中的线性坐标系，则这个解 $\boldsymbol{\varphi}(t)$ 的每一个分量的实部 x_l 和虚部 y_l 同函数 $e^{\alpha_k t}\cos\omega_k t$ 和 $e^{\alpha_k t}\sin\omega_k t$ 的一个线性组合一样随时间而变化，即

$$\begin{aligned} x_l &= \sum_{k=1}^{n} r_{kl}e^{\alpha_k t}\cos(\omega_k t+\theta_{kl}) \\ &= \sum_{k=1}^{n}(A_{kl}e^{\alpha_k t}\cos\omega_k t+B_{kl}e^{\alpha_k t}\sin\omega_k t). \end{aligned} \tag{6}$$

此处 $\lambda_k=\alpha_k+i\omega_k$ 和不同的 r, θ, A, B 都是依赖于初始条件的实常数.

§20 实线性方程的复化

现在我们应用复方程的研究结果去研究实的情况.

20.1 复化方程

设 $A:\mathbf{R}^n\to\mathbf{R}^n$ 是一个线性算子，它确定了线性方程

$$\dot{\mathbf{x}}=A\mathbf{x}, \quad \mathbf{x}\in\mathbf{R}^n. \tag{1}$$

方程(1)的复化是具有复相空间的方程

$$\dot{\mathbf{z}}={}^{\mathbf{C}}A\mathbf{z}, \quad \mathbf{z}\in\mathbf{C}^n={}^{\mathbf{C}}\mathbf{R}^n. \tag{2}$$

引理 1　具有复共轭初始条件的方程 (2) 的解本身是复共轭的.

证明　如果 $\boldsymbol{\varphi}$ 是具有初始条件 $\boldsymbol{\varphi}(t_0)=\mathbf{z}_0$ 的解 (图 120), 则 $\overline{\boldsymbol{\varphi}}(t_0)=\bar{\mathbf{z}}_0$. 一旦我们证明 $\bar{\boldsymbol{\varphi}}$ 是解,引理就证明了 (由于唯一性). 而

$$\frac{d\bar{\boldsymbol{\varphi}}}{dt}=\overline{\frac{d\boldsymbol{\varphi}}{dt}}=\overline{{}^{\mathrm{C}}A\boldsymbol{\varphi}}=\overline{{}^{\mathrm{C}}A}\bar{\boldsymbol{\varphi}}={}^{\mathrm{C}}A\bar{\boldsymbol{\varphi}}.\qquad\square$$

注　代替方程(2),我们可选择更一般的方程

$$\dot{\mathbf{z}}=F(\mathbf{z},t),\quad \mathbf{z}\in{}^{\mathrm{C}}\mathbf{R}^n,$$

它的右端在复共轭点取复共轭值

$$F(\bar{\mathbf{z}},t)=\overline{F(\mathbf{z},t)}.$$

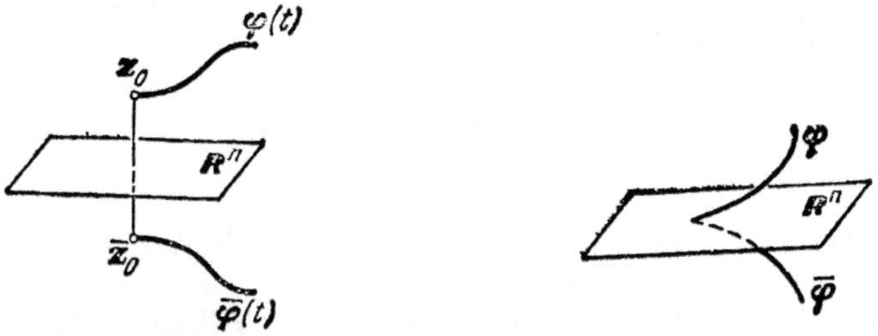

图 120　复共轭解　　　　图 121　具有实初始条件的解不能有复值

例如,在实数基下,关于向量 $\mathbf{z}$ 的坐标 z_k 的,系数为 t 的实函数的任意多项式,就满足这个条件.

推论　具有实初始条件的方程 (2) 的解是实的且满足方程 (1).

证明　如果 $\bar{\boldsymbol{\varphi}}\neq\boldsymbol{\varphi}$ (图 121), 则唯一性定理遭到破坏.　$\square$

在下面的引理中,方程的线性是本质的.

引理 2　函数 $\mathbf{z}=\boldsymbol{\varphi}(t)$ 是复方程(2) 的解当且仅当它的实部和虚部满足原来的方程(1).

证明　因为

$${}^{\mathrm{C}}A(\mathbf{x}+i\mathbf{y})=A\mathbf{x}+iA\mathbf{y},$$

实化方程(2)可分解为直积

$$\begin{cases}\dot{\mathbf{x}} = A\mathbf{x}, & \mathbf{x} \in \mathbf{R}^n, \\ \dot{\mathbf{y}} = A\mathbf{y}, & \mathbf{y} \in \mathbf{R}^n. \end{cases}$$ □

从引理 1 和引理 2 清楚地看出：知道了方程 (2) 的复解我们可得到方程(1)的实解，反之也成立. 特别，§ 19.5 的公式(6)给出当特征方程没有重根时解的显式.

20.2 实算子的不变子空间

设 $A: \mathbf{R}^n \to \mathbf{R}^n$ 是实线性算子；λ 是特征方程

$$\det(A - \lambda E) = 0$$

的一个根(一般是复数).

引理 3 若 $\xi \in \mathbf{C}^n = {}^{\mathbf{C}}\mathbf{R}^n$ 是具有特征值 λ 的算子 ${}^{\mathbf{C}}A$ 的特征向量，则 $\bar{\xi}$ 是具有特征值 $\bar{\lambda}$ 的特征向量. 并且，λ 和 $\bar{\lambda}$ 有相同的重数.

证明 因为 $\overline{{}^{\mathbf{C}}A} = {}^{\mathbf{C}}A$，方程 ${}^{\mathbf{C}}A\xi = \lambda\xi$ 是等价于 ${}^{\mathbf{C}}A\bar{\xi} = \bar{\lambda}\bar{\xi}$，并且特征方程具有实系数. □

图 122 实算子的特征值

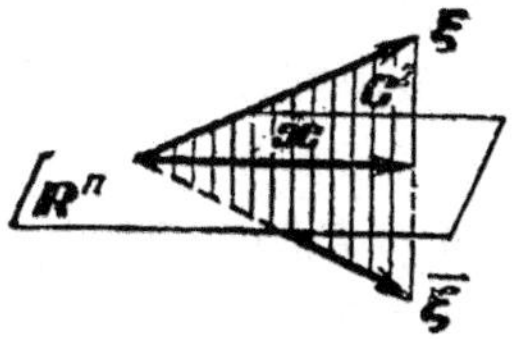

图 123 属于不变实平面的特征向量的实部

现在，假定算子 $A: \mathbf{R}^n \to \mathbf{R}^n$ 的特征值 $\lambda_1, \lambda_2 \cdots \lambda_n \in \mathbf{C}$ 是互不相同的 (图 122). 在这些特征值中，我们有 ν 个实特征值，和 μ 对相互共轭的复特征值 (此处 $\nu + 2\mu = n$，所以实特征值个数的奇偶性等于 n 的奇偶性).

定理 空间 $\mathbf{R}^n$ 可分解为在 A 下的 ν 个一维不变子空间和在 A 下的 μ 个二维不变子空间的直和.

证明 对每一个实特征值对应一个实特征向量. 因此在 $\mathbf{R}^n$

中对应一个一维不变子空间．设 $\lambda,\bar{\lambda}$ 是一对复共轭特征值．则对应于 λ 存在一个复化算子 ${}^{\mathbf{C}}A$ 的特征向量 $\boldsymbol{\xi}\in\mathbf{C}^n={}^{\mathbf{C}}\mathbf{R}^n$． 根据引理 3，复共轭向量 $\bar{\boldsymbol{\xi}}$ 也是与特征值 $\bar{\lambda}$ 对应的特征向量.由特征向量 $\boldsymbol{\xi},\bar{\boldsymbol{\xi}}$ 张成的复平面 $\mathbf{C}^2$ 在算子 ${}^{\mathbf{C}}A$ 下不变，并且实子空间 $\mathbf{R}^n\subset{}^{\mathbf{C}}\mathbf{R}^n$ 在 ${}^{\mathbf{C}}A$ 下也不变．因此它们的交也在 ${}^{\mathbf{C}}A$ 下不变．现在我们证明，这个交是二维实平面 $\mathbf{R}^2$（图 123）.

为此目的，考虑特征向量 $\boldsymbol{\xi}$ 的实部和虚部

$$\mathbf{x}=\frac{1}{2}(\boldsymbol{\xi}+\bar{\boldsymbol{\xi}})\in\mathbf{R}^n,\qquad \mathbf{y}=\frac{1}{2i}(\boldsymbol{\xi}-\bar{\boldsymbol{\xi}})\in\mathbf{R}^n.$$

由于它们是向量 $\boldsymbol{\xi}$ 和 $\bar{\boldsymbol{\xi}}$ 的 $\mathbf{C}$ 线性组合，因此向量 $\mathbf{x}$ 和 $\mathbf{y}$ 属于交 $\mathbf{C}^2\cap\mathbf{R}^n$．向量 $\mathbf{x}$ 和 $\mathbf{y}$ 是 $\mathbf{C}$ 线性无关的，这是因为 $\mathbf{C}$ 无关向量 $\boldsymbol{\xi}$ 和 $\bar{\boldsymbol{\xi}}$ 是 $\mathbf{x}$ 和 $\mathbf{y}$ 的线性组合

$$\boldsymbol{\xi}=\mathbf{x}+i\mathbf{y},\quad \bar{\boldsymbol{\xi}}=\mathbf{x}-i\mathbf{y}.$$

因此，平面 $\mathbf{C}^2$ 上的每一个向量 $\boldsymbol{\eta}$ 有唯一的一个实向量 $\mathbf{x}$ 和 $\mathbf{y}$ 的复线性组合的表达式

$$\boldsymbol{\eta}=a\mathbf{x}+b\mathbf{y},\quad a,b\in\mathbf{C}.$$

这一向量是实的 $(\boldsymbol{\eta}=\bar{\boldsymbol{\eta}})$ 当且仅当 $\bar{a}\mathbf{x}+\bar{b}\mathbf{y}=a\mathbf{x}+b\mathbf{y}$，即当且仅当 a 和 b 都是实的．因此交 $\mathbf{C}^2\cap\mathbf{R}^n$ 是由特征向量 $\boldsymbol{\xi}$ 的实部向量 $\mathbf{x}$ 和虚部向量 $\mathbf{y}$ 张成的二维实平面． 此外，λ 和 $\bar{\lambda}$ 是算子 A 在平面 $\mathbf{R}^2$ 上的限制的特征值．事实上，复化后不会改变原来的特征值．A 在 $\mathbf{R}^2$ 上的限制复化后，我们得到 ${}^{\mathbf{C}}A$ 在 $\mathbf{C}^2$ 上的限制．但是平面 $\mathbf{C}^2$ 是具有特征值 λ 和 $\bar{\lambda}$ 的算子 ${}^{\mathbf{C}}A$ 的特征向量张成的．因此 λ 和 $\bar{\lambda}$ 是 A 在 $\mathbf{R}^2$ 的限制的特征值.

我们必须进一步证明，刚才构造的 $\mathbf{R}^n$ 的一维及二维子空间是 $\mathbf{R}$ 线性无关的．而这可从下面的事实立即得出： 算子 ${}^{\mathbf{C}}A$ 的 n 个向量是 $\mathbf{C}$ 线性无关的，并且能用向量 $\boldsymbol{\xi}_k(k=1,2,\cdots,\nu)$ 和 $\mathbf{x}_k$，$\mathbf{y}_k(k=1,2,\cdots\mu)$ 来线性表示. □

因此，在算子 $A:\mathbf{R}^n\to\mathbf{R}^n$ 的所有特征值是单重的情形，线性微分方程

$$\dot{\mathbf{x}}=A\mathbf{x},\quad \mathbf{x}\in\mathbf{R}^n$$

可分解为具有一维和二维相空间的方程的直积.

我们注意到具有"一般的"系数的多项式是没有重根的. 因此，为了讨论线性微分方程，我们必须首先考虑在直线上的(如我们曾经做过的)和平面上的线性微分方程.

20.3 平面上的线性方程

定理 设 $A:\mathbf{R}^2\to\mathbf{R}^2$ 是具有复特征值 λ 和 $\bar\lambda$ 的线性算子. 则 A 是乘以复数 λ 的算子 $\Lambda:\mathbf{C}^1\to\mathbf{C}^1$ 的实化算子. 更严格地说，平面 $\mathbf{R}^2$ 可赋予直线 $\mathbf{C}^1$ 的结构，因此，$\mathbf{R}^2={}^{\mathbf{R}}\mathbf{C}^1$ 和 $A={}^{\mathbf{R}}\Lambda$.

证明 这个证明由比较奥妙的计算构成[1]. 设 $\mathbf{x}+i\mathbf{y}\in{}^{\mathbf{C}}\mathbf{R}^2$ 是具有特征值 $\lambda=\alpha+i\omega$ 的算子 ${}^{\mathbf{C}}A$ 的复特征向量. 向量 $\mathbf{x}$ 和 $\mathbf{y}$ 组成 $\mathbf{R}^2$ 的基. 一方面，我们有

$$\begin{aligned}{}^{\mathbf{C}}A(\mathbf{x}+i\mathbf{y})&=(\alpha+i\omega)(\mathbf{x}+i\mathbf{y})\\&=\alpha\mathbf{x}-\omega\mathbf{y}+i(\omega\mathbf{x}+\alpha\mathbf{y});\end{aligned}$$

另一方面

$${}^{\mathbf{C}}A(\mathbf{x}+i\mathbf{y})=A\mathbf{x}+iA\mathbf{y},$$

因此

$$A\mathbf{x}=\alpha\mathbf{x}-\omega\mathbf{y},\quad A\mathbf{y}=\omega\mathbf{x}+\alpha\mathbf{y},$$

即在基 $\mathbf{x}$, $\mathbf{y}$ 下，算子 $A:\mathbf{R}^2\to\mathbf{R}^2$ 和在基 $1,-i$ 下乘以 $\lambda=\alpha+i\omega$ 的算子 ${}^{\mathbf{R}}\Lambda$ 具有相同的矩阵

$$\begin{pmatrix}\alpha&\omega\\-\omega&\alpha\end{pmatrix}.$$

因此在 R^2 要求的复结构可取 $\mathbf{x}$ 为 1 和 $\mathbf{y}$ 为 $-i$ 而得到. □

推论 1 设 $A:\mathbf{R}^2\to\mathbf{R}^2$ 是具有复特征值 λ, $\bar\lambda$ 的欧几里得平面的线性变换. 则变换 A 和 $|\lambda|$ 倍的伸展加上同时发生的转角为 $\arg\lambda$ 的旋转仿射等价.

---

1) 计算可由下面的推理来代替. 设 $\lambda=\alpha+i\omega$，并根据条件 $A=\alpha E+\omega I$ 定义算子 $I:\mathbf{R}^2\to\mathbf{R}^2$. 因为根据假设 $\omega\neq0$，这样的算子 I 是存在的. 由于算子 A 满足它的特征方程，因此 $I^2=-E$. 取 I 为乘以 i 的变换，我们得到在 $\mathbf{R}^2$ 上所必须的复结构.

推论 2 欧几里得平面 $\mathbf{R}^2$ 上具有复特征值 $\lambda,\bar{\lambda}=\alpha\pm i\omega$ 的线性方程 (1) 的相流和 $e^{\alpha t}$ 倍伸展加上同时发生的转角为 ωt 的一族旋转仿射等价.

特别,奇点 0 是焦点,这时相曲线是对数螺线的仿射像,当特征值 $\lambda,\bar{\lambda}$ 的实部 α 为负时,此时对数螺线当 $t\to+\infty$ 时趋向于原点;当 $\alpha>0$ 时,则离开原点(图 124).

在 $\alpha=0$ 时(图 125),相曲线是一族同心椭圆,以奇点作为它们的中心. 此时,变换称为椭圆旋转.

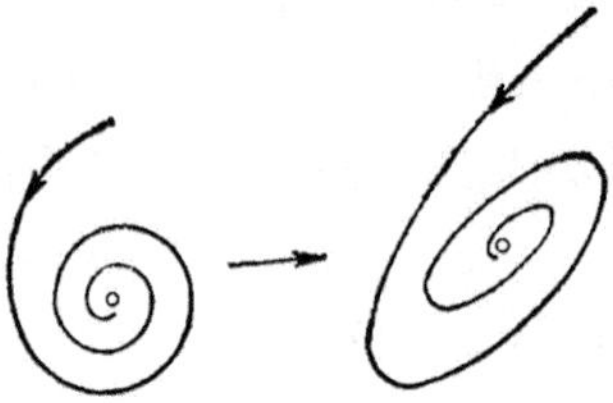

图 124 对数螺线的仿射像

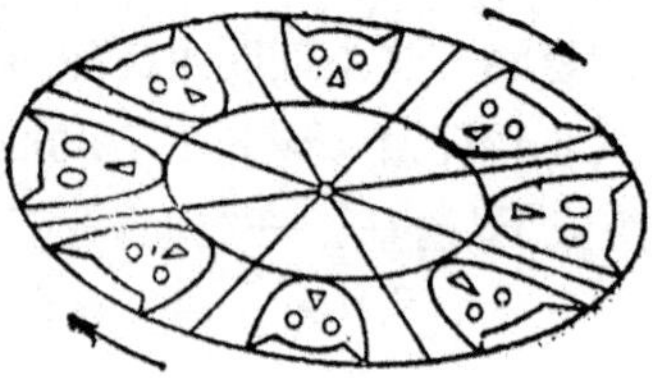

图 125 椭圆旋转

20.4 平面上奇点的分类

现在设

$$\dot{\mathbf{x}}=A\mathbf{x},\quad \mathbf{x}\in\mathbf{R}^2,\quad A:\mathbf{R}^2\to\mathbf{R}^2$$

是平面上的任意线性方程,并假设特征方程的根 λ_1, λ_2 是不相同的. 若根是实的且 $\lambda_1<\lambda_2$,则方程可分解为两个一维的方程,我们得到在第一章中已经研究过的情形中的一种(图 126, 127, 128).

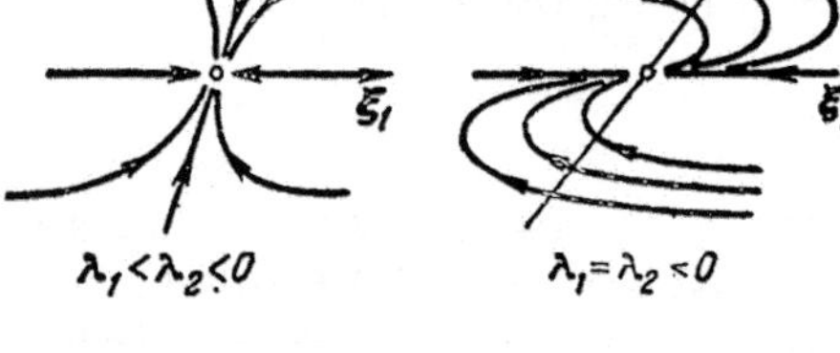

图 126 稳定结点

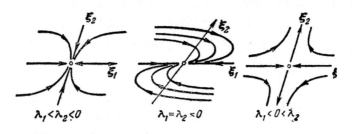

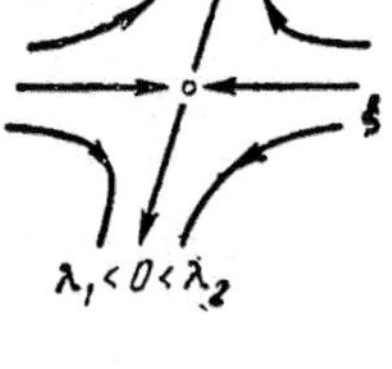

图 127 鞍点

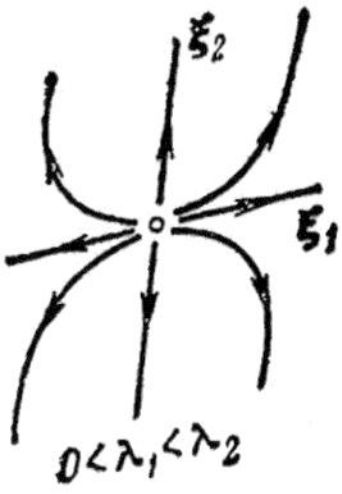

图 128　不稳定结点

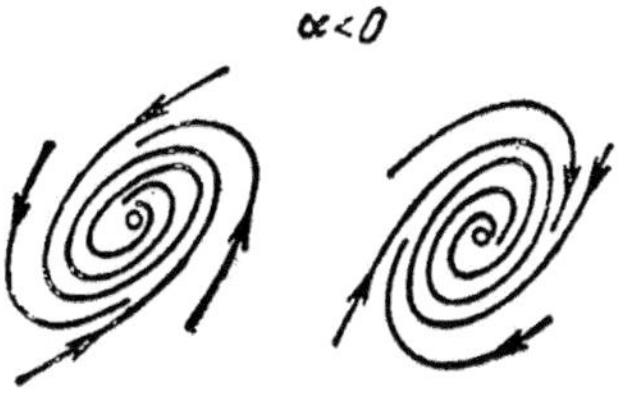

图 129　稳定焦点

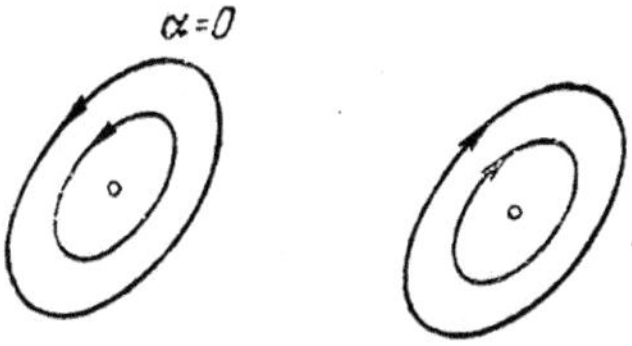

图 130　中心

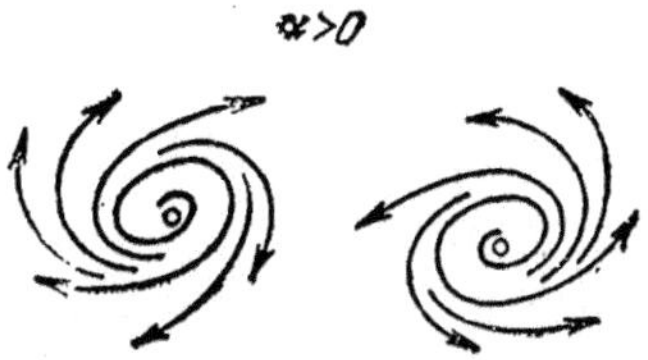

图 131　不稳定焦点

在这里我们略去了 λ_1 或 λ_2 等于零的边界情况. 对于这些情况,我们没有多大兴趣,因为它们很少遇到并且在任意的小扰动下都不能保持;对它们的研究可以毫无困难地进行.

如果根是复的,因而 $\lambda_{1,2}=\alpha\pm i\omega$,则根据 α 的符号,我们可得到在图 129, 130, 131 中所示的情况中的一种. 中心的情况是例外的,但是经常会遇到,例如在保守系统中(见 § 12). 重根的情况也是例外的. 作为一个练习,读者应当验证: 在图 126 中所示的情形对应于具有 $\lambda_1=\lambda_2<0$ 的若当(Jordan)块 (“退化结点”).

20.5　例: 具有摩擦的单摆

现在把提到过的每一理论应用到具有摩擦的单摆小振动方程

$$\ddot{x}=-x-k\dot{x}$$

中 (k 为摩擦系数).

等价系统

$$\begin{cases}\dot{x}_1 = x_2, \\ \dot{x}_2 = -x_1 - kx_2,\end{cases}$$

有矩阵

$$\begin{pmatrix} 0 & 1 \\ -1 & -k \end{pmatrix},$$

其行列式为 1，迹为 $-k$. 对应的特征方程

$$\lambda^2 + k\lambda + 1 = 0$$

当 $|k| < 2$ 时，即当摩擦不太大时，具有复根[1].

每个复根

$$\lambda_{1,2} = \alpha \pm i\omega$$

的实部等于 $-k/2$. 因此，若摩擦系数是正的，且不很大 $(0<k<2)$，则单摆的最低平衡位置 $(x_1 = x_2 = 0)$ 是稳定焦点. 当 $k \to 0$ 时，焦点变为中心. 当 $t \to +\infty$ 时，摩擦系数愈小，相点趋于平衡位置愈慢(图 132). 关于 $x_1 = x$ 随时间变化的显式可从 § 20.3 的推论 2 和 § 19.4 的公式得出. 因此

$$x(t) = re^{\alpha t}\cos(\omega t - \theta) = Ae^{\alpha t}\cos\omega t + Be^{\alpha t}\sin\omega t,$$

此处系数 r 和 θ (或 A 和 B)可由初始条件确定.

因此单摆的振动是衰减的，它具有可变振幅 $re^{\alpha t}$ 和周期 $2\pi/\omega$. 摩擦系数愈大，振幅减少愈快[2]. 当摩擦系数 k 增加时，频率

$$\omega = \sqrt{1 - \frac{k^2}{4}}$$

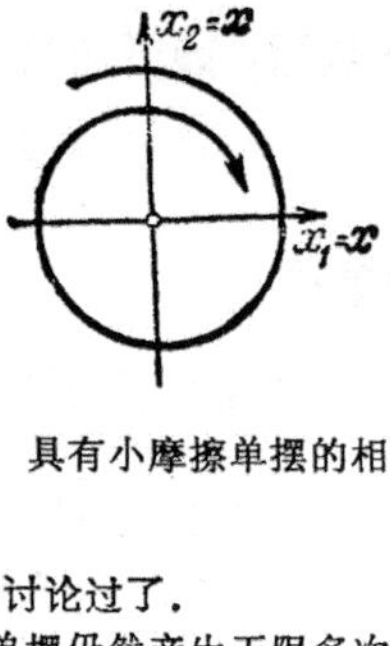

图 132　具有小摩擦单摆的相曲线

1) 实根的情况已在 § 17.2 中讨论过了.

2) 但是，对任意 $k<2$ 的值，单摆仍然产生无限多次摆动；然而若 $k > 2$，单摆改变它的运动方向决不会超过一次.

减少．当 $k\to 2$ 时，频率趋于零，周期趋向∞(图 133)．对小的 k，我们有

$$\omega\approx 1-\frac{k^2}{8},\quad k\to 0.$$

因此摩擦只使周期有轻微的增加，在许多计算中，摩擦对频率的影响可以忽略．

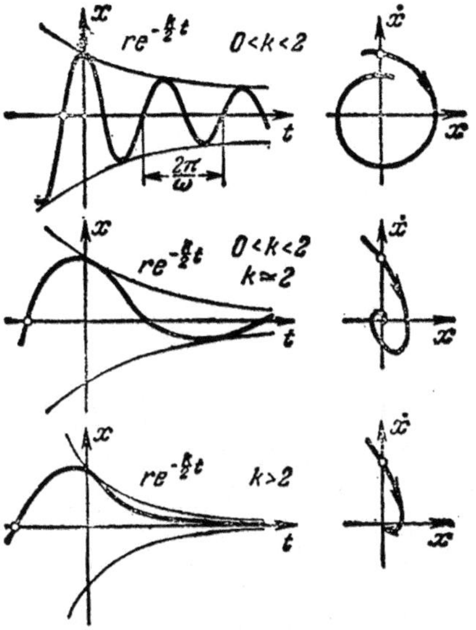

图 133　单摆的衰减振动过渡到非振动的运动：摩擦系数取三种数值时相曲线和解的图形

图 134　具有小摩擦单摆的相平面．在经过一定的转数后，单摆开始在下平衡位置附近摆动

问题 1　画出具有摩擦的非线性单摆

$$\ddot{x}=-\sin x-k\dot{x}$$

的相曲线(图 134).

提示　计算总能量沿着相曲线的导数.

20.6　特征方程具有单根时线性方程的通解

我们已经知道复化方程的每一个解 $\boldsymbol{\varphi}$ 是指数函数的线性组合(见 § 19.5):

$$\boldsymbol{\varphi}(t)=\sum_{k=1}^{n} c_k e^{\lambda_k t}\boldsymbol{\xi}_k,$$

此处 $\boldsymbol{\xi}_k$ 是具有特征值 λ_k 的任何一个特征向量; 当特征值是实数时,我们选取实特征向量; 当特征值是共轭复数时,我们选取复共轭特征向量. 此外, 我们也知道实方程的解是它的复化方程具有实初始条件时的解. 向量 $\boldsymbol{\varphi}(0)$ 是实的必要和充分条件是

$$\sum_{k=1}^{n} c_k\boldsymbol{\xi}_k=\sum_{k=1}^{n} \bar{c}_k\bar{\boldsymbol{\xi}}_k.$$

为此我们要求:实向量的系数必须是实数,复共轭向量的系数必须是复共轭的. 进一步注意几个复常数 $c_1, c_2, \cdots, c_n$ 由复方程的解唯一地决定(对于选定的特征向量来说). 这就证明了下面的定理

定理　实方程的每一个解具有形如

$$\boldsymbol{\varphi}(t)=\sum_{k=1}^{\nu} a_k e^{\lambda_k t}\boldsymbol{\xi}_k+\sum_{k=\nu+1}^{\nu+\mu}\left(c_k e^{\lambda_k t}\boldsymbol{\xi}_k+\bar{c}_k e^{\bar{\lambda}_k t}\bar{\boldsymbol{\xi}}_k\right) \quad (3)$$

的表达式(对于选定的特征向量来说),这里 a_k 是实常数, c_k 是复常数.

公式(3)称为方程的通解. 我们也能够把(3)写成形式

$$\boldsymbol{\varphi}(t)=\sum_{k=1}^{\nu} a_k e^{\lambda_k t}\boldsymbol{\xi}_k+2\operatorname{Re}\sum_{k=\nu+1}^{\nu+\mu} c_k e^{\lambda_k t}\boldsymbol{\xi}_k.$$

注意通解依赖于 $\nu+2\mu=n$ 个实常数 a_k, $\operatorname{Re} c_k$ 和 $\operatorname{Im} c_k$. 这些常数是由初始条件唯一确定的.

推论 1　设 $\boldsymbol{\varphi}=(\varphi_1, \varphi_2, \cdots, \varphi_n)$ 是具有矩阵 A 的 n 个一阶实线性微分方程的方程组的解; 假定矩阵 A 的特征方程的根全是

单根，此处实根记成 λ_k，复根记成 $\alpha_k \pm i\omega_k$，则每一个解 φ_m 是函数

$$e^{\lambda_k t}, \quad e^{\alpha_k t}\cos\omega_k t, \quad e^{\alpha_k t}\sin\omega_k t \tag{4}$$

的线性组合.

证明 设 $\boldsymbol{\varphi} = \varphi_1\mathbf{e}_1 + \varphi_2\mathbf{e}_2 + \cdots + \varphi_n\mathbf{e}_n$ 是通解(3)关于坐标基 $\mathbf{e}_1, \mathbf{e}_2, \cdots, \mathbf{e}_n$ 的展开式，记住

$$e^{(\alpha_k \pm i\omega_k)t} = e^{\alpha_k t}(\cos\omega_k t \pm i\sin\omega_k t).$$ □

在实践中为了解线性方程组，我们可以用待定系数法去求出形式为函数(4)的线性组合的解.

推论 2 设 A 是具有实特征值 λ_k 和复特征值 $\alpha_k \pm i\omega_k$ 的实矩阵，这些特征值全是单重的．则矩阵 e^{tA} 的每一个元素是函数(4)的线性组合.

证明 矩阵 e^{tA} 的每一列，是具有矩阵 A 的微分方程组的相流作用下的基向量的像的分量组成. □

注 以上所述的每一件事立刻可以搬到阶数高于 1 的方程组和方程上去，因为它们可化为一阶方程组(见 § 9).

问题 1 求出方程

$$x^{(4)} + 4x = 0, \quad x^{(4)} = x, \quad \dddot{x} + x = 0$$

的所有实解.

§ 21 线性系统的奇点分类

如上所述，一般实的线性系统(它的特征方程没有重根)可化为一维和二维系统的直积．由于一维和二维系统已经研究过了，因此现在我们能够研究多维系统.

21.1 例：三维空间的奇点

这里的特征方程是实的三次方程．这方程或者有三个实根或者有一个实根和两个复根．按照复变数 λ 平面上根 $\lambda_1, \lambda_2, \lambda_3$ 的排列，可以出现许多不同的情况．考察根的实部的顺序及符号，我们发现有 10 种可能出现的“非退化”情形(图 135)，以及若干“退化”

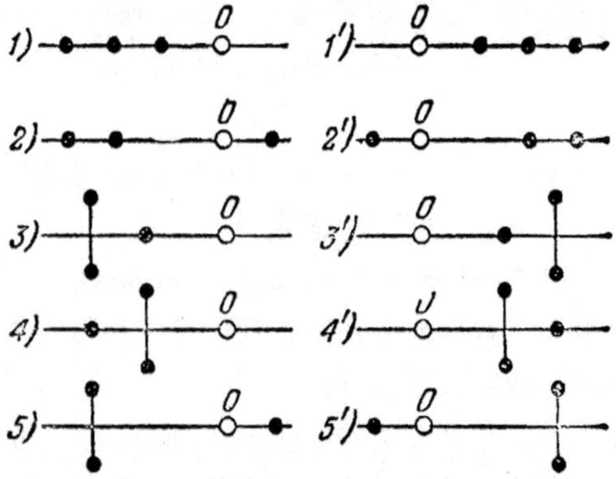

图 135 实算子 $A:\mathbf{R}^3\to\mathbf{R}^3$ 的特征值. 非退化的情形

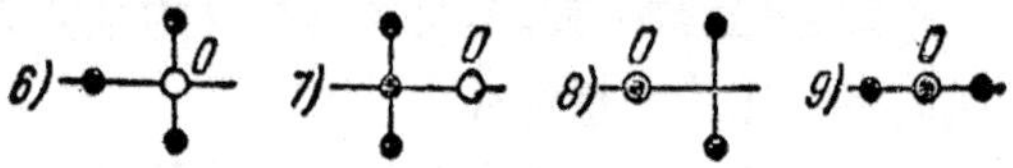

图 136 一些退化的情形

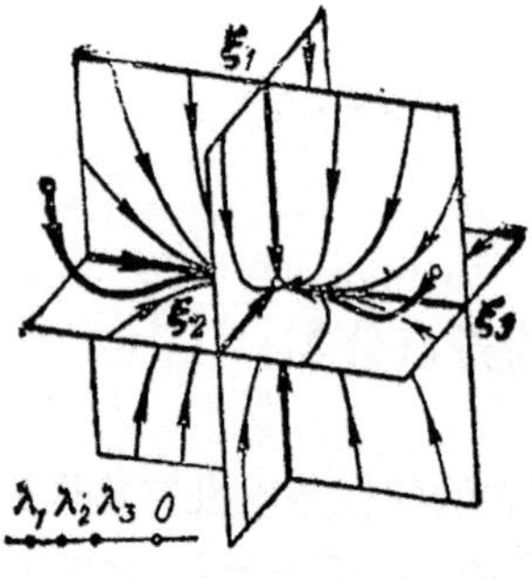

图 137 在 $\lambda_1<\lambda_2<\lambda_3<0$ 时的线性方程的相空间. 相流在三个方向上都是收缩的

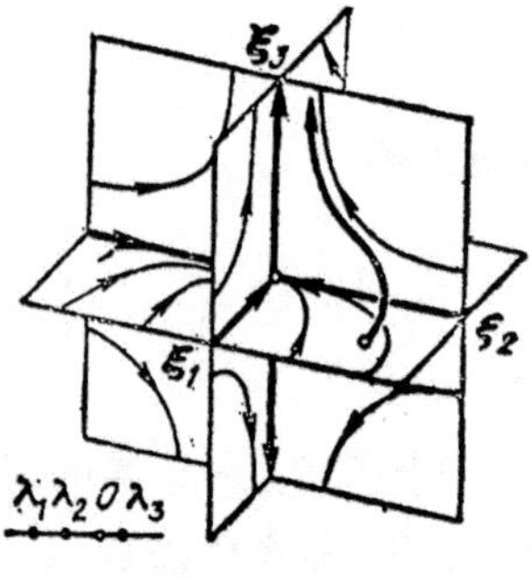

图 138 $\lambda_1<\lambda_2<0<\lambda_3$ 的情形: 在两个方向上收缩,在第三个方向上伸展

情形(例如,见图 136). 此处根中某一个 λ_k 的实部为零或等于不与 λ_k 共轭的那一个根的实部(这里我们不考虑重根情形). 讨论以上出现的每种情况的相曲线的性态是没有困难的.

记住,若 $\operatorname{Re}\lambda<0$,当 $t\to+\infty$ 时,$e^{\lambda t}$ 趋于 0. ($\operatorname{Re}\lambda$ 愈小,趋于零愈快). 我们得到表示在图 137 ~ 图 141 中的相曲线

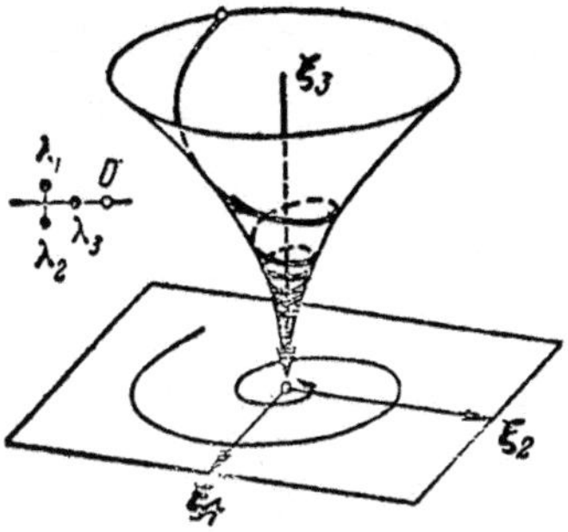

图 139　Re $\lambda_{1,2}<\lambda_3<0$ 的情形：在 ξ_3 方向收缩，在 ξ_1 和 ξ_2 平面上以较快的收缩而旋转

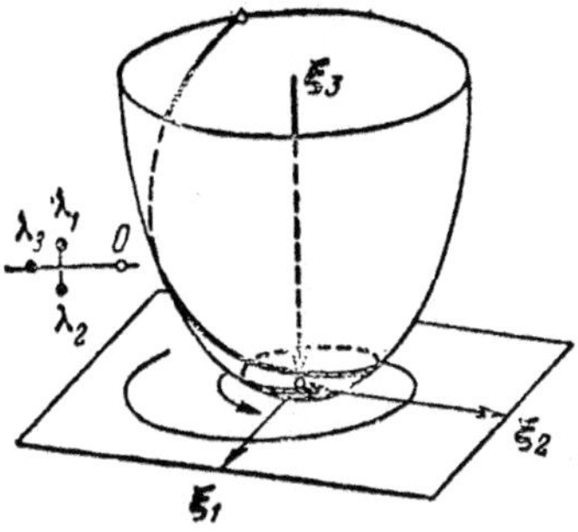

图 140　$\lambda_3<$Re $\lambda_{1,2}<0$ 的情形：在 ξ_2 方向收缩，在 ξ_1 和 ξ_2 平面上以较慢的收缩而旋转

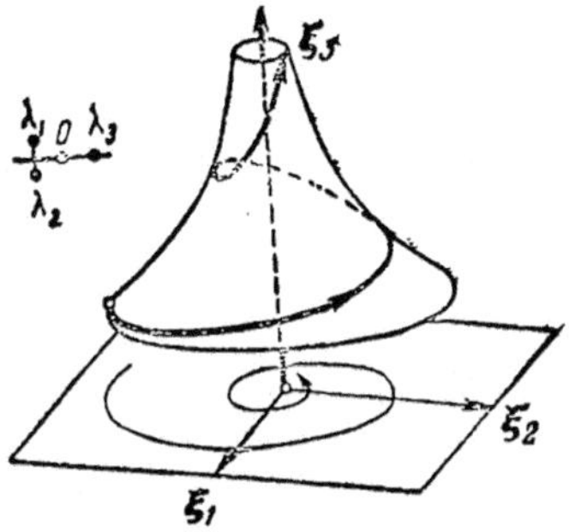

图 141　Re $\lambda_{1,2}<0$ 的情形：在 ξ_3 方向伸展，在 ξ_1 和 ξ_2 平面上带有收缩的旋转

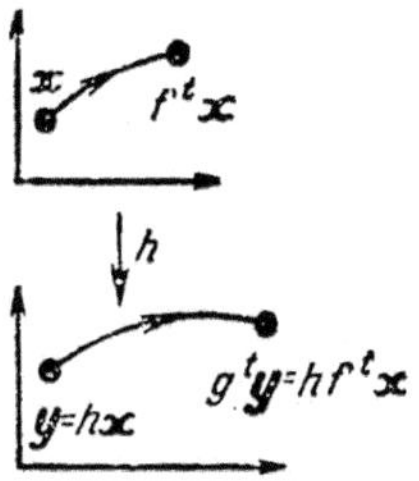

图 142　等价流

$$\varphi(t)=\mathrm{Re}(c_1e^{\lambda_1 t}\boldsymbol{\xi}_1+c_2e^{\lambda_2 t}\boldsymbol{\xi}_2+c_3e^{\lambda_3 t}\boldsymbol{\xi}_3).$$

情形 1′)～5′) 是从情形 1)～5) 中改变 t 轴方向而得到的，因此，相应地我们只要倒转图 137～图 141中的所有箭头方向就可以了.

问题 1　描绘在图 136 中情形 6)～9) 的相曲线.

21.2　线性等价、微分等价、和拓扑等价

这些分类中的每一个都是以某些等价关系为基础的．对线性系统来说，至少存在三个合理的等价关系，它们分别和代数映射、可微映射和拓扑映射相对应.

定义 两个相流 $\{f^t\}$, $\{g^t\}$: $\mathbf{R}^n \to \mathbf{R}^n$ 称为是等价的[1]，若存在一个一对一的映射 h: $\mathbf{R}^n \to \mathbf{R}^n$，将相流$\{f^t\}$映入相流$\{g^t\}$；使得对每一个 $t \in \mathbf{R}$ 有 $h \circ f^t = g^t \circ h$（图 142）.（于是我们说"用坐标变换 h 把相流 $\{f^t\}$ 变换为相流 $\{g^t\}$".）在这些条件下，相流称为

1）线性等价　如果问题中的映射 h: $\mathbf{R}^n \to \mathbf{R}^n$ 是一个线性自同构；

2）微分等价　如果映射 h: $\mathbf{R}^n \to \mathbf{R}^n$ 是一个微分同胚；

3）拓扑等价　如果映射 h: $\mathbf{R}^n \to \mathbf{R}^n$ 是一个同胚；也就是，如果 h 是一对一的且是双方连续的映射.

问题 1　证明线性等价蕴含着微分等价，而微分等价蕴含着拓扑等价.

注　注意映射 h 将相流$\{f^t\}$的相曲线映入相流$\{g^t\}$的相曲线.

问题 2　每一个将相流$\{f^t\}$的相曲线映入相流$\{g^t\}$的相曲线的线性自同构 $h \in GL(\mathbf{R}^n)$ 是否在相流之间建立了一个线性等价？

答　不是.

提示　设 $n=1$, $f^t x = e^t x$, $g^t x = e^{2t} x$.

问题 3　证明：线性等价、微分等价及拓扑等价关系实质上是等价关系，即

$$f \sim f,\ f \sim g \Rightarrow g \sim f,\ f \sim g,\ g \sim k \Rightarrow f \sim k.$$

特别，上述的每一个概念对于线性系统的相流是适用的. 为了简洁起见，我们将讨论系统的自身等价性. 因此，我们已经用三种对应于线性等价、微分等价、和拓扑等价的方法，把所有线性系统划分为等价类. 我们现在更加详尽地研究这些类.

21.3 线性分类

定理　设 A, B: $\mathbf{R}^n \to \mathbf{R}^n$ 是所有特征值为单重的线性算子，则系统

$$\dot{\mathbf{x}} = A\mathbf{x}, \quad \mathbf{x} \in \mathbf{R}^n,$$

1）术语"共轭"和"相似"有时当作这里定义的"等价"的同义词.

$$\dot{\mathbf{y}} = B\mathbf{y}, \quad \mathbf{y} \in \mathbf{R}^n$$

是线性等价的当且仅当算子 A, B 的特征值相互重合.

证明 由于 $\dot{\mathbf{y}} = h\dot{\mathbf{x}} = hA\mathbf{x} = hAh^{-1}\mathbf{y}$,因此线性系统线性等价的必要和充分条件就是对某些 $h \in GL(\mathbf{R}^n)$ 有 $B = hAh^{-1}$ (图 143). 但算子 A 和 hAh^{-1} 的特征值是重合的(这里特征值的单重性是不重要的).

反之,假定 A 的特征值是单重的,并且和 B 的特征值相重合. 则根据 §20, A 和 B 可分解同样的(线性等价的)一维和二维系统的直积. 因此,A 和 B 是线性等价的. □

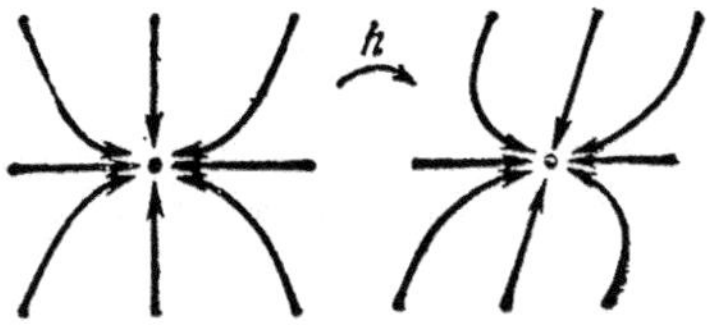

图 143 线性等价系统

问题 1 证明系统

$$\begin{cases} \dot{x}_1 = x_1, \\ \dot{x}_2 = x_2, \end{cases} \quad \begin{cases} \dot{x}_1 = x_1 + x_2, \\ \dot{x}_2 = x_2 \end{cases}$$

不是线性等价的,虽然它们的特征值是相互重合的.

21.4 微分分类

下面的定理几乎是显然的.

定理 两个线性系统

$$\dot{\mathbf{x}} = A\mathbf{x}, \quad \dot{\mathbf{x}} = B\mathbf{x}, \quad \mathbf{x} \in \mathbf{R}^n$$

是微分等价的[1]当且仅当它们是线性等价的.

证明 设 $h: \mathbf{R}^n \to \mathbf{R}^n$ 是将系统 A 的相流映入系统 B 的相流的微分同胚. 点 $\mathbf{x} = 0$ 是系统 A 的相流的不动点. 因此 h 把 0 变

1) 不要认为建立系统间等价的每一微分同胚都是线性的(例如,设 $A = B = 0$).

为系统 B 的相流的一个不动点 $\mathbf{c}$，以致 $B\mathbf{c}=0$. 因为

$$\frac{d}{dt}(\mathbf{x}-\mathbf{c})=\dot{\mathbf{x}}=B\mathbf{x}=B(\mathbf{x}-\mathbf{c}),$$

所以移动 $\mathbf{c}$ 的微分同胚 $\delta\colon \mathbf{R}^n\to\mathbf{R}^n(\delta\mathbf{x}=\mathbf{x}-\mathbf{c})$，将 B 的相流映入它自身，而微分同胚

$$h_1=\delta\circ h\colon\mathbf{R}^n\to\mathbf{R}^n$$

将 A 的相流映入 B 的相流，并保持 0 不变：$h_1(0)=0$.

现在设 $H\colon \mathbf{R}^n\to\mathbf{R}^n$ 是在 0 点微分同胚 h_1 的导数，因此

$$H=h_{1*}|_0\in GL(\mathbf{R}^n).$$

微分同胚 $h_1\circ e^{tA}$ 和 $e^{tB}\circ h_1$ 对所有的 t 都重合，因此，它们在 $\mathbf{x}=0$ 点的导数也重合，即

$$He^{tA}=e^{tB}H.$$ □

§22 奇点的拓扑分类

考虑两个线性系统

$$\dot{\mathbf{x}}=A\mathbf{x},\quad \dot{\mathbf{x}}=B\mathbf{x},\quad \mathbf{x}\in\mathbf{R}^n,$$

它们的所有特征值有非零的实部. 设 m_- 表示具有负实部的特征值的数目，m_+ 表示具有正实部的特征值的数目，因此

$$m_-+m_+=n.$$

22.1 定理

所有特征值的实部不为零的两个线性系统拓扑等价的必要和充分条件是在两个系统中有负(因此正)实部的特征值的数目是相同的.

$$m_-(A)=m_-(B),\quad m_+(A)=m_+(B).$$

例如，此定理断定，稳定结点和焦点(图 144)是彼此拓扑等价的 $(m_-=2)$，但不和鞍点 $(m_-=m_+=1)$ 拓扑等价.

正如非退化二次型的惯性指数，数 m_- (或 m_+) 是线性系统的

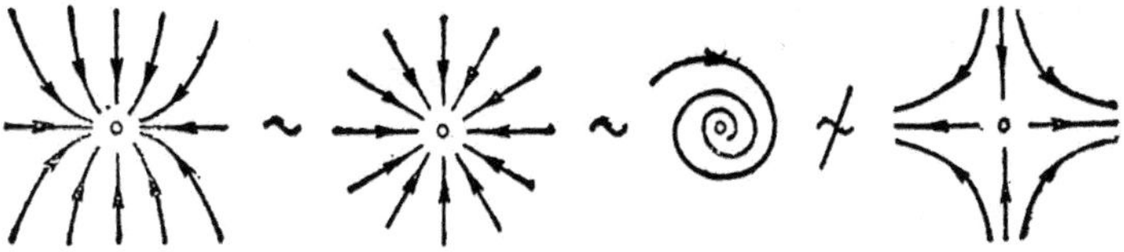

图 144　拓扑等价和不等价系统

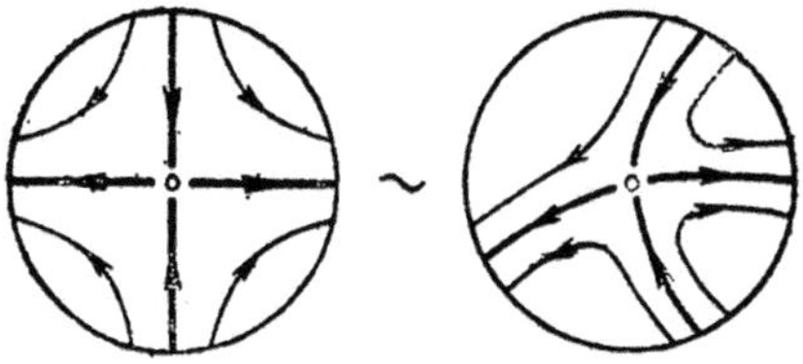

图 145　一系统和它的线性化系统间的拓扑等价

唯一的拓扑不变量.

注　对线性部分没有纯虚数特征值的非线性系统，类似的结论局部地(在不动点的邻域内)有效. 特别,在不动点的邻域内,这系统是和它自己的线性部分拓扑等价的(图 145). 这里我们将不涉及这个在非线性系统的研究中有着重大作用的命题的证明.

22.2　情况 $m_- = 0$ 的简化

具有相同数值 m_- 和 m_+ 的线性系统拓扑等价性是下面三个引理的结果:

引理 1　拓扑等价系统的直积是拓扑等价的. 更严格地，若由算子

$$A_1,\ B_1: \mathbf{R}^{m_1} \to \mathbf{R}^{m_1},\quad A_2,\ B_2: \mathbf{R}^{m_2} \to \mathbf{R}^{m_2}$$

所确定的系统可以用同胚映射

$$h_1: \mathbf{R}^{m_1} \to \mathbf{R}^{m_1},\quad h_2: \mathbf{R}^{m_2} \to \mathbf{R}^{m_2}$$

彼此相互变换，则存在一个同胚映射

$$h: \mathbf{R}^{m_1} + \mathbf{R}^{m_2} \to \mathbf{R}^{m_1} + \mathbf{R}^{m_2}$$

将直积系统

$$\dot{\mathbf{x}}_1 = A_1\mathbf{x}_1,\quad \dot{\mathbf{x}}_2 = A_2\mathbf{x}_2$$

的相流映入直积系统

$$\dot{\mathbf{x}}_1 = B_1\mathbf{x}_1, \quad \dot{\mathbf{x}}_2 = B_2\mathbf{x}_2$$

的相流.

证明 只要简单地设

$$h(\mathbf{x}_1,\mathbf{x}_2) = (h(\mathbf{x}_1), h(\mathbf{x}_2)). \qquad \square$$

下面的引理在线性代数教程中是已经熟悉的.

引理 2 若算子 A: $\mathbf{R}^n \to \mathbf{R}^n$ 没有纯虚数的特征值,则在算子 A 下空间 $\mathbf{R}^n$ 可分解为两个不变子空间的直和

$$\mathbf{R}^n = \mathbf{R}^{m_-} + \mathbf{R}^{m_+},$$

并使 A 在 $\mathbf{R}^{m_-}$的限制的全部特征值具有负实部，而 A 在 $\mathbf{R}^{m_+}$的限制的全部特征值具有正实部(图 146).

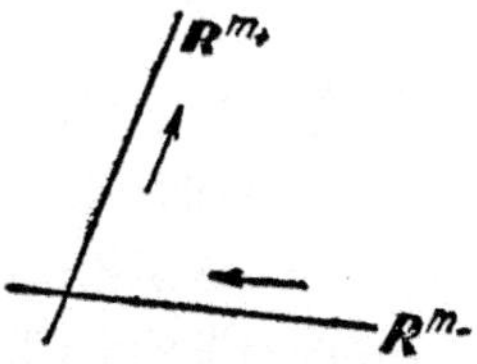

图 146 没有纯虚数特征值的算子的不变子空间

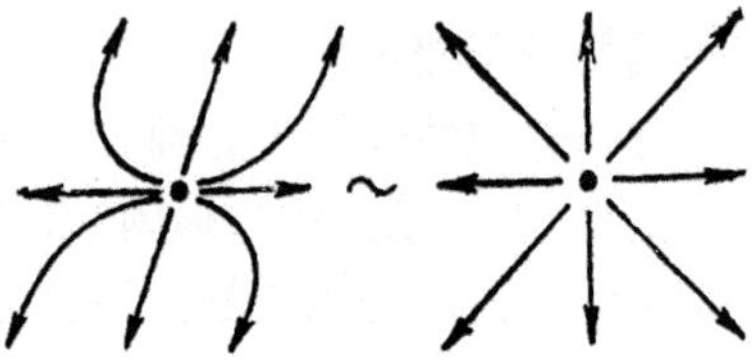

图 147 所有不稳定结点都是拓扑等价的

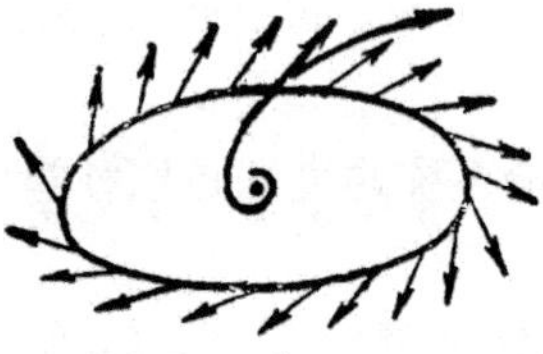

图 148 李亚普诺夫(Lyapunov)函数的水平面

证明 例如,可根据若当标准形的定理得出. $\square$

引理 1 和引理 2 把拓扑等价的证明简化为下列特殊情形.

引理 3 设 A 为所有特征值有正实部的线性算子，则系统

$$\dot{\mathbf{x}} = A\mathbf{x}, \quad \mathbf{x} \in \mathbf{R}^n$$

拓扑等价于标准系统(图 147):

$$\dot{\mathbf{x}} = \mathbf{x}, \quad \mathbf{x} \in \mathbf{R}^n.$$

证明 在一维情形和在平面上的焦点情形引理几乎是显然的，因此，由引理1，无重根的任何系统引理也对．一般情况下引理的证明将在后面给出． □

22.3 李亚普诺夫函数

引理 3 的证明是根据一个特殊的二次型的构造，这个二次型称为李亚普诺夫函数．

定理 设 A：$\mathbf{R}^n \to \mathbf{R}^n$ 是所有特征值有正实部的线性算子．则在 $\mathbf{R}^n$ 中存在一个欧几里得结构，使得在每一点 $\mathbf{x} \neq 0$ 的向量 $A\mathbf{x}$ 和向径 $\mathbf{x}$ 相交成锐角．

换句话说：

在 $\mathbf{R}^n$ 中存在一个正定二次型 r^2 使得它在向量场 $A\mathbf{x}$ 方向的导数是正的，即

$$L_{A\mathbf{x}} r^2 > 0 \qquad \forall\, \mathbf{x} \neq 0. \tag{1}$$

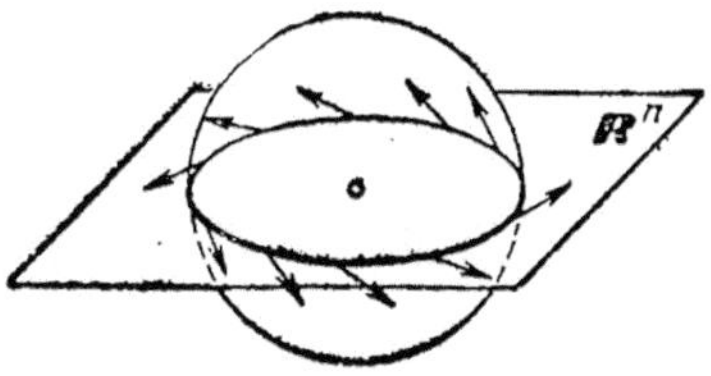

图 149 在 C^n 中李亚普诺夫函数的水平面

图 150 在 $n=1$ 情形式(4)的正定性

另一种说法是：

在 $\mathbf{R}^n$ 中存在以 O 为中心的椭面，使得在椭面的每一点 $\mathbf{x}$，向量 $A\mathbf{x}$ 是指向外的(图 148)．

所有三种表达形式的等价性是容易验证的．我们将证明第二种表达形式的定理(后面要用到)．在复数时，这证明是非常方便的．

假定算子 ${}^{\mathrm{C}}A$：$C^n \to C^n$ 的所有特征值有正实部．则存在一个正定二次型 r^2：$C^n \to \mathbf{R}$ 它沿着向量场 ${}^{\mathrm{C}}A\mathbf{z}$ 方向的导数是正定二

次型:

$$L_{\mathrm{C}_{A\mathbf{z}}} r^2 > 0 \quad \forall \mathbf{z} \neq 0. \tag{2}$$

在算子${}^{\mathrm{C}}\!A$是实算子的复化和 z 属于实子空间时(图 149),应用不等式(2),我们得到实的定理 (1).

22.4 李亚普诺夫函数的构造

在适当的复数基下, 我们将选择坐标的模的平方和 r^2 作为李亚普诺夫函数

$$r^2 = (\mathbf{z}, \bar{\mathbf{z}}) = \sum_{k=1}^{n} z_k \cdot \bar{z}_k.$$

在固定基下,我们可以把向量 $\mathbf{z}$ 和一组数 $z_1, z_2 \cdots z_n$ 看成相同的,算子 ${}^{\mathrm{C}}\!A: \mathbf{C}^n \to \mathbf{C}^n$ 和矩阵${}^{\mathrm{C}}\!A(a_{kl})$ 看成相同的.现在的计算表明导数是二次型

$$L_{\mathrm{C}_{A\mathbf{z}}}(\mathbf{z}, \bar{\mathbf{z}}) = ({}^{\mathrm{C}}\!A\mathbf{z}, \bar{\mathbf{z}}) + (\mathbf{z}, {}^{\mathrm{C}}\!A\mathbf{z}) = 2\,\mathrm{Re}({}^{\mathrm{C}}\!A\mathbf{z}, \bar{\mathbf{z}}). \tag{3}$$

如果基是特征基,这个函数就是正定的 (图 150). 事实上, 我们有

$$2\,\mathrm{Re}\,(A\mathbf{z}, \bar{\mathbf{z}}) = 2\sum_{k=1}^{n} \mathrm{Re}\,\lambda_k |z_k|^2. \tag{4}$$

但是由假设知道所有特征值 λ_k 的实部是正的,因此式 (4) 是正定的.

如果算子 A 没有特征基,则有"几乎正常"的基,它们能同样成功地用来构造李亚普诺夫函数. 更严格地,我们有

引理 4 设 $A: \mathbf{C}^n \to \mathbf{C}^n$ 是一个 $\mathbf{C}$ 线性算子; $\varepsilon > 0$, 则在 $\mathbf{C}^n$ 中可以选择基 $\boldsymbol{\xi}_1, \boldsymbol{\xi}_2, \cdots, \boldsymbol{\xi}_n$, 在这组基下, 矩阵 A 有"上三角" 形式,且其主对角线上方的所有元素的模小于 ε ,即

$$(A) = \begin{pmatrix} \lambda_1 & & < \varepsilon \\ & \ddots & \\ 0 & & \lambda_n \end{pmatrix}.$$

证明 使矩阵成为上三角形的基的存在性,例如,可从若当标准型定理得到.

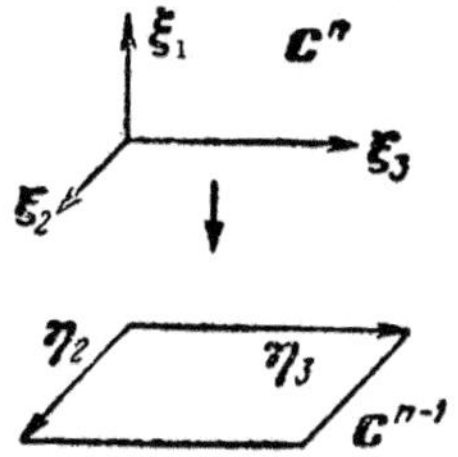

图 151　在算子的矩阵是三角形时基的构造

只要利用每一个线性算子 A: $\mathbf{C}^n \to \mathbf{C}^n$ 有一个特征向量这一事实，并通过对 n 作归纳法，我们就容易构造这样的一组基．设 $\boldsymbol{\xi}_1$ 就是这样的向量(图 151)，考虑商空间 $\mathbf{C}^n/\mathbf{C}\boldsymbol{\xi}_1 \cong \mathbf{C}^{n-1}$．则算子 A 决定了一个商空间的算子 $\tilde{A}$: $\mathbf{C}^{n-1} \to \mathbf{C}^{n-1}$. 令 $\boldsymbol{\eta}_2, \cdots, \boldsymbol{\eta}_n$ 是 $\mathbf{C}^{n-1}$ 中的一组基，在这组基下算子 $\tilde{A}$ 的矩阵是上三角形的，又设 $\boldsymbol{\xi}_2, \cdots, \boldsymbol{\xi}_n$ 是 $\mathbf{C}^n$ 中类 $\boldsymbol{\eta}_2, \cdots, \boldsymbol{\eta}_n$ 的任意代表．则 $\boldsymbol{\xi}_1, \boldsymbol{\xi}_2, \cdots, \boldsymbol{\xi}_n$ 就是所要求的基．

现在假定在基 $\boldsymbol{\xi}_1, \boldsymbol{\xi}_2, \cdots, \boldsymbol{\xi}_n$ 下，算子 A 的矩阵是上三角形的．则用和基向量成正比的向量代替基向量可使主对角线上方元素成为任意小．事实上，设 a_{kl} 为基 $\boldsymbol{\xi}_k$ 下算子 A 的元素，因此当 $k > l$ 时，$a_{kl} = 0$．则矩阵 A 在基 $\boldsymbol{\xi}'_k = \boldsymbol{\xi}_k/N^k$ 下的元素正好是

$$a'_{kl} = \frac{a_{kl}}{N^{l-k}}.$$

但是如果 N 充分大，则对所有 $l > k$ 就有 $|a'_{kl}| < \varepsilon$. □

在"ε 几乎正常"的基下，模的平方之和可以选作李亚普诺夫函数(对充分小的 ε)．

考虑 $\mathbf{R}^m$ 中所有二次型的集合．该集合具有线性空间 $\mathbf{R}^{m(m+1)/2}$ 的自然结构．下面结论几乎是显然的：

引理 5　$\mathbf{R}^m$ 中的正定二次型集合在 $\mathbf{R}^{m(m+1)/2}$ 中是开的．换句话说，若

$$a(\mathbf{x}) = \sum_{k,l=1}^{m} a_{kl}x_kx_l$$

是正定的，则存在 $\varepsilon>0$，使得 $|b_{kl}|<\varepsilon$(对所有 $k, l, 1 \leqslant k, l \leqslant m$)

的每一个二次型 $a(\mathbf{x})+b(\mathbf{x})$ 也是正定的.

证明 二次型 $a(\mathbf{x})$ 在单位球面

$$\sum_{k=1}^{m} x_k^2 = 1$$

上所有点都是正的，这球面是紧致的，而且这个二次型是连续的. 因此下确界是可以达到的，在球面上各点都有 $a(\mathbf{x}) \geqslant \alpha > 0$. 若 $|b_{kl}| < \varepsilon$，则在球面上

$$|b(\mathbf{x})| \leqslant \sum_{k,l=1}^{m} |b_{kl}| < m^2\varepsilon.$$

若 $\varepsilon < \frac{\alpha}{m^2}$，则二次型 $a(\mathbf{x})+b(\mathbf{x})$ 在球面上是正的，因此它是正定的. □

注 我们的推理也蕴含着每一个正定二次型 $a(\mathbf{x})$ 处处满足不等式

$$\alpha|\mathbf{x}|^2 \leqslant a(\mathbf{x}) \leqslant \beta|\mathbf{x}|^2, \quad 0 < \alpha < \beta. \tag{5}$$

问题 1 证明具有给定符号差的非退化二次型集合是开的.

例 1 二个自变量的二次型 $ax^2+2bxy+cy^2$ 的空间是具有坐标 a, b, c 的三维空间（图 152）. 根据符号差，曲面 $b^2=ac$ 把这个空间分为三个开的部分.

22.5 定理 22.3 的证明

在引理 4 中选定的“ε 几乎正常”基下，考虑坐标模的平方和沿向量场 ${}^{\mathrm{R}}A\mathbf{z}$ 的方向导数. 根据 (3)，这个导数是坐标

$$z_k = x_k + iy_k$$

的实部和虚部的二次型. 把(3)的各项中对应于矩阵 (A) 的主对角线上元素的项和对应于矩阵 (A) 的主对角线上方的元素的项分开，我们得到

$$L_{{}^{\mathbf{R}}A\mathbf{z}}\, r^2 = P + Q,$$

此处

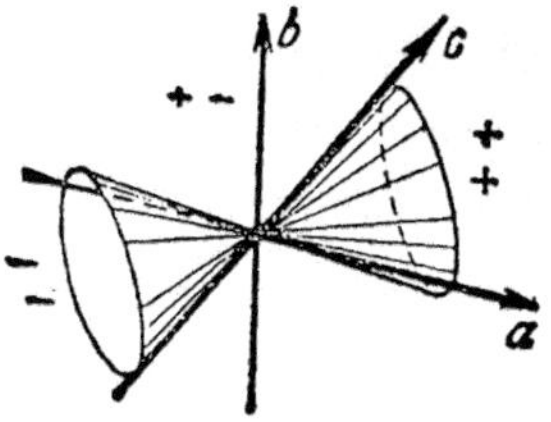

图 152 二次型空间

$$P = 2\,\mathrm{Re} \sum_{k=l} a_{kl} z_k \bar{z}_l,$$

$$Q = 2\,\mathrm{Re} \sum_{k<l} a_{kl} z_k \bar{z}_l.$$

因为三角矩阵 (A) 的主对角线上元素正好是算子 A 的特征值 λ_k，变数 x_k，y_k 的二次型

$$P = 2\,\mathrm{Re} \sum_{k=1}^{n} \lambda_k (x_k^2 + y_k^2)$$

是正定的．并且与基的选择无关[1]．由引理 5 推得：对于充分小的 ε，二次型 $P+Q$（它是接近于 P 的）也是正定的．事实上，对于充分小的 ε，在二次型 Q 中变数 x_k，y_k 的系数变为任意小（因为当 $k<l$ 有 $|a_{kl}|<\varepsilon$）．从此推出 (2)，因此也就得到 (1)．□

注 因为 $L_{Ax}r^2$ 是正定二次型，它适合形如 (5) 的不等式

$$\alpha r^2 \leqslant L_{Ax} r^2 \leqslant \beta r^2, \quad 0<\alpha<\beta. \tag{5$'$}$$

下述一系列问题导致定理 22.3 的另一种证明．

问题 2 证明：在 $\mathbf{R}^n$ 中向量场 Ax 方向的微分，给出了一个在 $\mathbf{R}^n$ 上的二次型空间到它自身的线性算子 $L_A: \mathbf{R}^{n(n+1)/2} \to \mathbf{R}^{n(n+1)/2}$．

问题 3 已知算子 A 的特征值 λ_i，求出算子 L_A 的特征值．

答 $\lambda_i + \lambda_j$，$1 \leqslant i, j \leqslant n$．

提示 假定 A 有一组特征基．则 L_A 的特征向量是由等于一对线性型乘积的二次型组成，这对线性型是和 A 对偶的算子的特征向量．

---

1) 必须注意，由形式 P 指定的映射 $\mathbf{C}^n \to \mathbf{R}$，必依赖于基的选择．

问题 4 若 A 没有一对使得 $\lambda=-\mu$ 的特征值 λ,μ，证明算子 L_A 是一个同构映射．特别，证明：若算子 A 的所有特征值的实部具有相同的符号，则 $\mathbf{R}^n$ 中每一个二次型是沿向量场 $A\mathbf{x}$ 方向的一个二次型的导数．

问题 5 证明：若算子 A 的所有特征值的实部是正的，又设二次型沿向量场 $A\mathbf{x}$ 方向的导数是正定的，则这二次型自身是正定的（因此满足定理 22.3 的全部要求）．

提示 把二次型用它的导数沿相曲线的积分表示．

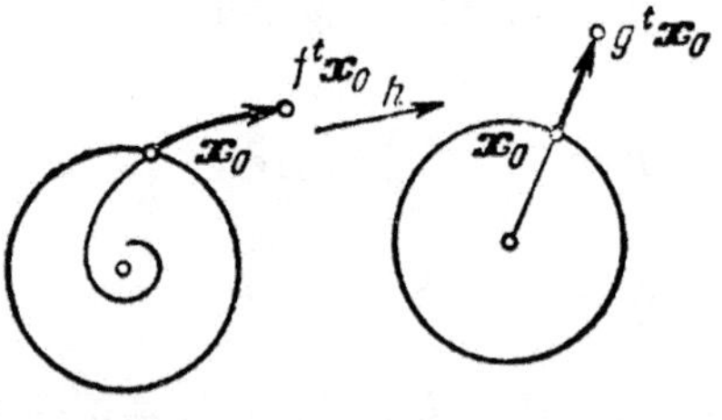

图 153　同胚映射 h 的构造

22.6　同胚映射 h 的构造

为了证明引理 3，现在我们构造一个同胚映射 $h:\mathbf{R}^n\to\mathbf{R}^n$，它将方程 $\dot{\mathbf{x}}=A\mathbf{x}$（$\mathrm{Re}\,\lambda_k>0$）的相流 $\{f^t\}$ 映入方程 $\dot{\mathbf{x}}=\mathbf{x}$ 的相流 $\{g^t\}$．设 S 是球面（或椭面）

$$S=\{\mathbf{x}\in\mathbf{R}^n:\ r^2(\mathbf{x})=1\},$$

此处 r^2 是 § 22.3 中李亚普诺夫函数，又设 h 使得

i）在 h 作用下，S 上的点不变；

ii）设 $\mathbf{x}_0$ 是 S 上的点，则 h 将方程 $\dot{\mathbf{x}}=A\mathbf{x}$ 的相轨线上的点 $f^t\mathbf{x}_0$ 映入方程 $\dot{\mathbf{x}}=\mathbf{x}$ 相轨线上的点 $g^t\mathbf{x}_0$（图 153）：

$$\begin{cases}h(f^t\mathbf{x}_0)=g^t\mathbf{x}_0 & \forall t\in\mathbf{R},\ \mathbf{x}_0\in S,\\ h(0)=0.\end{cases}\tag{6}$$

现在我们必须验证下面的事实，它的证明几乎是显然的：

1）公式（6）唯一地确定了 h 在每一点 $\mathbf{x}\in\mathbf{R}^n$ 的值；

2）映射 $h:\mathbf{R}^n\to\mathbf{R}^n$ 是一对一的且是双方连续的；

3）$h\circ f^t=g^t\circ h$．

22.7 引理3的证明

首先我们证明

引理 6 设 $\varphi: \mathbf{R}^n \to \mathbf{R}^n$ 是方程 $\dot{\mathbf{x}} = A\mathbf{x}$ 的任一非零解，并构造实变量 t 的实函数

$$\rho(t) = \ln r^2(\varphi(t)).$$

则映射 ρ: $\mathbf{R} \to \mathbf{R}$ 是微分同胚，并且

$$\alpha \leqslant \frac{d\rho}{dt} \leqslant \beta. \tag{7}$$

证明 根据唯一性定理,我们有

$$r^2(\varphi(t)) \neq 0, \ \forall t \in \mathbf{R}.$$

此外,由于(5′),因此

$$\frac{d\rho}{dt} = \frac{L_{A\mathbf{x}} r^2}{r^2}$$

满足估计(7).

推论 1 每一个点 $\mathbf{x} \neq 0$ 都可以用形式

$$\mathbf{x} = f^t \mathbf{x}_0 \tag{8}$$

表示,此处 $\mathbf{x}_0 \in S$, $t \in \mathbf{R}$, $\{f^t\}$ 是方程 $\dot{\mathbf{x}} = A\mathbf{x}$ 的相流.

证明 考虑具有初始条件 $\varphi(0) = \mathbf{x}$ 的解 φ. 根据引理 6, 对某些 τ, $r^2(\varphi(\tau)) = 1$. 点 $\mathbf{x}_0 = \varphi(\tau)$ 属于球面 S. 令 $t = -\tau$,我们得到 $\mathbf{x} = f^t \mathbf{x}_0$. □

推论 2 表达式(8)是唯一的.

证明 根据引理 6,经过 $\mathbf{x}$ 的相曲线(图 153)是唯一的,且与球面 S 交于唯一的点 $\mathbf{x}_0$. 再次利用引理 6,根据 $\rho(t)$ 的单调性得到 t 的唯一性. □

因此我们构造了一个从直线与球面的直积到除去一点的欧几里得空间上一对一映射

$$F: \mathbf{R} \times S^{n-1} \to \mathbf{R}^n \backslash 0, \quad F(t, \mathbf{x}_0) = f^t \mathbf{x}_0.$$

根据解对初始条件的连续依赖性的定理推得: F 和它的逆映射 F^{-1} 都是连续的(甚至是微分同胚的).

现在我们注意到,对标准方程 $\dot{\mathbf{x}} = \mathbf{x}$ 有

$$\frac{d\rho}{dt} = 2.$$

因此映射

$$G: \mathbf{R} \times S^{n-1} \to \mathbf{R}^n \backslash 0, \quad G(t, \mathbf{x}_0) = g^t \mathbf{x}_0$$

也是一对一的和双方连续的。根据定义(6),映射 h 与 $G \circ F^{-1}$: $\mathbf{R}^n \backslash 0 \to \mathbf{R}^n \backslash 0$

除去点 0 外处处重合．因此我们证明了 h 是一对一映射．

根据 F，F^{-1} 和 G，G^{-1} 的连续性推出 h，h^{-1} 除去点 0 外处处连续；实际上，h 除去点 0 外是一个微分同胚(图 154)，根据引理 6 得出 h 和 h^{-1} 在 0 的连续性． 这个引理使我们得到用 $r^2(\mathrm{x})$，$|\mathrm{x}|\leqslant 1$，给出 $r^2(h(\mathrm{x}))$ 的显式估计

$$(r^2(\mathrm{x}))^{2/\alpha}\leqslant r^2(h(\mathrm{x}))\leqslant(r^2(\mathrm{x}))^{2/\beta}.$$

事实上，设 $\mathrm{x}=F(t,\mathrm{x}_0)$，$t\leqslant 0$．则 $\beta t\leqslant\ln r^2(\mathrm{x})\leqslant\alpha t$，$\ln r^2(h(\mathrm{x}))=2t$．此外，对 $\mathrm{x}\neq 0$ 我们有 $\mathrm{x}=f^s\mathrm{x}_0$，因此

$$\begin{aligned}(h\circ f^t)(\mathrm{x}) &= h(f^t(f^s\mathrm{x}_0)) = h(f^{t+s}\mathrm{x}_0) = g^{t+s}\mathrm{x}_0\\ &= g^t(g^s\mathrm{x}_0) = g^t(h(\mathrm{x})) = (g^t\circ h)(\mathrm{x}).\end{aligned}$$

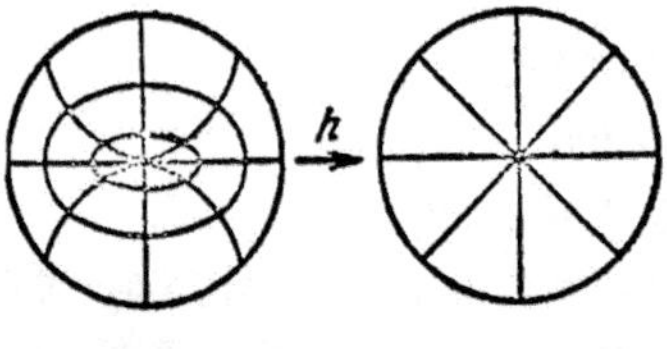

图 154　同胚映射 h 在除去点 0 外是一个微分同胚

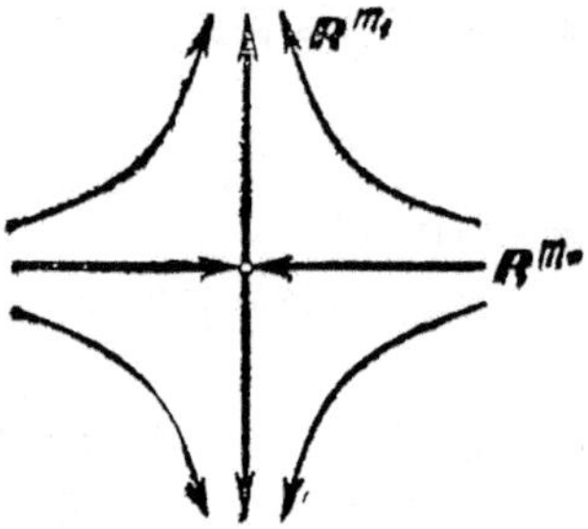

图 155　标准鞍点

而在 $\mathrm{x}=0$ 时我们也有 $(h\circ f^t)(\mathrm{x})=(g^t\circ h)(\mathrm{x})$．因此 § 22.6 1)～3) 论断的正确性终于证实，至此，引理 3 的证明已经完成． □

22.8 定理 22.1 的证明

根据引理 1、引理 2 和引理 3 推得： 每一个线性系统 $\dot{\mathbf{x}}=A\mathbf{x}$ 拓扑等价于标准的多维“鞍点”

$$\begin{cases}\dot{\mathbf{x}}_1=-\mathbf{x}_1, & \mathbf{x}_1\in\mathbf{R}^{m_-},\\ \dot{\mathbf{x}}_2=\mathbf{x}_2, & \mathbf{x}_2\in\mathbf{R}^{m_+}\end{cases}$$

(图 155)，此处算子 $A:\mathbf{R}^n\to\mathbf{R}^n$ 没有纯虚数特征值． 因此，具有相同数 m_-，m_+ 的两个这样的系统是(相互)拓扑等价的．注意：子空间 $\mathbf{R}^{m_-}$ 和 $\mathbf{R}^{m_+}$ 在相流 $\{g^t\}$ 下是不变的，当 t 增加时，$\mathbf{R}^{m_-}$ 中每一点都趋于 0．

问题1 证明：当 $t\to+\infty$ 时，$g^t\mathbf{x}\to 0$，当且仅当 $\mathbf{x}\in\mathbf{R}^{m_-}$.

因此 $\mathbf{R}^{m_-}$ 称为鞍点的进入股．同样，由条件：当 $t\to-\infty$ 时，$g^t\mathbf{x}\to 0$ 来定义的 R^{m_+} 称为鞍点的外出股.

现在我们证明定理 22.1 的第二部分，即两个拓扑等价系统中具有负实部的特征值的个数相同．这个数目正好是进入股的维数 m_-．因此，我们只要证明两个拓扑等价的鞍点进入股的维数是相同的.

我们首先注意，每一个同胚 h 将一个鞍点的相流映入另一鞍点的相流时，必须使一个鞍点的进入股映入另一鞍点的进入股(因为在同胚下当 $t\to\infty$ 时趋于 0 是被保持的)．因此，同胚 h 也建

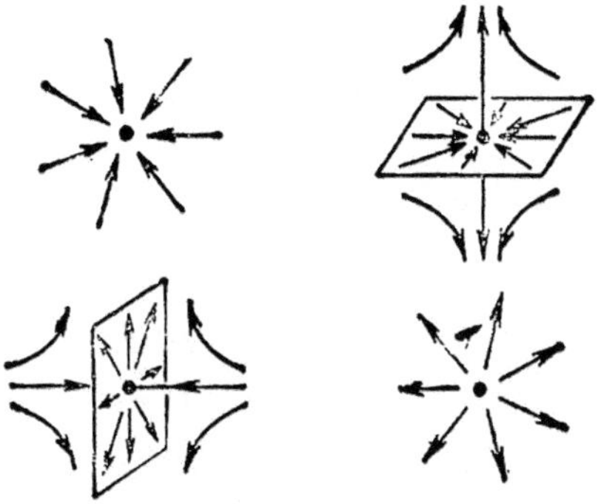

图 156　三维鞍点的股

立了将一个鞍点的进入股映入另一鞍点的进入股上的同胚映射.

股具有相同维数的结论来自下面关键的拓扑学命题:

空间 $\mathbf{R}^n$ 的维数是拓扑不变量，即同胚 h: $\mathbf{R}^m\to\mathbf{R}^n$ 只能在相同维数空间之间存在[1].

虽然这个命题似乎是"显然的"，但它的证明却不容易，这里我们不给出证明.

问题2 证明三维相空间中使得 $(m_-, m_+)=(3,0)$, $(2,1)$, $(1,2)$, $(0,$

1) 然而，存在一对一映射 $\mathbf{R}^m\to\mathbf{R}^n$，以及当 $m<n$ 时有 $\mathbf{R}^m$ 映到 $\mathbf{R}^n$ 上的连续映射(例如 $\mathbf{R}^1\to\mathbf{R}^2$).

3)的四个鞍点是拓扑不等价的(不要用未经证明的拓扑学的命题).

提示 一维股由三条相曲线组成，而多维股由无穷多条相曲线组成(图156).

因此在 $\mathbf{R}^1$, $\mathbf{R}^2$, $\mathbf{R}^3$ 中，我们已经完全证明了有非零点部的特征值的线性系统的拓扑分类. 但对于 $\mathbf{R}^n$, $n>3$, 我们不得不引用上面未经证明的关于维数的拓扑不变量命题.

问题 3 把特征值的模不为 1 的线性算子 $A: \mathbf{R}^n \to \mathbf{R}^n$ 进行拓扑分类. 证明唯一的拓扑不变量是模小于 1 的特征值的个数.

§23 平衡位置的稳定性

非线性系统平衡位置的稳定性问题，可用解决线性化系统的同一种方法来解决，只要后者在虚轴上没有特征值就行了.

23.1 李亚普诺夫稳定性

考虑方程

$$\dot{\mathbf{x}} = \mathbf{v}(\mathbf{x}), \quad \mathbf{x} \in U \subset \mathbf{R}^n, \tag{1}$$

此处 $\mathbf{v}$ 是区域 U 中的 $r>2$ 次可微向量场. 设方程(1)有一个平衡位置(图 157)，选择坐标 x_i 使平衡位置在原点: $\mathbf{v}(0)=0$. 具有初始条件 $\boldsymbol{\varphi}(t_0)=0$ 的解正好是 $\boldsymbol{\varphi}\equiv 0$. 我们感兴趣的是具有邻近初始条件的解的性态.

定义 方程(1)的平衡位置 $\mathbf{x}=0$ 称为(在李亚普诺夫意义下)稳定的，若任给 $\varepsilon>0$，存在 $\delta>0$ (只依赖于 ε，而不依赖于 t，在后面也是如此). 使得对每一个 $|\mathbf{x}_0|<\delta$[1] 的 $\mathbf{x}_0$，方程(1)具有初始条件 $\boldsymbol{\varphi}(0)=\mathbf{x}_0$ 的解 $\boldsymbol{\varphi}$，可延拓到整个半直线 $t>0$ 上，并且对所有 $t>0$ 满足不等式 $|\boldsymbol{\varphi}(t)|<\varepsilon$ (图 158).

问题 1 讨论下列方程平衡位置的李亚普诺夫稳定性:

a) $\dot{x}=0$; b) $\dot{x}=x$; c) $\begin{cases}\dot{x}_1=x_2,\\ \dot{x}_2=-x_1;\end{cases}$ d) $\begin{cases}\dot{x}_1=x_1,\\ \dot{x}_2=-x_2;\end{cases}$ e) $\begin{cases}\dot{x}_1=x_2,\\ \dot{x}_2=-\sin x_1.\end{cases}$

1) 通常，如果 $\mathrm{x}=(x_1\cdots,x_n)$，则 $|\mathrm{x}|^2=x_1^2+\cdots+x_n^2$.

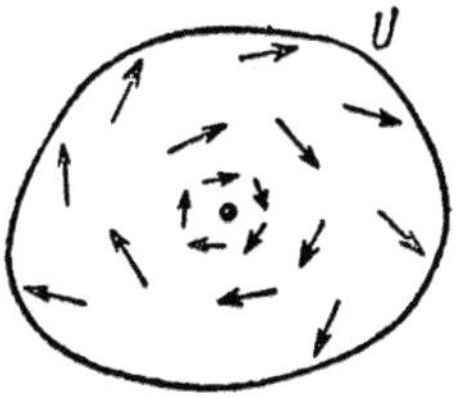

图 157　从平衡位置的充分小邻域内出发的相曲线停留在平衡位置附近吗？

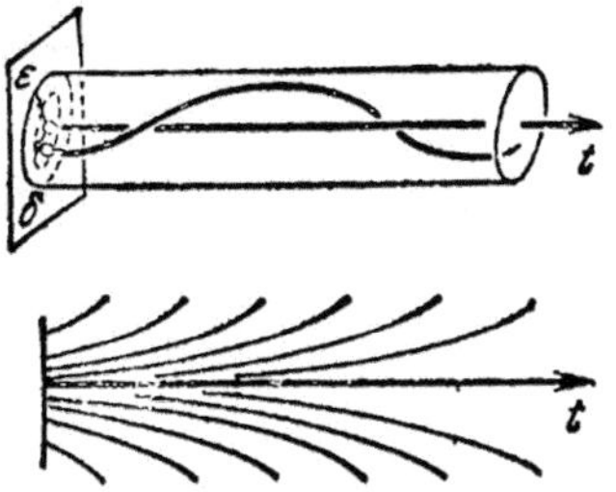

图 158　稳定和不稳定平衡位置的积分曲线性态的差别

图 159　渐近稳定平衡位置的积分曲线

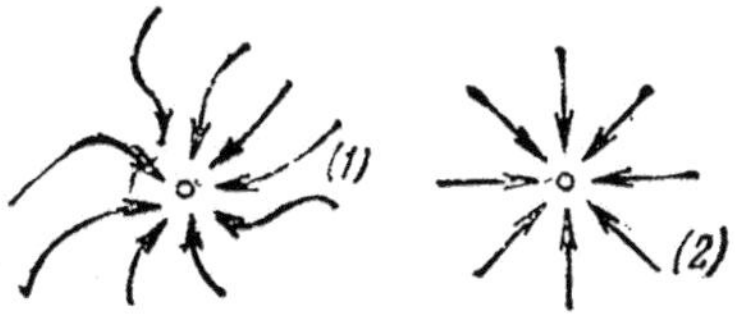

图 160　方程(1)和(2)的相曲线

问题 2　证明上面的定义是恰当的，即平衡位置的稳定性不依赖于出现在定义中的坐标系.

问题 3　假定对任意的 $N>0$, $\varepsilon>0$, 存在(1)的解 $\boldsymbol{\varphi}(t)$ 使得 $|\boldsymbol{\varphi}(0)|<\varepsilon$, 且对某些 $t>0$ 有 $|\boldsymbol{\varphi}(t)|>N|\boldsymbol{\varphi}(0)|$. 由此可得出平衡位置 $\mathbf{x}=0$ 是不稳定的吗?

23.2　渐近稳定

定义　程方(1)的平衡位置 $\mathbf{x}=0$ 称为是渐近稳定的，若它是李亚普诺夫意义下稳定的，并且假定，对位于零点的充分小邻域内具有初始条件 $\boldsymbol{\varphi}(0)$ 的每一个解 $\boldsymbol{\varphi}(t)$ 都有

$$\lim_{t \to +\infty} \varphi(t) = 0$$

(图 159).

问题 1 讨论下列方程平衡位置的渐近稳定性:

a) $\dot{x} = 0$;

b) $\dot{x} = x$;

c) $\begin{cases} \dot{x}_1 = x_2, \\ \dot{x}_2 = -x_1. \end{cases}$

问题 2 设当 $t \to +\infty$ 时所有的解趋于平衡位置. 由此能否得出平衡位置的李亚普诺夫稳定性?

23.3 用一次近似的性态来表示稳定性

和方程(1)一起,现在我们考虑线性化方程 (图 160)

$$\dot{\mathbf{x}} = A\mathbf{x}, \quad A: \mathbf{R}^n \to \mathbf{R}^n. \tag{2}$$

于是 $\mathbf{v} = \mathbf{v}_1 + \mathbf{v}_2$, 其中

$$\mathbf{v}_1(x) = A\mathbf{x}, \quad \mathbf{v}_2(x) = O(|\mathbf{x}|^2).$$

定理 假定算子 A 的所有特征值 λ_k 位于左半平面 $\mathrm{Re}\,\lambda < 0$ (图 161). 则方程(1)的平衡位置 $\mathbf{x} = 0$ 是渐近稳定的.

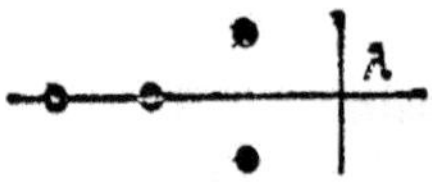

图 161 算子 A 的特征值

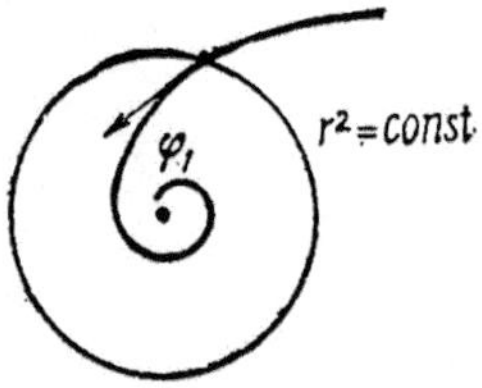

图 162 李亚普诺夫函数的水平面

问题 1 当所有 $\mathrm{Re}\lambda_k \leqslant 0$ 时,给出方程(1)的(在李亚普诺夫意义下)不稳定平衡位置的一个例子.

评注 可以证明,如果至少有一个特征值的实部为正, 则平衡位置是不稳定的. 在零实部情况,稳定性依赖于高于一阶的泰勒级数的项.

问题 2 系统

$$\begin{cases} \dot{x}_1 = x_2, \\ \dot{x}_2 = -x_1^n \end{cases}$$

的零平衡位置稳定(在李亚普诺夫意义和渐近稳定意义下) 吗?

答 当 n 为偶数时,(在李亚普诺夫意义下)是不稳定的;当 n 为奇数时,

它是在李亚普诺夫意义下稳定的，但不渐近稳定.

23.4 定理 23.3 的证明

根据 §22.4，存在李亚普诺夫函数，即正定二次型 r^2，它沿着线性向量场 $\mathbf{v}_1$ 方向的导数是负定的，所以

$$L_{\mathbf{v}_1} r^2 \leqslant -2\gamma r^2,$$

此处 γ 是一正常数 (图 162).

引理 在点 $\mathbf{x}=0$ 的充分小邻域内，李亚普诺夫函数沿非线性场 $\mathbf{v}$ 方向的导数满足不等式

$$L_{\mathbf{v}} r^2 \leqslant -\gamma r^2. \tag{3}$$

证明 显然

$$L_{\mathbf{v}} r^2 = L_{\mathbf{v}_1} r^2 + L_{\mathbf{v}_2} r^2.$$

但是

$$L_{\mathbf{v}_2} r^2 = O(r^3), \tag{4}$$

所以当 r 很小时，第二项比第一项小得多. 事实上，对任意的场 $\mathbf{u}$ 和任意函数 f 有

$$L_{\mathbf{u}} f = \sum_{i=1}^{n} \frac{\partial f}{\partial x_i} u_i,$$

在我们这里是 $\mathbf{u}=\mathbf{v}_2$, $f=r^2$, $u_i=O(r^2)$ 和 $\partial f/\partial x_i = O(r)$ (为什么?)，这样就得出(4).

因此存在常数 $C>0$, $\sigma>0$, 使得对任何 $|\mathbf{x}|<\sigma$ 的 $\mathbf{x}$ 有

$$|L\mathbf{v}_2 r^2|_{\mathbf{x}} \leqslant C\,|r^2(\mathbf{x})|^{3/2},$$

对充分小的 $|\mathbf{x}|$，右端不大于 γr^2，因此在点 $\mathbf{x}=0$ 的邻域内有

$$L_{\mathbf{v}} r^2 \leqslant -2\gamma r^2 + \gamma r^2 = -\gamma r^2. \qquad \square$$

定理 23.3 的证明： 设 $\boldsymbol{\varphi}$ 是在点 $\mathbf{x}=0$ 的充分小邻域内方程 (1) 满足初始条件 $\mathbf{x}\neq 0$ 的非零解，考虑下面的时间 t 的函数

$$\rho(t) = \ln r^2(\boldsymbol{\varphi}(t)), \quad t \geqslant 0.$$

根据唯一性定理知 $r^2(\boldsymbol{\varphi}(t)) \neq 0$，所以 $\rho(t)$ 是确定的可微函数. 根据不等式(3)，我们有

$$\dot{\rho} = \frac{1}{r^2\circ\boldsymbol{\varphi}}\frac{d}{dt}r^2\circ\boldsymbol{\varphi} = \frac{L_{\mathbf{v}}r^2}{r^2} \leqslant -\gamma^2.$$

由此得出 $r^2(\boldsymbol{\varphi}(t))$ 是单调减少的，且当 $t\to+\infty$ 时趋于 0：

$$\rho(t) \leqslant \rho(0) - \gamma t,$$

$$r^2(\boldsymbol{\varphi}(t)) \leqslant r^2(\boldsymbol{\varphi}(0))e^{-\gamma t} \to 0. \qquad \square$$

问题 1 找出证明中的漏洞.

答 我们没有证明解 $\boldsymbol{\varphi}(t)$ 可以无限向前延拓.

证明的完成：设 $\sigma > 0$ 使得当 $|\mathbf{x}| < \sigma$ 时不等式(3)成立，并考虑扩张相空间中的紧致集(图 163)

$$F = \{\mathbf{x}, t: r^2(\mathbf{x}) \leqslant \sigma, |t| \leqslant T\}.$$

设 $\boldsymbol{\varphi}$ 是具有初始条件 $\boldsymbol{\varphi}(0)$ 的解，此处 $r^2(\boldsymbol{\varphi}(0)) < \sigma$. 根据延拓定理我们能把 $\boldsymbol{\varphi}$ 向前延拓，直到柱体 F 的边界. 但只要点 $(t, \boldsymbol{\varphi}(t))$ 属于 F，函数 $r^2(\boldsymbol{\varphi}(t))$ 的导数就是负的. 因此解不能经过柱体 F 的侧面(此处 $r^2 = \sigma^2$)，因此解可延拓到柱体的末端面(此处 $t = T$). 由于 T 是任意的(且不依赖于 σ)，因此解 $\boldsymbol{\varphi}(t)$ 就可无限向前延拓. 并且 $r^2(\boldsymbol{\varphi}(t)) < \sigma^2$ 和不等式(3)对所有 $t \geqslant 0$ 时都成立. $\square$

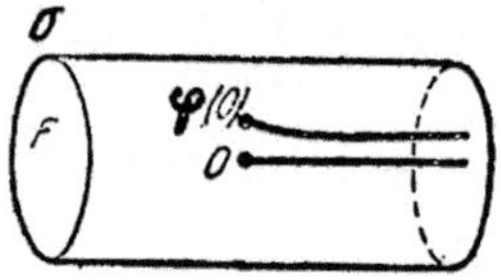

图 163 解能够无限地向前延拓

注 1 实际上，我们已证明了比平衡位置渐近稳定更强的结果. 事实上，从不等式 (5) 清楚地知道 $\boldsymbol{\varphi}(t) \to 0$ 是一致的 (对于充分接近 0 的初始条件 $\mathbf{x}_0$). 并且 (5) 指出了收敛速度(即指数型的).

从本质上看，定理 23.3 断言线性方程 (2) 的解一致收敛于 0，不会被方程右端的非线性扰动 $\mathbf{v}_2(\mathbf{x}) = O(|\mathbf{x}|^2)$ 所破坏. 对具有更普遍性质的各种扰动，类似的结论也是正确的. 例如，我们可以考虑使得

$$|\mathbf{v}_2(\mathbf{x}, t)| \leqslant \phi(|\mathbf{x}|)$$

的非自治扰动，此处当 $\mathbf{x} \to 0$ 时，$\phi(|\mathbf{x}|) = o(|\mathbf{x}|)$.

问题 2 证明在定理的条件下，方程(1)和(2)在平衡位置邻域内是拓扑等价的.

注 2 定理 23.3 导致下面的代数问题——著名的罗斯(Routh)-霍尔维茨 (Hurwitz) 问题：决定一个给定的多项式的全部零点是否在左半平面. 这一问题可通过多项式系数的有限次算术运算来解决. 恰当的算法已在代数学教程里(霍尔维茨准则，斯图谟方法)和复分析里(幅角原理，(Vyshnegradski)，奈魁斯特 (Nyquist) 和米克海洛夫 (Mikhailov) 方法)[1]给出. 在 § 36.4 我们将回到罗斯-霍尔维茨问题.

§ 24 纯虚数特征值的情况

不具有纯虚数特征值的线性方程已详细讨论过了(见 § 21 和 §22). 它们的相曲线是相当简单的，表现为鞍点 (§22.8). 现在我们转到具有纯虚数特征值的线性方程，它们的相曲线提供了更复杂性态的例子. 这样的方程我们是遇见过的，例如在保守系统的振动理论中(见 § 25.6).

24.1 拓扑分类

假设线性方程

$$\dot{\mathbf{x}} = A\mathbf{x}, \quad \mathbf{x} \in \mathbf{R}^n, \quad A: \mathbf{R}^n \to \mathbf{R}^n \tag{1}$$

的所有特征值 $\lambda_1, \lambda_2, \cdots, \lambda_n$ 都是纯虚数. 则在什么条件下两个这

1) 例如参阅 A.G.Kurosh, A Caurse in Higher Algebra (in Russian), Moscow (1968),Chap.9 M. A. Lavrenter and B. V. Shabat,Method of the Theory of Tanceions of a Camplex Variable (in Russian), Moscow(1958), Chap. 5;N.G. Chebotarev and N. N. Meiman, The Routh-Hurwitz Problem for Polynomials and Entire Functions (in Russian), Trudy Mat. Inst. Steklov,Moscow (1949), No.XXVI.

样的方程是拓扑等价的？这个问题的答案还不知道，并且明显地，这个问题不能用现在通用的数学方法来解决.

问题 1 证明在平面情况（$n=2, \lambda=\pm i\omega\neq 0$），代数等价（即特征值相同）是拓扑等价的必要和充分条件.

24.2 例

在 $\mathbf{R}^4$ 中考虑方程

$$
\begin{cases}
\dot{x}_1 = \omega_1 x_2, \\
\dot{x}_2 = -\omega_1 x_1, \\
\dot{x}_3 = \omega_2 x_4 \\
\dot{x}_4 = -\omega_2 x_3.
\end{cases}
\qquad
\begin{aligned}
&\lambda_{1,2} = \pm i\omega_1, \\
&\lambda_{3,4} = \pm i\omega_2,
\end{aligned}
\tag{2}
$$

把空间 $\mathbf{R}^4$ 分解为两个平面的直接和 $\mathbf{R}^4=\mathbf{R}_{1,2}+\mathbf{R}_{3,4}$（图 164），相应地把系统(2)分解为两个独立系统

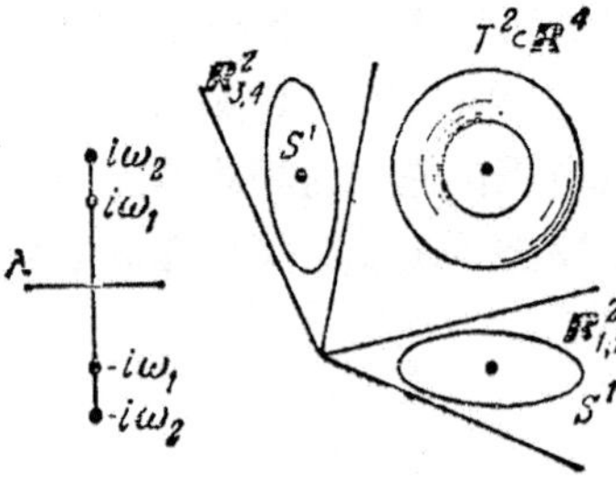

图 164 系统(2)的相空间

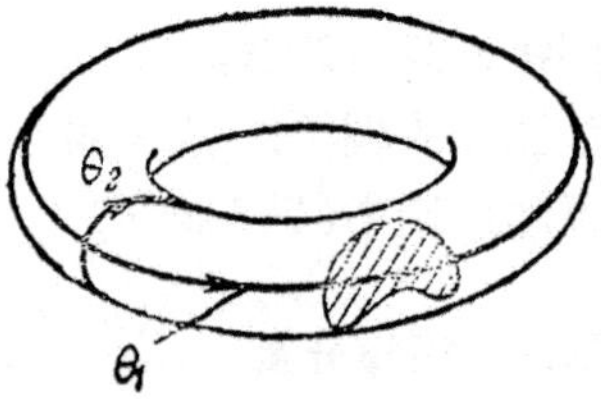

图 165 环面

$$
\begin{cases}
\dot{x}_1 = \omega_1 x_2, \\
\dot{x}_2 = -\omega_1 x_1,
\end{cases}
\qquad (x_1, x_2)\in\mathbf{R}_{1,2},
$$

$$
\begin{cases}
\dot{x}_3 = \omega_2 x_4, \\
\dot{x}_4 = -\omega_2 x_3,
\end{cases}
\qquad (x_3, x_4)\in\mathbf{R}_{3,4}.
\tag{3}
$$

在这些平面中的每一个上，相曲线，例如

$$S^1=\{x\in\mathbf{R}_{1,2}: x_1^2+x_2^2=C>0\}$$

是圆或点（$C=0$），相流由旋转组成（转角分别为 $\omega_1 t$ 和 $\omega_2 t$）.

方程(2)的每一相曲线属于平面 $\mathbf{R}_{1,2}$ 和 $\mathbf{R}_{3,4}$ 上相曲线的直积．设两曲线是圆，直积

$$T^2 = S^1 \times S^1 = \{\mathbf{x} \in \mathbf{R}^4: x_1^2 + x_2^2 = C,\ x_3^2 + x_4^2 = D\}$$

称为二维环面．为了更好地想象这个环面 T^2，我们作如下的讨论．在 $\mathbf{R}^3$ 中考虑由一圆围绕一条在其平面上，但不与圆相交的轴旋转而得的炸面圈的表面(图 165)．这曲面上的每一个点由两个角坐标 $\theta_1, \theta_2 \bmod 2\pi$ 所确定，称为经度和纬度，从图形上看，这样称呼的理由是很明显的．坐标 θ_1 和 θ_2 给出了炸面圈表面和两圆直积 T^2 之间的微分同胚．

如果我们将每一对点 $(\theta_1, 0), (\theta_1, 2\pi)$ 以及 $(0, \theta_2), (2\pi, \theta_2)$ "粘结"在一起，则坐标 θ_1, θ_2 平面上的正方形：

$$0 \leqslant \theta_1 \leqslant 2\pi, \quad 0 \leqslant \theta_2 \leqslant 2\pi$$

可看作环面 T^2 的地图(图 166)．全平面也可以当作地图，但此时环面上每一点在地图上有无穷多个像．

环面 $T^2 \subset \mathbf{R}^4$ 在方程(2)的相流下是不变的，而且方程(2)的相曲线位于曲面 T^2 上．若 θ_1 是平面 $\mathbf{R}_{1,2}$ 上从 x_2 方向到 x_1 方向度量的极角，则根据(3)有 $\dot\theta_1 = \omega_1$．类似地从 x_4 到 x_3 度量的极角为 θ_2，我们得到 $\dot\theta_2 = \omega_2$．因此，在曲面 T^2 上相流(2)的相轨线满足微分方程

$$\dot\theta_1 = \omega_1, \quad \dot\theta_2 = \omega_2, \tag{4}$$

所以相点的经度和纬度都是均匀变化的．此运动对应于一点"缠绕"着环面(图 167)，它在环面的地图上表示为一条直线．

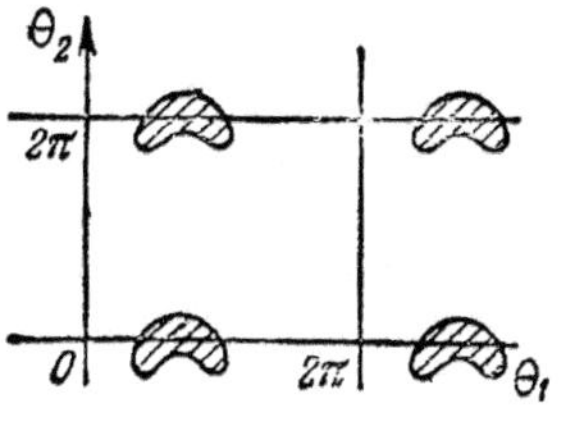

图 166　环面的地图

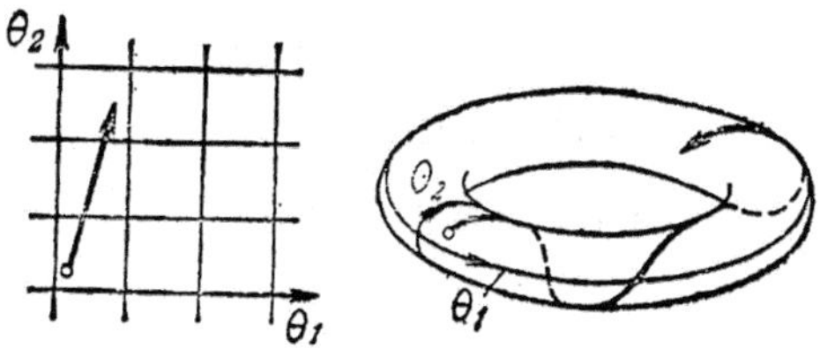

图 167　缠绕环面的点

24.3 环面上方程(4)的相曲线

两数 ω_1 和 ω_2 称为有理无关的，若由

$$k_1\omega_1 + k_2\omega_2 = 0 \quad (k_1, k_2 \text{是整数})$$

得出 $k_1 = k_2 = 0$. 例如，$\sqrt{2}$ 和 $\sqrt{8}$ 是有理相关的，但 $\sqrt{6}$ 和 $\sqrt{8}$ 则不是.

定理 设 ω_1 和 ω_2 是有理相关的，则环面上方程(4)的每一条相曲线都是闭合的. 但是，如果 ω_1 和 ω_2 是有理无关的，则方程(4)的每一条相曲线在环面 T^2 上是处处稠密的[1](图 168).

换句话说，假定无限棋盘的每一个方块只被一只兔子占据(同一种放置法)，并假定猎人在和棋盘的直线所成的倾角具有无理数的正切的方向射击，则猎人至少可击中一只兔子.（显然知道，若倾角的正切是有理数，我们可以通过把充分小的兔子放在棋盘上的方法来使猎人打不中它.）

引理 假定圆 S^1 所转过的角度 α 是与 2π 不可通约的(图 169). 则在重复转动下圆上任意点的像

$$\theta, \theta + \alpha, \theta + 2\alpha, \theta + 3\alpha, \cdots \pmod{2\pi} \tag{5}$$

所成的集合在圆上是处处稠密的.

证明 定理可从直线上闭子群的构造推出(见 § 10)，但我们将根据简单的组合事实："设 $k+1$ 个物体放在 k 个小盒里，则至少在一个小盒里包含的物体多于 1 个"（狄利克雷 (Dirichlet) 小盒原理)从头开始来加以证明. 设我们分割圆周为 k 个长度为 $2\pi/k$

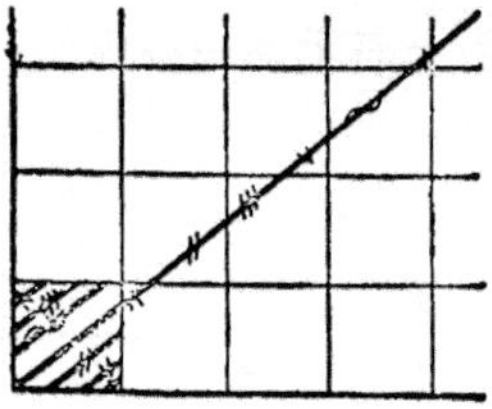

图 168 在环面上处处稠密的曲线

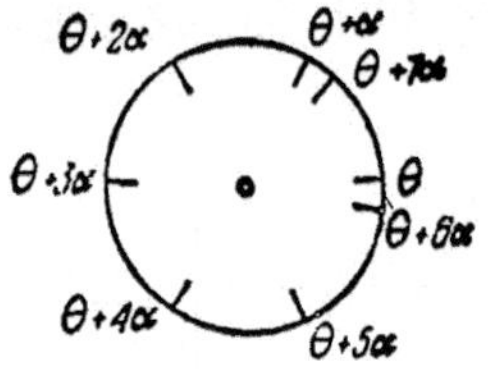

图 169 在重复应用转角为 α 的旋转下圆上点的像

1) 集合 A 称为在空间 B 内是处处稠密的，存在 B 的每一个点的任意小邻域内至少有 A 中的一个点.

的半开区间，则在序列(5)中开头的 $k+1$ 个点中，有两个点落在同一个半开区间中．设这些点为 $\theta+p\alpha$ 和 $\theta+q\alpha(p>q)$，并令 $s=p-q$，则转角 $s\alpha$ 与 2π 的倍数之差小于 $2\pi/k$，并且，序列

$$\theta,\theta+s\alpha,\theta+2s\alpha,\theta+3s\alpha,\cdots \pmod{2\pi} \tag{6}$$

(图 170)中任意两个相继点以同样的距离 d 相隔离，此处 $d<2\pi/k$．因此 S^1 上点的任一 ε 邻域都包含序列(6)的点，我们只要选择 k 足够大使 $2\pi/k<\varepsilon$．

注 我们没有用到 α 和 2π 不可通约的事实．但显然，若 α 与 2π 可通约，则引理是不成立的．

问题 1 找出并消除引理证明中的漏洞．

定理的证明 方程(4)的解具有形式

$$\theta_1(t)=\theta_1(0)+\omega_1 t,\quad \theta_2(t)=\theta_2(0)+\omega_2 t. \tag{7}$$

设 ω_1 和 ω_2 是有理相关的，因此

$$k_1\omega_1+k_2\omega_2=0,\quad k_1^2+k_2^2\neq 0,$$

则 T 的方程

$$\omega_1 T=2\pi k_2,\quad \omega_2 T=-2\pi k_1$$

是相容的，它们的解给出闭的相曲线(7)的周期．另一方面，设 ω_1 和 ω_2 是有理无关的，则 ω_1/ω_2 是无理数．考虑相曲线(7)和子午线 $\theta_1=0 \pmod{2\pi}$ 的相继的交点．这些点的纬度是

$$\theta_{2k}=\theta_{20}+2\pi\frac{\omega_2}{\omega_1}\cdot k \pmod{2\pi}$$

(图 171)．根据引理，交点的集合在子午线上是处处稠密的．假设 L 是平面上的直线，又假设我们在 L 上处处稠密的点集上作出与 L 方向不同的一些直线，则这些直线组成了一个在平面上处处稠密的集合．由此得出相曲线(7)的像[1]

$$\tilde\theta_1(t)=\theta_1(t)-2\pi\left[\frac{\theta_1(t)}{2\pi}\right],$$

$$\tilde\theta_2(t)=\theta_2(t)-2\pi\left[\frac{\theta_2(t)}{2\pi}\right],$$

---

1) 这里 $[x]$ 表示 x 的整数部分，即 $\leqslant x$ 的最大整数．

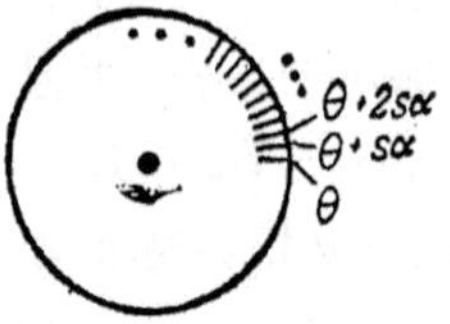

图 170　点 $\theta + ns\alpha, n = 1,2,\cdots$

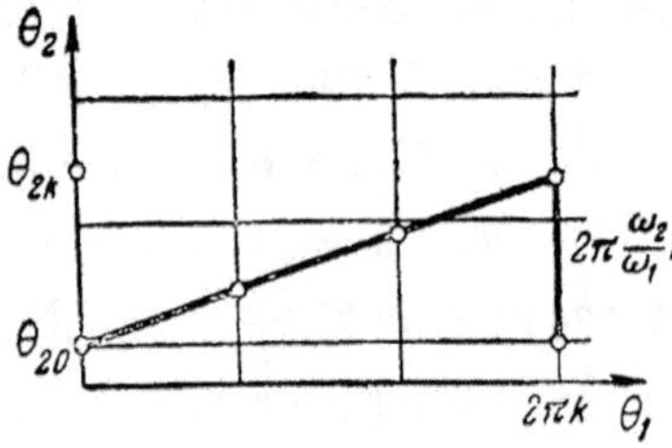

图 171　定理简化为引理

在正方形 $0 \leqslant \tilde{\theta}_1 \leqslant 2\pi$, $0 \leqslant \tilde{\theta}_2 \leqslant 2\pi$ 上是处处稠密的．因此方程(4)的相曲线，在环面上处处稠密．由此知道，方程(2)的相曲线在环面上是处处稠密的． □

下面的问题给出了**定理** 24.3 在常微分方程理论以外的一些简单应用．

问题 1　考虑数 2 的相继幂次的第一位数序列

$$1, 2, 4, 8, 1, 3, 6, 1, 2, 5, 1, 2, 4, 8, \cdots$$

7 是否出现在这个序列中？更一般地，2^n 能否以数字的任意组合开始？

问题 2　证明

$$\sup_{0<t<\infty} (\cos t + \sin \sqrt{2}\, t) = 2.$$

问题 3　找出模为 1 的复数群 S^1 的所有闭子群．

答　$1, S^1, \{\sqrt[n]{1}\}$.

24.4　高维的情形

设方程(1)在 $\mathbf{R}^{2m}$ 中的特征值全是形如

$$\lambda = \pm i\omega_1, \pm i\omega_2, \cdots, \pm i\omega_m$$

的单重根，则如同 § 24.2 所述的那样，我们可以证明相曲线是位于 m 维环面．

$$T^m = S^1 \times \cdots \times S^1 = \{(\theta_1, \cdots, \theta_m) \bmod 2\pi\} \cong \mathbf{R}^m / Z^m$$

且满足方程

$$\dot{\theta}_1 = \omega_1, \dot{\theta}_2 = \omega_2, \cdots, \dot{\theta}_m = \omega_m.$$

数 $\omega_1, \omega_2, \cdots, \omega_m$ 称为有理无关的，若由

$$k_1\omega_1 + k_2\omega_2 + \cdots + k_m\omega_m = 0 \quad (k_1, \cdots, k_m \text{ 为整数})$$

推出 $k_1 = \cdots = k_m = 0$.

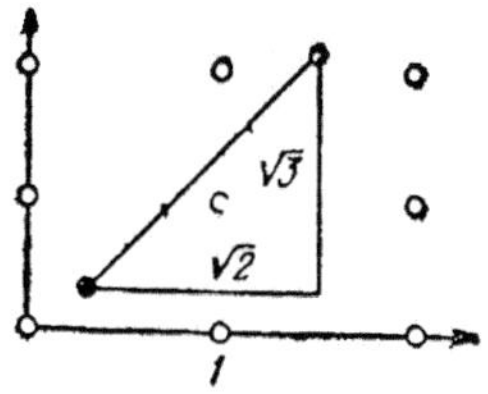

图 172　系统 $\dot{\theta}_1=1$，$\dot{\theta}_2=\sqrt{2}$，$\dot{\theta}_3=\sqrt{3}$
的相曲线在三维环面上是处处稠密的

***问题 1**　证明：若频率 $\omega_1, \cdots, \omega_m$ 是有理无关的，则位于环面 T^m 的方程(1)的每一条相曲线必在 T^m 中处处稠密.

推论　假定一匹马在田野上作跳跃($\sqrt{2}$,$\sqrt{3}$)，这田野上的庄稼是种在正方形的格子里(图 172). 则这匹马一定至少撞倒一棵庄稼.

24.5　均匀分布

以上考虑过的处处稠密的曲线，有一个值得注意的在环面上"均匀分布"的性质. 我们现在阐述在最简单情况下适当的定理. 在圆 $S^1=\{\theta \bmod 2\pi\}$上的点列 $\theta_1,\theta_2,\cdots$称为**均匀分布的**，若对给定的任意弧 $\Delta\subset S^1$，属于Δ的序列的"起始部分" $\theta_1,\cdots,\theta_k$ 的点的数目 $N(\Delta, k)$ 是渐近地正比于Δ的长度，即若

$$\lim_{k\to\infty}\frac{N(\Delta,k)}{k}=\frac{|\Delta|}{2\pi}.$$

***问题 1**　证明：若角度 α 和 2π 是不可通约的，则序列 $\theta, \theta+\alpha, \theta+2\alpha$ 在 S^1 上是均匀分布的.

推论　数 2^n 以 7 开头比以 8 开头更为常见. 假定 $N_7(k)$ 是数 1, 2, 4, …, 2^k 中以 7 开头的个数，$N_8(k)$ 为以 8 开头的个数，则极限

$$\lim_{k\to\infty}\frac{N_7(k)}{N_8(k)}$$

存在.

问题 2　求此极限并证明它大于 1.

评注　序列(§ 24.3 问题 1)的起始部分表明很少出现 7，这是由于无理数 $\log_{10}2=0.3010\cdots$十分接近于有理数 3/10 的这个事实.

§ 25 重特征值的情况

常系数线性方程的求解可简化为矩阵 $e^{tA}=e^{At}$ 的计算. 在矩阵的特征值全不相同时，e^{At} 的显式已在 § 19.5 和 § 20.6 中给出. 现在我们就重特征值的情况，利用若当标准型求出 e^{At}.

25.1 A 为若当块时 e^{At} 的计算

当 A 为若当块

$$\begin{bmatrix} \lambda & 1 & & \\ & \lambda & \ddots & \\ & & \ddots & 1 \\ & & & \lambda \end{bmatrix}: \quad \mathbf{R}^n \to \mathbf{R}^n,$$

时，在 § 14.9 中(回想起在拟多项式 $e^{\lambda t}p_{<n}(t)$ 空间中，微分算子在基 $e_k=t^k e^{\lambda t}/k!, 0\leqslant k<n$ 下有矩阵 A). 已指出过计算 e^{At} 的一种方法. 事实上，按照泰勒公式，矩阵 $H^s=e^{As}$ 是在所指的基下移动算子 $f(t)\longmapsto f(s+t)$ 的矩阵. 因此

$$e^{\lambda(t+s)}\frac{(t+s)^k}{k!}=\sum_l h_{kl}(s)\mathbf{e}_l,$$

此处矩阵 H^s 的元素 $h_{kl}(s)$ 可以利用二项式定理求出，并且可以证明它是次数小于 n 指数为 λ 的 s 的拟多项式.

计算 e^{At} 的另一种方法是根据以下的引理.

引理 若线性算子 A, B: $\mathbf{R}^n\to\mathbf{R}^n$ 可交换，即 $AB=BA$，则 $e^{A+B}=e^A e^B$.

证明 比较形式级数

$$e^A e^B=\left(E+A+\frac{A^2}{2!}+\cdots\right)\left(E+B+\frac{B^2}{2!}+\cdots\right)$$

$$=E+(A+B)+\frac{1}{2}(A^2+2AB+B^2)+\cdots,$$

$$e^{A+B}=E+(A+B)+\frac{1}{2}(A+B)^2+\cdots$$

$$= E + (A + B) + \frac{1}{2}(A^2 + AB + BA + B^2) + \cdots.$$

因为当 $x, y \in \mathbf{R}$ 时，$e^{x+y} = e^x e^y$，因而若 $AB = BA$，则两级数重合；另一方面，因为级数是绝对收敛的，所以 $e^A \cdot e^B = e^{A+B}$. □

假定我们把 A 用形式

$$A = \lambda E + \Delta$$

表示，此处

$$\Delta = \begin{bmatrix} 0 & 1 & & \\ & 0 & \ddots & \\ & & \ddots & 1 \\ & & & 0 \end{bmatrix}$$

是一个幂零若当块. 因为 λE 与任何算子都可交换，我们有

$$e^{At} = e^{t(\lambda E + \Delta)} = e^{\lambda t} e^{\Delta t}.$$

定理 矩阵 $e^{\Delta t}$ 和 e^{At} 由

$$e^{\Delta t} = \begin{bmatrix} 1 & t & t^2/2 \cdots t^{n-1}/(n-1)! \\ & 1 & t \quad \cdots t^{n-2}/(n-2) \\ & & 1 \quad \ddots \quad \vdots \\ & & \quad \ddots \quad t \\ & & \quad\quad 1 \end{bmatrix},$$

$$e^{At} = \begin{bmatrix} e^{\lambda t} & te^{\lambda t} & \cdots & t^{n-1}e^{\lambda t}/(n-1)! \\ & e^{\lambda t} & \ddots & \vdots \\ & & \ddots & te^{\lambda t} \\ & & & e^{\lambda t} \end{bmatrix}, \qquad (1)$$

给出.

证明 因为 Δ 作用在基 $\mathbf{e}_1, \cdots, \mathbf{e}_n$ 上像一个移动

$$0 \longleftarrow \mathbf{e}_1 \longleftarrow \mathbf{e}_2 \longleftarrow \cdots \longleftarrow \mathbf{e}_n;$$

Δ^k 的作用像 k 次移动，并且有矩阵

$$\begin{bmatrix} 0 & \cdots & 1 & & \\ & & & \ddots & \\ & & & & 1 \\ & & & & \vdots \\ & & & & 0 \end{bmatrix}.$$

而 $e^{At}=e^{\lambda t}e^{\Delta t}$，此处

$$e^{\Delta t}=E+\Delta t+\frac{\Delta^2 t^2}{2}+\cdots+\frac{\Delta^{n-1}t^{n-1}}{(n-1)!}\quad(\Delta^n=0).$$

在复数时 ($\lambda\in\mathbf{C}, A:\mathbf{C}^n\to\mathbf{C}^n$)，计算可以毫无改变地进行. □

25.2 推论

公式(1)直接地蕴含

推论 1 设 $A:\mathbf{C}^n\to\mathbf{C}^n$ 是具有重数分别为 $\nu_1,\cdots,\nu_k$ 的特征值 $\lambda_1,\cdots,\lambda_k$ 的线性算子，则算子 e^{At}, $t\in\mathbf{R}$,（在任何固定基下）的矩阵的每一个元素是 t 的拟多项式的和，此处第 l 个拟多项式有指数 λ_l 且次数小于 ν_l.

证明 在使矩阵 A 取若当块的基下考虑算子 e^{At} 的矩阵，因为在任何其他的基下 e^{At} 的矩阵的元素是以上指出的基下 e^{At} 的矩阵的元素的(具有常系数的)线性组合，从定理中(1)得到要求的结果. □

推论 2 设 $\boldsymbol{\varphi}$ 是微分方程

$$\dot{\mathbf{x}}=A\mathbf{x},\ \mathbf{x}\in\mathbf{C}^n,\ A:\mathbf{C}^n\to\mathbf{C}^n$$

的解，则向量 $\boldsymbol{\varphi}$（在任何固定基下）的每一个分量 φ_j 是 t 的拟多项式的和，此处第 l 个拟多项式有指数 λ_l 且次数小于 ν_l:

$$\varphi_j(t)=\sum_{l=1}^{n}e^{\lambda_l t}p_{jl}(t).$$

证明 只需注意 $\boldsymbol{\varphi}(t)=e^{At}\boldsymbol{\varphi}(0)$. □

推论 3 设 $A:\mathbf{R}^n\to\mathbf{R}^n$ 是具有重数为 $\nu_l(1\leqslant l\leqslant k)$ 的实特征值 λ_l 和重数为 $\mu_l(1\leqslant l\leqslant m)$ 的复特征值 $\alpha_l\pm i\omega_l$ 的线性算子，则 e^{At} 的矩阵的每一元素与方程 $\dot{\mathbf{x}}=A\mathbf{x},\mathbf{x}\in\mathbf{R}^n$ 的解的每一分量

是指数为 λ_l, $\alpha_l \pm i\omega_l$ 的复拟多项式的和，此处指数为 λ_l 的拟多项式的次数小于 ν_l，指数为 $\alpha_l \pm i\omega_l$ 的拟多项式的次数小于 μ_l.

证明 此为推论 1 和推论 2 的直接结果. □

在推论 3 中出现的和也可写为较复杂的形式

$$\varphi_j(t) = \sum_{l=1}^{k} e^{\lambda_l t} p_{jl}(t) + \sum_{l=1}^{m} e^{\alpha_l t}[q_{jl}(t)\cos\omega_l t + r_{jl}(t)\sin\omega_l t],$$

此处 p_{jl}, q_{jl}, r_{jl} 是次数分别小于 ν_l, μ_l, μ_l 的实系数多项式. 若 $z = x + iy$, $\lambda = \alpha + i\omega$, 则表示式从

$$\begin{aligned}\operatorname{Re} z e^{\lambda t} &= \operatorname{Re} e^{\alpha t}(x + iy)(\cos\omega t + i\sin\omega t) \\ &= e^{\alpha t}(x\cos\omega t - y\sin\omega t)\end{aligned}$$

这个事实推出. 而且，从这些公式明显可得：如果所有特征值的实部为负，则所有的解当 $t \to +\infty$ 时趋向于零(按照 § 22 和 § 23 必然如此).

25.3 对高阶方程组的应用

把高阶方程组写为一阶方程组后，我们可以把问题化为上面考察过的问题. 通过把矩阵化为若当标准形，一阶方程组的问题本身又可以获得解决；然而，在实用上按其他方式进行更为方便. 首先，我们注意到等价的一阶方程组的特征值可以不写出方程组的矩阵而求得. 事实上，对每一特征值 λ 我们有一特征向量，因此也有一个等价的一阶方程组的解 $\boldsymbol{\varphi}(t) = e^{\lambda t}\boldsymbol{\varphi}(0)$；另一方面，原方程组有形式为 $\boldsymbol{\psi}(t) = e^{\lambda t}\boldsymbol{\psi}(0)$ 的解. 因此，把 $\boldsymbol{\psi} = e^{\lambda t}\boldsymbol{\xi}$ 代入原方程组后，我们看出：当且仅当 λ 满足一确定的代数方程时，方程组才有给定形式的(非零)解，特征值 λ_l 可以从这个代数方程决定，然后我们可以寻求指数为 λ_l 系数待定的拟多项式的和的形式解.

例 1 设

$$x^{(\mathrm{iv})} = x. \tag{2}$$

把 $x = e^{\lambda t}\xi$ 代入(2)后，我们得到 $\lambda^4 e^{\lambda t}\xi = e^{\lambda t}\xi$, $\lambda^4 = 1$, $\lambda_{1,2,3,4} = 1, -1, i, -i$. 因此(2)的每一个解的形式为

$$x = C_1e^t + C_2e^{-t} + C_3\cos t + C_4\sin t.$$

例 2 设

$$\begin{cases}\ddot{x}_1 = x_2,\\ \ddot{x}_2 = x_1.\end{cases} \tag{3}$$

把 $x = e^{\lambda t}\xi$ 代入(3)后，我们得到 $\lambda^2\xi_1 = \xi_2$, $\lambda^2\xi_2 = \xi_1$. 这个关于 ξ_1, ξ_2 的线性方程组当且仅当 $\lambda^4 = 1$ 时有非平凡解. 因此(3)的每一个解的形式是

$$x_1 = C_1e^t + C_2e^{-t} + C_3\cos t + C_4\sin t,$$

$$x_2 = D_1e^t + D_2e^{-t} + D_3\cos t + D_4\sin t,$$

把它代入(3)后得到

$$D_1 = C_1,\quad D_2 = C_2,\quad D_3 = -C_3,\quad D_4 = -C_4.$$

例 3 设

$$x^{(\text{iv})} - 2\ddot{x} + x = 0. \tag{4}$$

把 $x = e^{\lambda t}\xi$ 代入(4)后，我们得到

$$\lambda^4 - 2\lambda^2 + 1 = 0,\ \lambda^2 = 1,\ \lambda_{1,2,3,4} = 1, 1, -1, -1.$$

因此(4)的每一个解的形式是

$$x = (C_1t + C_2)e^t + (C_3t + C_4)e^{-t}.$$

问题 1 求对应于方程(4)的四阶矩阵的若当标准型.

25.4 n 阶单个方程的情形

一般地说，特征值的重数不能决定若当块的大小. 如果我们处理对应于 n 阶单个微分方程

$$x^{(n)} = a_1x^{(n-1)} + \cdots + a_nx,\quad a_k \in \mathbf{C} \tag{5}$$

的线性算子 A，则情况就变得较为简单. 此时推论 2 蕴含

推论 4 方程(5)的每一个解的形式是

$$\varphi(t) = \sum_{l=1}^{k} e^{\lambda_l t}p_l(t), \tag{6}$$

此处 $\lambda_1, \cdots, \lambda_k$ 是特征方程

$$\lambda^n = a_1\lambda^{n-1} + \cdots + a_n \tag{7}$$

的重数分别为 $\nu_1, \nu_2, \cdots, \nu_k$ 的根，且每一个 p_l 是次数小于 ν_l 的多项式.

证明 方程(5)有形式为 $e^{\lambda t}\xi$ 的解当且仅当 λ 是方程(7)的

根. □

转向等价的一阶方程组

$$\dot{\mathbf{x}} = A\mathbf{x}, \quad A = \begin{bmatrix} 0 & 1 & & & \\ & 0 & 1 & & \\ & & \ddots & \ddots & \\ & & & \ddots & 1 \\ a_n & & \cdots & & a_1 \end{bmatrix}. \tag{8}$$

我们得到

推论 5 若算子 $A:\mathbf{C}^n \to \mathbf{C}^n$ 有形如(8)的矩阵,则对 A 的每一个特征值 λ 刚好对应大小等于 λ 的重数的一个若当块.

证明 按照(8),对应于每一个 λ 存在一个唯一的特征方向.事实上,设 $\boldsymbol{\xi}$ 是算子 A 的特征向量,则向量 $e^{\lambda t}\boldsymbol{\xi}$ 的第一个分量 $e^{\lambda t}\xi_0$ 是(8)的解中的一个;而其余的分量是导数: $\xi_k = \lambda^k\xi_0$. 因此 λ 唯一地决定 $\boldsymbol{\xi}$ 的方向. 为了完成这个证明,我们注意到每一个若当块有它自己的特征方向. □

问题 1 每一个拟多项式(6)的线性组合都是方程(5)的解吗?

25.5 循环序列

我们关于具有连续变元 t 的指数 e^{At} 的研究可以容易地推广到具有离散变元 n 的指数 A^n 上. 特别,我们可研究形如

$$x_n = a_1x_{n-1} + \cdots + a_kx_{n-k} \tag{9}$$

的关系式所定义的任何循环序列(例如关系式 $x_n = 2x_{n-1} + x_{n-2}$ 和初始条件 $x_0 = 0$, $x_1 = 1$ 确定的序列 0, 1, 2, 5, 12, 29, …).

推论 6 由(9)定义的循环序列的第 n 项像 n 的拟多项式的和

$$x_n = \sum_{l=1}^{k'} \lambda_l^n p_l(n)$$

一样地依赖于 n, 此处 $\lambda_1, \cdots, \lambda_{k'}$ 是对应于序列的矩阵的特征值,重数分别为 $\nu_1, \cdots, \nu_{k'}$, 每一个 p_l 是次数小于 ν_l 的多项式.

证明 首先我们注意问题中的矩阵是把序列中长度为 k 的部

分 $\xi_{n-1}=(x_{n-k},\cdots,x_{n-1})$ 变为长度为 k 的后部分

$$\xi_n=(x_{n-k+1},\cdots,x_n)$$

的算子 A: $\mathbf{R}^k\to\mathbf{R}^k$ 的矩阵:

$$A\xi_{n-1}=\begin{bmatrix}0&1&&&\\&0&1&&\\&&\ddots&\ddots&\\&&&0&1\\a_k&\cdots&&a_2&a_1\end{bmatrix}\begin{bmatrix}x_{n-k}\\ \vdots\\ x_{n-1}\end{bmatrix}$$

$$=\begin{bmatrix}x_{n-k+1}\\ \vdots\\ x_n\end{bmatrix}=\xi_n.$$

注意到算子 A 与 n 无关是很重要的. 因此 x_n 是向量 $A^n\xi$ 的分量之一,此处 ξ 是常数向量且 A 的矩阵形式为(8). 现在我们应用推论 5, 把 A 的矩阵化为若当型. ▯

在计算时, 既不需要写出矩阵也不需要把它化为标准型. 事实上, 算子 A 的任何特征值对应于形式为 $x_n=\lambda^n$ 的方程 (9) 的解. 把 $x_n=\lambda^n$ 代入(9)后, 我们发现 λ 满足方程

$$\lambda^k=a_1\lambda^{k-1}+\cdots+a_k,$$

容易验证,这个方程刚好是算子 A 的特征方程.

例 1 对于对应于关系式

$$x_n=2x_{n-1}+x_{n-2} \tag{10}$$

的序列 0, 1, 2, 5, 12, 29, …我们有 $\lambda^2=2\lambda+1$, $\lambda_{1,2}=1\pm\sqrt{2}$. 因此两个序列

$$x_n=(1+\sqrt{2})^n,\quad x_n=(1-\sqrt{2})^n$$

都满足(10),且这两个序列的所有线性组合(只有如此的线性组合)也都满足(10). 在这些线性组合之中,容易找出一个来使之满足 $x_0=0$, $x_1=1$. 事实上,解方程

$$c_1+c_2=0,\quad \sqrt{2}(c_1-c_2)=1,$$

我们求得

$$x_n=\frac{(1+\sqrt{2})^n}{2\sqrt{2}}-\frac{(1-\sqrt{2})^n}{2\sqrt{2}}.$$

评注 当 $n\to\infty$ 时第一项按指数增加，而第二项按指数减小．因此对于大的 n，

$$x_n \approx \frac{(1+\sqrt{2})^n}{2\sqrt{2}},$$

特别地有 $x_{n+1}/x_n \approx 1+\sqrt{2}$．这使我们得到$\sqrt{2}$的很好的近似值

$$\sqrt{2} \approx \frac{x_{n+1}-x_n}{x_n}.$$

选择 $x_n = 1, 2, 5, 12, 29, \cdots$，我们得到

$$\sqrt{2} \approx \frac{2-1}{1} = 1,$$

$$\sqrt{2} \approx \frac{5-2}{2} = 1.5,$$

$$\sqrt{2} \approx \frac{12-5}{5} = 1.4,$$

$$\sqrt{2} \approx \frac{29-12}{12} = 1.417\cdots$$

这些近似值与古代计算$\sqrt{2}$经常使用的那种近似值相同，把$\sqrt{2}$展开为连分数就能得到这些近似．而且 $(x_{n+1}-x_n)/x_n$ 是分母不超过 x_n 的 $\sqrt{2}$ 的所有有理近似值中最好的一个．

25.6 小振动

在§25.4中我们研究过特征方程的每一个根不管它的重数如何都对应着唯一的特征向量的情形，即 n 阶单个方程的情形．现在我们研究特征方程的每一个根对应有个数等于根的重数的特征向量的情形（在一定的意义下，这种情形和刚才引用的情形相反），这是保守力学系统的小振动情形．

设 U 是欧几里得空间 $\mathbf{R}^n$ 中由对称算子 A 给出的二次型，即设

$$U(x) = \frac{1}{2}(A\mathbf{x}, \mathbf{x}), \ \mathbf{x}\in\mathbf{R}^n, \ A:\mathbf{R}^n\to\mathbf{R}^n, \ A' = A,$$

此处 A' 表示 A 的转置；同时研究微分方程[1)]

---

1) 由条件：对每个向量 $\boldsymbol{\xi}\in T\mathbf{R}^n_x$，$dU(\boldsymbol{\xi}) = (\operatorname{grad} U, \boldsymbol{\xi})$ 确定向量场 grad U，此处 $(\cdot,\cdot)$ 表示欧几里得纯量积．在（正交）直角坐标系中，场 grad$U$ 有分量 $\partial U/\partial x_1, \cdots, \partial U/\partial x_n$．

$$\ddot{\mathbf{x}} = -\operatorname{grad} U, \tag{11}$$

把U想象为势能．在研究(11)时，想象一个小球从势能图上滑下来是很有益的(见§12)．方程(11)也可写作形式

$$\ddot{\mathbf{x}} = -A\mathbf{x},$$

或把它看作$\mathbf{x}$的坐标的n个方程的二阶线性方程组．遵循我们的一般法则，我们寻求形式为$\boldsymbol{\varphi} = e^{\lambda t}\boldsymbol{\xi}$的解．这时给出

$$\lambda^2 e^{\lambda t}\boldsymbol{\xi} = -Ae^{\lambda t}\boldsymbol{\xi}, \quad (A + \lambda^2 E)\boldsymbol{\xi} = 0,$$
$$\det(A + \lambda^2 E) = 0.$$

由此得到λ^2有n个实值(为什么？)，相应地λ有$2n$个实值或纯虚值．如果这些值全不相同，则方程(11)的每一个解是指数函数的线性组合；如果存在重根，则我们遇到若当块问题．

定理 若二次型U是非退化的，则每一个特征值λ有个数等于特征值的重数的线性无关的特征向量；相应地，方程(11)的每一个解都能写为指数函数的和[1]

$$\boldsymbol{\varphi}(t) = \sum_{k=1}^{2n} e^{\lambda_k t}\boldsymbol{\xi}_k, \quad \boldsymbol{\xi}_k \in \mathbf{C}^n. \tag{12}$$

证明 作一个正交变换可以把形式U化到主轴上，即存在一个正交基$\mathbf{e}_1, \cdots, \mathbf{e}_n$，在这组基下，$U$变为

$$U(x) = \frac{1}{2}\sum_{k=1}^{n} a_k x_k^2, \quad \mathbf{x} = x_1\mathbf{e}_1 + \cdots + x_n\mathbf{e}_n.$$

因为U是非退化的，数a_k中没有一个为零．在已指定的坐标中，不论是否存在重根，方程(11)变为

$$\ddot{x}_1 = -ax_1, \quad \ddot{x}_2 = -a_2x_2, \cdots, \quad \ddot{x}_n = -a_nx_n.$$ [2]

因此我们的系统分解为n个单摆方程的直积．这些方程中的每一个($\ddot{x} = -ax$)立即可解．事实上，如果$a > 0$，则$a = \omega^2$且

1) 第一个研究小振动方程(11)的拉格朗日(Lagrange)开始时犯了一个错误，他认为像此节前一部分一样，在重根时需要形式为$te^{\lambda t}$的长期项(或在实数情形下为$t\sin\omega t$)．注意到这件事是很有好处的．

2) 注意：实质上，我们已用到基$\mathbf{e}_1, \cdots, \mathbf{e}_n$的正交性．如果基不是正交的，则向量$\operatorname{grad}\frac{1}{2}\sum a_k x_k^2$的分量不等于$a_k x_k$．

$$x = C_1\cos\omega t + C_2\sin\omega t;$$

而如果 $a<0$，则 $a=-\alpha^2$ 且

$$x = C_1\cosh\alpha t + C_2\sinh\alpha t = D_1e^{\alpha t} + D_2e^{-\alpha t}.$$

特别，这些公式直接地蕴含式(12). □

如果形式 U 是正定的，则 a_k 全为正；并且点 x 沿 n 个相互垂直的方向 $\mathbf{e}_1,\cdots,\mathbf{e}_n$(图 173) 作 n 个独立的振动(称为正规方式). 满足方程 $\det(A-\omega^2E)=0$ 的数 ω_k 称为特征(或固有)频率. 在 $\mathbf{R}^n$ 中的点 $\mathbf{x}=\boldsymbol{\varphi}(t)$ 的轨道位于平行六面体 $|x_k|\leqslant X_k, 1\leqslant k\leqslant n$ 内，此处 $\boldsymbol{\varphi}$ 是(11)的解，X_k 是第 n 个特征振动的振幅；如果 $n=2$，则平行六面体简化为矩形.

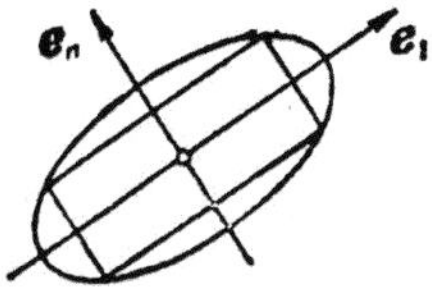

图 173 势能的水平曲线和特征振动方向

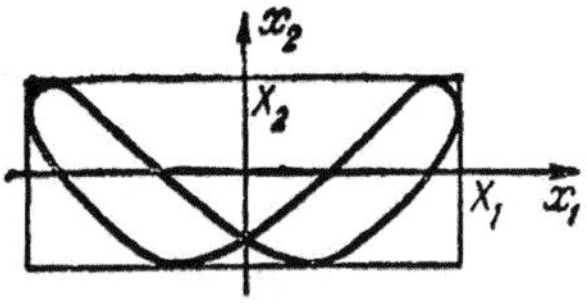

图 174 具有 $\omega_1=1, \omega_2=2$ 的李萨如(Lissojous)图中的一个

如果频率 ω_1 和 ω_2 是可公度的，则轨道为闭曲线，称为李萨如图(图 174)；然而如果 ω_1 和 ω_2 不可公度，则轨道稠密地充满整个矩形.

问题 1 对 $\omega_1=1$，$\omega_2=3$ 和 $\omega_1=3$，$\omega_2=1$ 画出李萨如图.

问题 2 证明具有 $\omega_2=n\omega_1$ 的李萨如图中的一个是 n 次多项式

$$T_n(x) = \cos(n\arccos x)$$

的图形，此多项式称为契比谢夫多项式.

问题 3 如果 $U=x_1^2-x_2^2$，轨道 $\mathbf{x}=\boldsymbol{\varphi}(t)$ 看 (Чебышев) 上去像什么?

问题 4 对于怎样的 U 方程(11)的平衡位置 $x=\dot{x}=0$ 是

a) 在李亚普诺夫意义下稳定的?

b）渐近稳定的？

§26　拟多项式的进一步讨论

在解常系数线性方程时，我们已经重复地遇到过拟多项式．现在我们阐明这些现象的理由，并且给出拟多项式某些进一步的应用．

26.1　无穷可微函数空间

设 F 为定义在实直线 $\mathbf{R}$ 上的所有复值无穷可微函数的集合．因为

$$f_1,\ f_2\in F,\quad c_1,\ c_2\in \mathbf{C},$$

显然推出 $c_1f_1+c_2f_2\in F$，所以集合 F 有复线性空间的自然结构．

定义　函数 $f_1,\cdots f_n\in F$ 称为线性无关的，若把他们看作线性空间 F 的向量时是线性无关的，即若

$$c_1f_1+\cdots+c_nf_n=0\quad (c_1,\cdots,c_n\in \mathbf{C})$$

蕴含 $c_1=\cdots=c_n=0$．

问题 1　α 和 β 取何值时函数 $\sin\alpha t$ 和 $\sin\beta t$ 是线性相关的？

问题 2　证明：如果数 λ_k 是互不相同的，则函数 $e^{\lambda_1 t},\cdots,e^{\lambda_n t}$ 是线性无关的．

提示　此结论可从具有解 $e^{\lambda_1 t},\cdots,e^{\lambda_n t}$ 的 n 阶线性方程的存在性而得到（见§26.2）．

空间 F 包含着指数为 λ 的全部拟多项式

$$f(t)=e^{\lambda t}\sum_{k=0}^{\nu-1}c_kt^k;$$

更一般地，包含着具有不同指数的拟多项式的全部有限和

$$f(t)=\sum_{l=1}^{k'}e^{\lambda_l t}\sum_{m=0}^{\nu_l-1}c_{lm}t^m,\quad \lambda_i\neq\lambda_j,\ \nu_l\text{是}\lambda_l\text{的重数}. \tag{1}$$

问题 3　证明每一个能用形式为(1)的和表示的函数有唯一的这样的表示式．换句话说，证明：如果和(1)恒等于零，则每一系数 c_{lm} 等于0．

提示　作为一种可能的解法，见下面的推论.

26.2 线性方程的解空间

定理　线性方程

$$x^{(n)}+a_1x^{(n-1)}+\cdots+a_nx=0 \tag{2}$$

的所有解的集合 X 是一个 F 的 n 维线性子空间.

证明　考虑把每一个函数变为它的导数的算子 $D:F\to F$，算子 D 是线性的:

$$D(c_1f_1+c_2f_2)=c_1Df_1+c_2Df_2.$$

设

$$A=a(D)=D^n+a_1D^{n-1}+\cdots+a_nE$$

是一个算子 D 的多项式，则 A 是一个线性算子 $A:F\to F$. 方程(2)的解正好是 A 的核的元素[1)]，所以 $X=\operatorname{Ker}A$. 但是线性算子的核是一个线性空间，因此 X 是一个线性空间.

其次，我们证明 X 和 $\mathbf{C}^n$ 同构. 对任意给定的 $\varphi\in X$，我们使 φ 和 n 个数的集合相联系，即使函数 φ 和它的前面的 $n-1$ 阶导数在 $t=0$ 的值

$$\boldsymbol{\varphi}_0=(\varphi(0),(D\varphi)(0),\cdots,(D^{n-1}\varphi)(0))$$

相联系. 这种联系给出一个映射

$$B:X\to\mathbf{C}^n,\quad B\varphi=\boldsymbol{\varphi}_0,$$

此映射显然是线性的. B 的像是整个空间 $\mathbf{C}^n$，因为根据存在定理，存在一个具有任何初始条件 $\boldsymbol{\varphi}_0$ 的解 $\varphi\in X$；并且，映射 B 的核由唯一的元素 O 组成，又因为根据唯一性定理，初始条件 $\boldsymbol{\varphi}_0=0$ 唯一地决定解 $(\varphi=0)$. 因此，B 是一个同构映射. □

推论　设 $\lambda_1,\cdots,\lambda_k$ 是微分方程(2)的特征方程 $a(\lambda)=0$ 的根，重数分别为 $\nu_1,\cdots,\nu_k$，则方程(2)的每一个解有唯一的形式为(1)的表示式，同时形式为(1)的每一个拟多项式的和都满足方程(2).

---

1) 我们已经知道方程(2)的所有解是无穷可微的，即属于 F(见 §25.9).

证明　公式(1)给出一个映射 $\boldsymbol{\Phi}:\mathbf{C}^n\to F$，使函数 f 和每一个 n 个系数 c_{lm} 的集合相联系．映射 $\boldsymbol{\Phi}$ 是线性的，并且 $\boldsymbol{\Phi}$ 的像包含方程(2)的阶有解的空间 X，因为按照 §25.4，方程(2)的每一个解都可以用形式(1)写出．由于上面的定理，X 的维数等于 n．但是从空间 $\mathbf{C}^n$ 到同一维数的空间 X 上的线性映射是一个同构映射，因此 Φ 在 C^n 和 X 之间建立了一个同构． □

26.3　移动不变性

定理　微分方程(2)的解空间 X 在把函数 $\varphi(t)$ 变为 $\varphi(t+s)$ 的移动下是不变的．

证明　如同任何自治方程的情形一样(见 §10.1)，解的移动仍是一个解．

以下都是空间 F 的移动不变子空间的例子：

例 1　一维空间 $\{ce^{\lambda t}\}$．

例 2　n 维拟多项式空间 $\{e^{\lambda t}p_{<n}(t)\}$．

例 3　平面 $\{c_1\cos\omega t+c_2\sin\omega t\}$．

例 4　$2n$ 维空间 $\{p_{<n}(t)\cos\omega t+q_{<n}(t)\sin\omega t\}$．

可以证明空间 F 的每一个有限维移动不变子空间是某个微分方程(2)的解空间．换句话说，如此的子空间常常分解为拟多项式空间的直和．这说明拟多项式在常系数线性微分方程理论中的重要性．

如果一个方程在某个变换群之下是不变的，则在此群之下不变的函数空间在解方程时将起重要的作用．这就是为什么数学中会出现各种特殊函数的原因．例如，球面的旋转群和在旋转下不变的球面上的有限维函数空间("球函数")之间存在着联系．

***问题 1**　求出在圆周旋转下不变的圆周上的光滑函数空间的全部有限维子空间．

26.4　历史评述

欧拉和拉格朗日在矩阵的若当标准型发明以前已经创立了常

系数线性微分方程的理论．他们的理由如下：设 λ_1 和 λ_2 是特征方程的两个根；和这些特征根对应的解 $e^{\lambda_1 t}$ 和 $e^{\lambda_2 t}$ 在空间 F 张成一个二维平面 $\{c_1e^{\lambda_1 t}+c_2e^{\lambda_2 t}\}$（图 175）．假定以 λ_2 趋向 λ_1 方式改变方程，则当 $\lambda_2=\lambda_1$ 时，$e^{\lambda_2 t}$ 趋向 $e^{\lambda_1 t}$，同时平面退化为直线．现在出现的问题是当 $\lambda_2\to\lambda_1$ 时平面是否有极限位置．如果 $\lambda_2\neq\lambda_1$，我们可以选择 $e^{\lambda_1 t}$，$e^{\lambda_2 t}-e^{\lambda_1 t}$ 为基而不选择 $e^{\lambda_1 t}$，$e^{\lambda_2 t}$ 为基；然而

$$e^{\lambda_2 t}-e^{\lambda_1 t}\approx(\lambda_2-\lambda_1)te^{\lambda_1 t},$$

因此，当 $\lambda_2\to\lambda_1$ 时，由 $e^{\lambda_1 t}$ 和 $e^{\lambda_2 t}-e^{\lambda_1 t}$ 张成的平面，或与此等价的由 $e^{\lambda_1 t}$ 和 $(e^{\lambda_2 t}-e^{\lambda_1 t})/(\lambda_2-\lambda_1)$ 张成的平面趋向由 $e^{\lambda_1 t}$ 和 $te^{\lambda_1 t}$ 张成的极限平面．因此预期极限方程（具有重根 $\lambda_2=\lambda_1$）的解应位于极限平面 $\{c_1e^{\lambda_1 t}+c_2te^{\lambda_1 t}\}$ 上那是很自然的，此处 $c_1e^{\lambda_1 t}+c_2te^{\lambda_2 t}$ 是原来微分方程解的事实可以用直接代入法验证；在 ν 重根时解 $t^ke^{\lambda t}(k<\nu)$ 的出现可用同样的推理进行解释．

以上的议论容易用完全严格的方法作出（例如借助于解对参数的可微依赖性定理）．

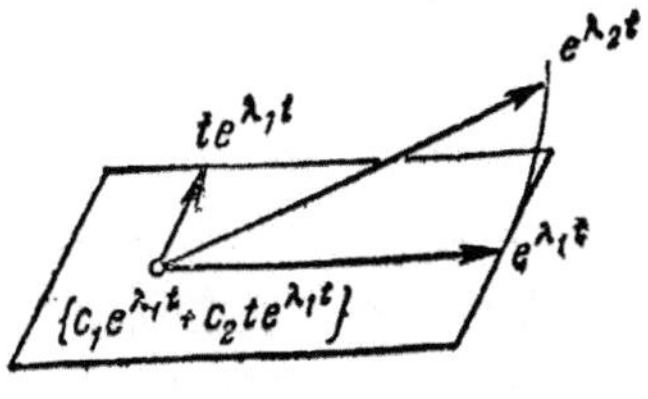

图 175　在空间 F 中由 $e^{\lambda_1 t}$ 和 $e^{\lambda_2 t}$ 张成的平面的极限位置

26.5　非齐次方程

给定一线性算子 $A:L_1\to L_2$，所谓具有右端项 f 的非齐次方程

$$Ax=f$$

的解指的是元素 $f\in L_2$ 的原像 $x\in L_1$（图 176）．非齐次方程的每一个解是特解 x_1 和齐次方程 $Ax=0$ 的通解的和：

$$A^{-1}f = x_1 + \mathrm{Ker}\, A.$$

非齐次方程是可解的当且仅当 f 属于线性空间

$$\mathrm{Im}\, A = A(L_1) \subset L_2.$$

特别，考虑微分方程

$$x^{(n)} + a_1 x^{(n-1)} + \cdots + a_n x = f(t) \tag{3}$$

（常系数 n 阶非齐次线性方程）.

定理 若方程(3)的右端项 $f(t)$ 是拟多项式的和，则方程(3)的每一个解也是拟多项式的和.

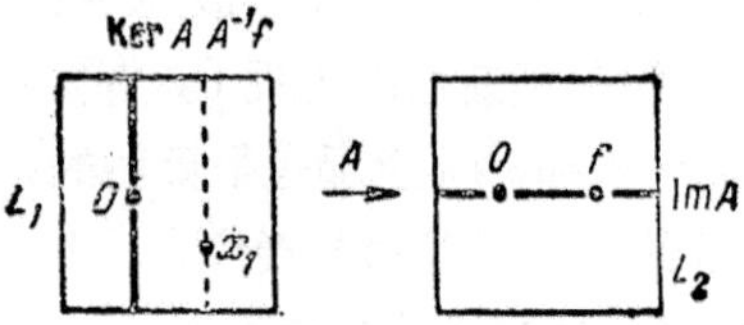

图 176 算子 A 的核和像

设

$$\mathbf{Q}^m = \{e^{\lambda t} p_{<m}(t)\}$$

是次数小于 m 且指数为 λ 的所有拟多项式的空间. 线性算子 D（把每一个函数变为它的导数）把 $\mathbf{Q}^m$ 变为自身，因此算子

$$A = a(D) = D^n + a_1 D^{n-1} + \cdots + a_n E : \mathbf{Q}^m \to \mathbf{Q}^m$$

也是把 $\mathbf{Q}^m$ 变为自身的线性算子. 现在我们可以把方程 (3) 写为形式 $Ax = f$，同时为了研究(3)的可解性，我们必须寻找映射 A 的像 $\mathrm{Im}\, A = A(\mathbf{Q}^m)$.

引理 1 设 λ 不是特征方程的根，所以 $a(\lambda) \neq 0$，则

$$A : \mathbf{Q}^m \to \mathbf{Q}^m$$

是同构映射.

证明 算子 $D: \mathbf{Q}^m \to \mathbf{Q}^m$ 的矩阵在合适的基下是以 λ 在主对角线上的若当块，在同一组基下，算子 A 有以 $a(\lambda)$ 在主对角线上的三角矩阵. 因此

$$\det A = [a(\lambda)]^m \neq 0,$$

于是，A 是一个同构映射. □

推论 1 假定 λ 不是特征方程的根，且假定方程(3)有一个次数小于 m 指数为 λ 的拟多项式作为它的右端项，则方程(3)有一个次数小于 m 指数为 λ 的拟多项式作为它的特解.

证明 这是引理 1 的直接结果. □

引理 2 假定 λ 是重数为 ν 的特征方程的根，所以

$$a(z)=(z-\lambda)^{\nu}b(z), \quad b(\lambda)\neq 0,$$

则

$$A\mathbf{Q}^{m}=\mathbf{Q}^{m-\nu}.$$

证明 此处

$$A=a(D)=(D-\lambda E)^{\nu}b(D),$$

由于引理 1，这里 $b(D)$: $\mathbf{Q}^{m}\to\mathbf{Q}^{m}$ 是一同构映射. 还需证明

$$(D-\lambda E)^{\nu}\mathbf{Q}^{m}=\mathbf{Q}^{m-\nu}.$$

但是算子 $D-\lambda E$ 的矩阵在基

$$\mathbf{e}_{k}=\frac{t^{k}}{k!}e^{\lambda t}, \quad 0\leqslant k<m$$

下是一幂零若当块，即 $D-\lambda E$ 作用在基上像一个移动:

$$0\longleftarrow\!\!\!\mid\ \mathbf{e}_{0}\longleftarrow\!\!\!\mid\ \mathbf{e}_{1}\longleftarrow\!\!\!\mid\ \cdots\longleftarrow\!\!\!\mid\ \mathbf{e}_{m-1},$$

因此算子 $(D-\lambda E)^{\nu}$ 的作用像 ν 次移动，因而 $\mathbf{Q}^{m}$ 映射到 $\mathbf{Q}^{m-\nu}$ 上. □

推论 2 设 λ 是特征方程 $a(\lambda)=0$ 的 ν 重根，且设 $f\in\mathbf{Q}^{k}$ 是次数小于 k 及指数为 λ 的拟多项式，则方程(3)有次数小于 $k+\nu$，指数为 λ 的拟多项式 $\varphi\in\mathbf{Q}^{k+\nu}$ 作为它的解.

证明 我们只需在引理 2 中令 $m=k+\nu$. □

定理的证明 设$\sum$是所有可能的拟多项式和的集合，则$\sum$是空间 F 的无限维子空间. 由推论 2，算子

$$A=a(D):\ \sum\to\sum$$

的像 $A(\sum)$ 包含所有的拟多项式，因此 $A(\sum)$ 和$\sum$重合而且是一线性空间，所以方程(3)有一拟多项式的和的特解. 还需加上齐次方程的通解，而按照 § 25.4，它本身是拟多项式的和. □

注 1 如果 $f = e^{\lambda t} p_{<k}(t)$，则方程(3)有形式为

$$\varphi = t^{\nu} e^{\lambda t} q_{<k}(t)$$

的特解. 事实上，存在一个次数小于 $k + \nu$ 的拟多项式的特解；但是次数小于 ν 的项满足齐次方程(见 §25.4)，因此可以去掉.

注 2 假定方程(3)是实的. 如果 λ 是实的，则我们可以寻求实拟多项式形式的解；如果 $\lambda = \alpha + i\omega$，则解的形式为

$$e^{\alpha t}[p(t)\cos\omega t + q(t)\sin\omega t].$$

此处解可以包含正弦函数，即使在(3)的右端只包含余弦时也是如此.

问题 1 求下列方程每一个特解的形状：

a) $\ddot{x} \pm x = t^2$;

b) $\ddot{x} \pm x = e^{2t}$;

c) $\ddot{x} \pm x = te^{-t}$;

d) $\ddot{x} \pm x = t^3 \sin t$;

e) $\ddot{x} + x = te^t \cos t$;

f) $\ddot{x} \pm 2ix = t^2 e^t \sin t$;

g) $x^{(\text{iv})} + 4x = t^2 e^t \cos t$.

26.6 复数振幅方法

在复根时，进行以下的计算通常是比较简单的. 设方程(3)是实的，$f(t)$ 表示复函数的实部

$$f(t) = \operatorname{Re} F(t).$$

设 $\boldsymbol{\Phi}(t)$ 是方程

$$a(D)\boldsymbol{\Phi}(t) = F(t)$$

的复解，则取其实部，我们看出

$$a(D)\varphi(t) = f(t),$$

此处 $\varphi = \operatorname{Re}\boldsymbol{\Phi}$ (因为 $a = \operatorname{Re} a$). 因此为了解右端项为 $f(t)$ 的非齐次线性方程，我们只需把 $f(t)$ 看作复函数 $F(t)$ 的实部，解右端项为 $F(t)$ 的方程，并且取其解的实部.

例 1 设

$$f(t) = \cos\omega t = \operatorname{Re} e^{i\omega t},$$

拟多项式 $F(t)=e^{i\omega t}$ 次数为零，所以我们可以寻求形式为 $Ct^{\nu}e^{i\omega t}$ 的解 Φ，此处 C 是复常数(称为复数振幅)，ν 是根 $i\omega$ 的重数．因此

$$\varphi(t)=\mathrm{Re}\,(Ct^{\nu}e^{i\omega t}).$$

如果 $C=re^{i\theta}$，则 $\varphi(t)=rt^{\nu}\cos(\omega t+\theta)$．于是复数振幅 C 包含实解的振幅 r 和相位 θ 两方面的信息．

例 2 考虑在外周期力作用下单摆（或者是另一种振动线性系统，例如在弹簧上的重锤或振荡电迴路)的性能：

$$\ddot{x}+\omega^2x=f(t),\quad f(t)=\cos\nu t=\mathrm{Re}\,e^{i\nu t}$$

(图 177)．如果 $\nu^2\neq\omega^2$，则特征方程 $\lambda^2+\omega^2=0$ 有根 $\lambda=\pm i\omega$，我们必须寻找形式为 $\Phi=Ce^{i\nu t}$ 的特解．把 Φ 代入微分方程，我们得到量

$$C=\frac{1}{\omega^2-\nu^2},\tag{4}$$

它可以写为三角形式

$$C=r(\nu)e^{i\theta(\nu)}.\tag{5}$$

按照 (4)，振幅 r 和相位 θ 有如图 178 指出的值[1]．Φ 的实部等于 $r\cos(\nu t+\theta)$．因此非齐次方程的通解形式为

$$x=r\cos(\nu t+\theta)+C_1\cos(\omega t+\theta_1),$$

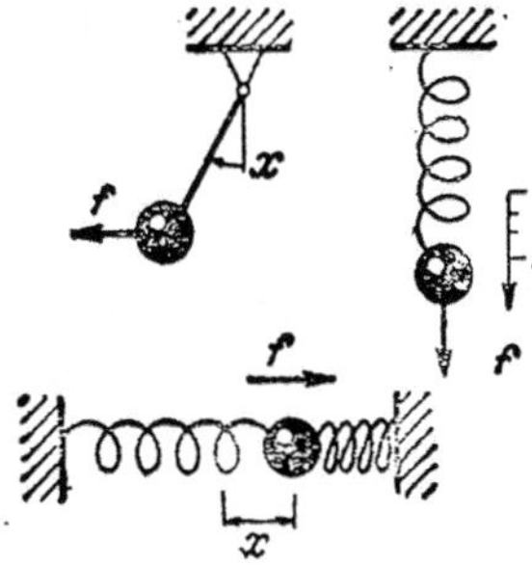

图 177 在外力 $f(t)=\cos\nu t$ 作用下的振动系统

1) 当 $\nu>\omega$ 时，从下面的例 3 知道选择 $\theta=-\pi$（要比选 $+\pi$ 好)是恰当的．

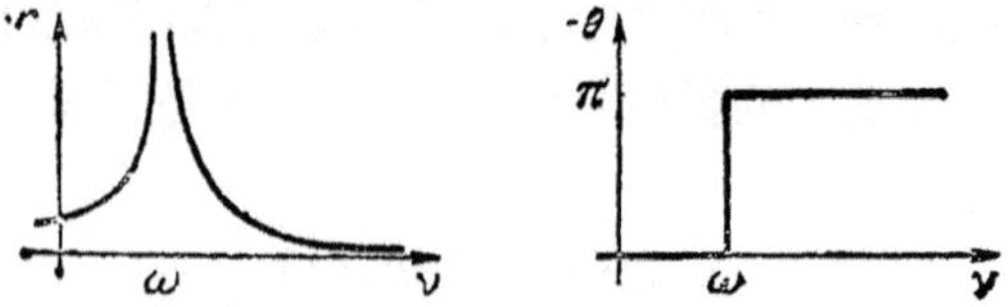

图 178　无摩擦单摆的强迫振动的振幅和相位看作外力频率的函数.

此处 C_1 和 θ_1 是任意常数.

于是在外力作用下单摆的振动由具有外力频率的“强迫振动” $r\cos(\nu t+\theta)$ 和具有固有频率 ω 的“自由振动”所组成. 强迫振动的振幅 r 和外力的频率相互依赖性引起特有的共振形式：外力的频率愈接近固有频率 ω，外力“震动”系统愈强烈. 当外力的频率和振动系统的固有频率重合时观察到的这种共振现象，在应用上十分重要. 例如，在各类包含工程结构的计算中，必须注意结构的固有频率不能接近此结构将经受到的外力的频率，否则即使一个小的力作用在长的时间间隔上，将震动结构，并且使结构遭到破坏.

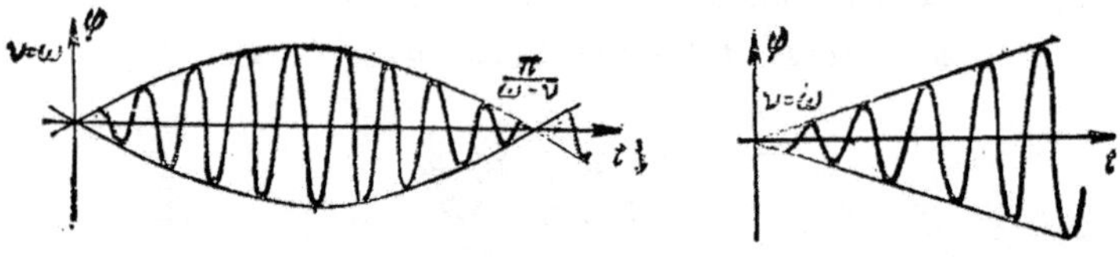

图 179　两个有相近频率的谐波的和(拍)及它在共振时的极限(“摆动”)

当 ν 通过共振频率 ω 时强迫振动的相位 θ 经历一个跳跃 $-\pi$；当 ν 接近 ω 时，就观察到“拍”(图 179)，也就是单摆的振幅交替地增大（此时单摆的相位和外力的关系是外力震动单摆把能量传送于单摆)和减少(此时相位间的关系是使外力把单摆“锁住”的方式变化)；频率 ν 和 ω 愈接近，相位间的变化愈慢，拍的周期愈大；当 $\nu\to\omega$ 时拍的周期趋向无穷. 在共振时 $(\nu=\omega)$ 相位间关系是常数且强迫振动可以无限地增长. 事实上，对 $\nu=\omega$，按照一般法则

我们寻找形式为

$$x = \mathrm{Re}\,(Cte^{i\omega t}) \tag{6}$$

的特解．把上式代入微分方程 (6) 后，我们得到 $C = 1/2i\omega$，因此

$$x = \frac{t}{2\omega}\sin\omega t,$$

所以强迫振动无限地增长(图 179)．

例 3　考虑具有摩控的单摆：

$$\ddot{x} + k\dot{x} + \omega^2 x = f(t).$$

对应的特征方程

$$\lambda^2 + k\lambda + \omega^2 = 0$$

有根

$$\lambda_{1,2} = -\alpha \pm i\Omega,\quad \alpha = -\frac{k}{2},$$

$$\Omega = \sqrt{\omega^2 - \frac{k^2}{4}}\ (\text{图 } 180).$$

假定摩擦系数 k 为正且很小 ($k^2 < 4\omega^2$)；并设外力是振动的：

$$f(t) = \cos\nu t = \mathrm{Re}\, e^{i\nu t}.$$

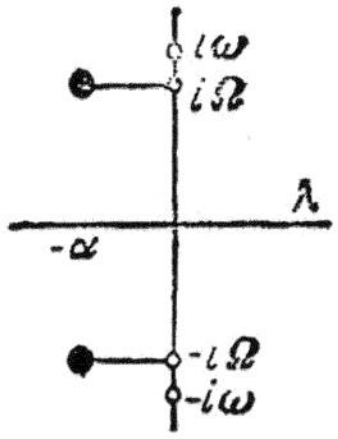

图 180　有摩擦单摆的方程的特征值

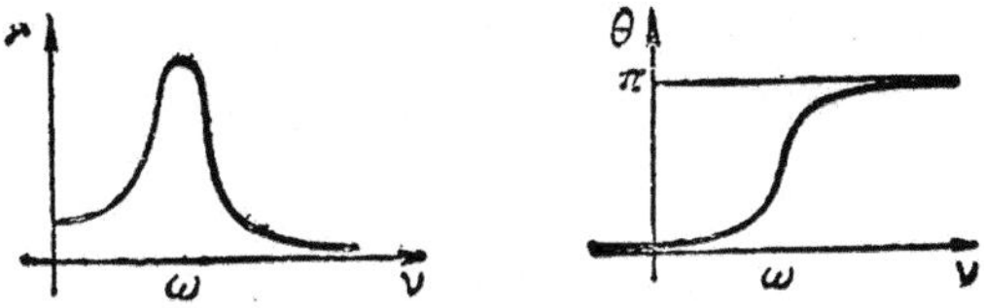

图 181　有摩擦单摆的强迫振动的振幅和相位看作外力频率的函数

如果摩擦系数不等于 0，那么 $i\nu$ 不是特征方程的根(因为 $\lambda_{1,2}$ 有非零的实部)．因此我们应该寻找形式为

$$x = \mathrm{Re}\, C e^{i\nu t} \tag{7}$$

的解．把(7)代入微分方程后得到

$$C = \frac{1}{\omega^2 - \nu^2 + ik\nu}. \tag{8}$$

假设我们把 C 写作三角形式 (5)，则按照(7)作为外力频率 ν 的函数的强迫振动的振幅 r 和相位 θ 的图形有如图 181 所示的形状.

把齐次方程的通解 $C_1 e^{-\alpha t}\cos(\Omega t + \theta_1)$ 加到特解上，我们得到非齐次方程的通解

$$x = r\cos(\nu t + \theta) + C_1 e^{-\alpha t}\cos(\Omega t + \theta_1).$$

右边第二项当 $t \to +\infty$ 时趋向于 0，只留下强迫振动

$$x = r\cos(\nu t + \theta).$$

把无摩擦单摆(图 178)的性能和摩擦系数为正的单摆(图 181)的性能比较后，我们发现小摩擦在共振时的效果是使共振时振动的振幅不变成无穷，但是增加到一个和摩擦系数成反比的确定的有限值. 事实上，表示稳态振动的振幅和外力频率相依关系的函数 $r(\nu)$ 在 $\nu = \omega$ 附近有尖锐的确定的极大值(图 181)，并且从(8)显然可知这个极大值的高度当 k 减小时和 $1/k\omega$ 一样地增加.

从物理观点上，通过简单地计算能量平衡后，容易预测稳态强迫振动的振幅是有限的. 在大振幅时，由于摩擦引起的能量损失大于外力传送给单摆的能量，因此直到摩擦引起的能量损失等于外力所作的功这一状态建立前，振幅将要减少. 当 $k \to 0$ 时，稳态振动的振幅大小反比于摩擦系数 k 而增加. 相位移动 θ 常为负，即强迫振动常滞后于外力.

问题 1 证明右端项等于向量系数拟多项式的和

$$\mathbf{f} = \sum_l e^{\lambda_l t} \sum_k \mathbf{C}_{kl} t^k$$

的常系数非齐次次线方程组的每一个解也是向量系数拟多项式的和.

问题 2 证明右端项等于拟多项式的和的非齐次线性循环关系

$$x_n - (a_1 x_{n-1} + \cdots + a_k x_{n-k}) = f(n)$$

的每一解也是拟多项式的和. 求出序列 0, 2, 7, 18, 41, 88, ··· 的通项公式 $(x_n = 2x_{n-1} + n)$.

26.7 在弱非线性振动计算上的应用

在研究一个方程的解依赖于参数时，我们必须解非齐次线性方程,即"变分方程"(见 §9.5). 特别,如果"未扰动"方程组是线性的，问题经常化为求右端项为指数函数(或是三角函数)的和或拟多项式的和的线性方程的解.

问题 1 求由方程 $\ddot{x} = -\sin x$ 所描述的单摆的振动周期和振幅 A 间的依赖关系,假定 A 很小.

答 $T = 2\pi[1 + (A^2/16) + O(A^4)]$. 例如,如果角度的偏移是 30°,则周期超过小振动周期百分之二.

解 考虑初始条件为 $x(0) = A$, $\dot{x}(0) = 0$ 的单摆方程的解，此解是 A 的函数. 由解对初始条件的可微依赖性定理知此函数是光滑的. 在 $A = 0$ 附近把此函数展为泰勒级数,我们得到

$$x = Ax_1(t) + A^2x_2(t) + A^3x_3(t) + O(A^4),$$

所以

$$\dot{x} = A\dot{x}_1 + A^2\dot{x}_2 + A^3\dot{x}_3 + O(A^4),$$

$$\ddot{x} = A\ddot{x}_1 + A^2\ddot{x}_2 + A^3\ddot{x}_3 + O(A^4),$$

$$\sin x = Ax_1 + A^2x_2 + A^3\left(x_3 - \frac{1}{6}x_1^3\right) + O(A^4).$$

对每一个 A 方程 $\ddot{x} = -\sin x$ 成立,因此 x_1, x_2, x_3 满足方程

$$\ddot{x}_1 = -x_1,\ \ddot{x}_2 = -x_2,\ \ddot{x}_3 = -x_3 + \frac{1}{6}x_1^3. \tag{9}$$

对每一个 A, 初始条件 $x(0) = A$, $\dot{x}(0) = 0$ 也成立,因此方程 (9) 满足下列的初始条件:

$$x_1(0) = 1,\quad x_2(0) = x_3(0) = \dot{x}_1(0) = \dot{x}_2(0) = \dot{x}_3(0) = 0. \tag{10}$$

解出满足条件(10)的方程(9)的前面两个方程后,我们得到

$$x_1 = \cos t,\quad x_2 = 0,$$

所以 x_3 满足方程

$$\ddot{x}_3 + x_3 = \frac{1}{6}\cos^3 t,\quad x_3(0) = \dot{x}_3(0) = 0. \tag{11}$$

用复数振幅法解(11),我们得到

$$x_3 = \alpha(\cos t - \cos 3t) + \beta t\sin t,$$

此处 $\alpha = 1/192$, $\beta = 1/16$.

因此单摆振动的非线性效果（$\sin x \neq x$）归结为[1]附加项 $A^3x_3 + O(A^4)$ 的存在：

$$x = A\cos t + A^3[\alpha(\cos t - \cos 3t) + \beta t\sin t] + O(A^4).$$

振动周期 T 刚好在 $x(t)$ 取它的极大值的点上；同时对小的 A，T 和 2π 很接近。为了得到这一点，我们利用条件 $\dot{x}(T) = 0$：

$$\begin{aligned} A\{-\sin T + A^2[(\beta - \alpha)\sin T + 3\alpha\sin 3T \\ + \beta T\cos T] + O(A^3)\} = 0 \end{aligned} \tag{12}$$

为了对小的 A 近似地解(12)，令 $T = 2\pi + u$，这就给出关于 u 的方程

$$\sin u = A^2[2\pi\beta + O(u)] + O(A^3).$$

由于隐函数定理，

$$u = 2\pi\beta A^2 + O(A^3),$$

即

$$T = 2\pi\left[1 + \frac{A^2}{16} + o(A^2)\right],$$

此处因为 $T(A)$ 是偶的，所以有 $o(A^2) = O(A^4)$。

问题 2 对于方程

$$\ddot{x} + \omega^2 x + ax^2 + bx^3 = 0$$

研究振动周期 T 和振幅 A 之间的关系。

答 $T = \frac{2\pi}{\omega}\left[1 + \left(\frac{5a^2}{12\omega^4} - \frac{3b}{8\omega^2}\right)A^2 + o(A^2)\right].$

问题 3 从周期的直接公式(见§12.7)推出同样的结论。

§27 非自治线性方程

线性方程理论中与移动不变性无关的那部分理论，可以容易地搬到变系数的线性方程和线性方程组中。

---

1) 这里回忆一下，底部有洞的水桶(见§9.5的注意)是很有益的。由于在 x_3 的公式中“长期项” $t\sin t$ 的存在，我们不能对 $t \to \infty$ 时单摆的性态作出任何结论。我们的近似值只对有限时间间隔有效，对于大的 t，项 $O(A^4)$ 变为很大。单摆振动方程的解实际上对所有的 t 仍然是有界的(被 A 所界)，因为根据能量守恒定律这是很明显的。

27.1 定义

所谓**变系数**[1]**(齐次)线性方程**指的是形式为

$$\dot{\mathbf{x}} = A(t)\mathbf{x}, \quad \mathbf{x} \in \mathbf{R}^n, \quad A(t): \mathbf{R}^n \to \mathbf{R}^n \tag{1}$$

的方程，此处 t 属于实轴的一个开区间 I (也可能是全部实轴).

几何上，方程(1)的解在扩张相空间的带形 $\mathbf{I} \times \mathbf{R}^n$ 上(图 182)用积分曲线表示. 通常，我们假定函数 $A(t)$ 是光滑的.[2]

例 1 研究单摆方程 $\ddot{x} = -\omega^2 x$. 频率 ω 由单摆的长度决定，可变长度的单摆振动用类似的方程

$$\ddot{x} = -\omega^2(t)x$$

描述. 此方程可写为形式(1):

$$\begin{cases} \dot{x}_1 = x_2, \\ \dot{x}_2 = -\omega^2(t)x_1, \end{cases} \qquad A = \begin{pmatrix} 0 & 1 \\ -\omega^2(t) & 0 \end{pmatrix}.$$

秋千 (图 183) 是一个可变长度的单摆的例子. 事实上，在秋千上的女孩通过她的重心位置的改变，可以周期地改变参数值 ω.

27.2 解的存在性

方程 (1) 的解中有一个显然是零解. 对于任意初始条件 (t_0,

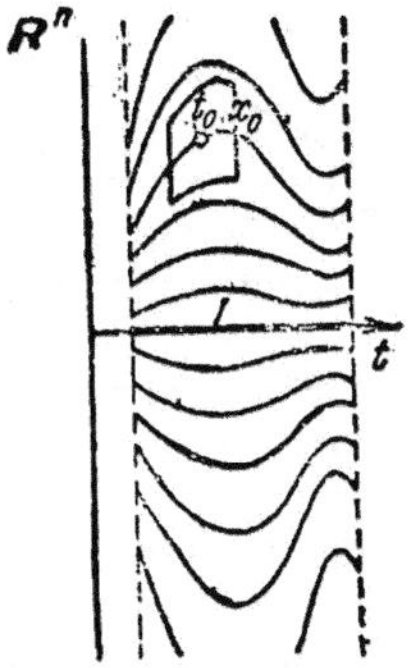

图 182　线性方程的积分曲线

图 183　秋千

1) 此处我们假定系数是实的，复数的情形完全类似.

2) 实际上假定 $A(t)$ 是连续的就够了(见 § 32.6).

$\mathbf{x}_0) \in I \times \mathbf{R}^n$，在点 t_0 的某一邻域中有定义的解的存在性由第二章的一般理论推出．对于一个非线性方程把解延拓到全区间 I 上有时是不可能的(图 184)；然而，线性方程有特殊的性能：它们的解中没有一个会在有限时间间隔内变为无限．

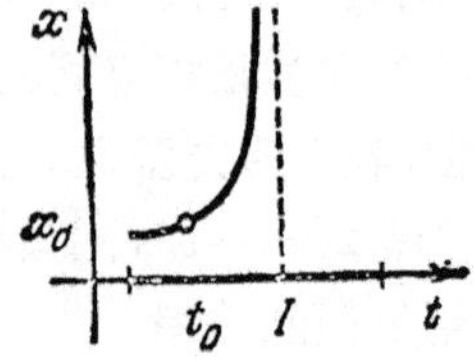

图 184　方程 $\dot{x} = x^2$ 的不能延拓的解

定理　方程(1)的每一个解可以延拓到整个区间 I 上．

证明的思想是：对于线性方程有 $|\dot{\mathbf{x}}| \leqslant C|\mathbf{x}|$，因此解不能比 e^{Ct} 增长得更快．

为了给出严格的证明，比如说，我们进行以下的过程．首先注意，如果 $[a,b]$ 是 I 上的紧致区间，则算子 $A(t)$ 的范数[1]在 $[a,b]$ 上有界：

$$|A(t)| < C = C(a, b).$$

引理　设 $\varphi(t)$ 是在区间 $[t_0, t]$ 上有定义的方程(1)的解，此处 $a \leqslant t_0 \leqslant t \leqslant b$(图 185)，则 $\varphi(t)$ 满足先验估计

$$|\varphi(t)| \leqslant e^{C(t-t_0)}|\varphi(t_0)|. \tag{3}$$

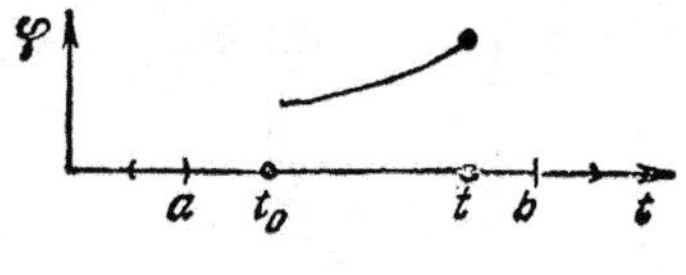

图 185　在区间 $[a, b]$ 上解增长的先验估计

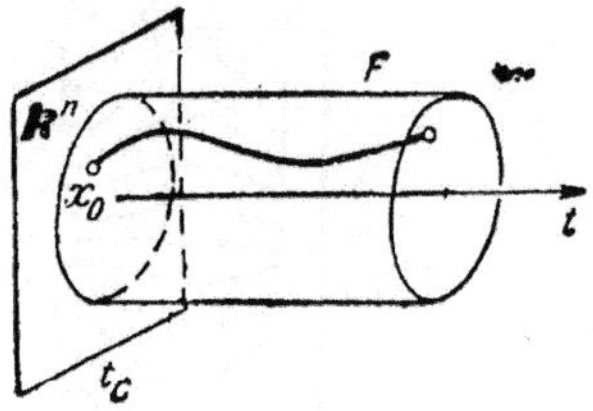

图 186　直到 $t = b$ 解的延拓

证明　对于零解这个估计是显然成立．如果 $\varphi(t_0) \neq 0$，则由唯一性定理知 $\varphi(\tau) \neq 0$．设 $r(\tau) = |\varphi(\tau)|$，则函数 $L(\tau) = \ln r^2$ 在 $t_0 \leqslant \tau \leqslant t$ 时有定义，

1) 我们假定在 $\mathbf{R}^n$ 上已选定某种欧几里得度量．

且因为(2)，有

$$\dot{L}=\frac{2r\dot{r}}{r^2}\leqslant 2C,$$

因此

$$L(t)\leqslant L(t_0)+2C(t-t_0),$$

由此推出(3). □

定理的证明 设 $|\mathbf{x}_0|^2=B>0$，同时考虑扩张相空间中的紧致集

$$F=\{t,\mathbf{x}:a\leqslant t\leqslant b,\ |\mathbf{x}|^2\leqslant 2Be^{2C(b-a)}\}$$

(图 186). 由延拓定理，具有初始条件 $\boldsymbol{\varphi}(t_0)=\mathbf{x}_0$ 的解可以一直延拓到柱体 F 的边界上；F 的边界由两个底面($t=a,t=b$)和侧面($|\mathbf{x}|^2=2Be^{2C(b-a)}$)组成. 因为由引理知

$$|\boldsymbol{\varphi}(t)|^2\leqslant Be^{2C(b-a)},$$

所以解不能通过 F 的侧面离开 F. 因此解可以向右延拓直到 $t=b$. 类似地能证明解可向左延拓直到 $t=a$. 因为 a 和 b 是任意的，于是完成了证明. □

27.3 方程(1)的解空间

设 X 是定义在整个区间 I 上的方程(1)的所有解的集合. 因为解正好是值在线性空间 $\mathbf{R}^n$ 上的映射 $\boldsymbol{\varphi}: I\to\mathbf{R}^n$，它们可以相加和用数相乘

$$(c_1\boldsymbol{\varphi}_1+c_2\boldsymbol{\varphi}_2)(t)=c_1\boldsymbol{\varphi}_1(t)+c_2\boldsymbol{\varphi}_2(t).$$

定理 1 定义在区间 I 上的方程(1)的所有解的集合 X 是一个线性空间.

证明 显然，因为

$$\frac{d}{dt}(c_1\boldsymbol{\varphi}_1+c_2\boldsymbol{\varphi}_2)=c_1\dot{\boldsymbol{\varphi}}_1+c_2\dot{\boldsymbol{\varphi}}_2$$

$$=c_1A\boldsymbol{\varphi}_1+c_2A\boldsymbol{\varphi}_2=A(c_1\boldsymbol{\varphi}_1+c_2\boldsymbol{\varphi}_2).$$ □

定理 2 线性方程解的线性空间 X 和方程的相空间 $\mathbf{R}^n$ 同构.

证明 设 $t\in I$，同时考虑和每一个解在时间 t 的值有关的映射

$$B_t: X\to\mathbf{R}^n,\quad B_t\boldsymbol{\varphi}=\boldsymbol{\varphi}(t).$$

因为解的和的值等于它们的值的和，所以映射 B_t 是线性的. 因为

由存在性定理知，对每一个 $\mathbf{x}_0 \in \mathbf{R}^n$ 存在一个和初始条件 $\varphi(t_0) = \mathbf{x}_0$ 有关的解 $\boldsymbol{\varphi}$，因此，B_t 的像是整个相空间 $\mathbf{R}^n$；最后，因为由唯一性定理知，具有初始条件 $\boldsymbol{\varphi}(t_0) = 0$ 的解应该恒等于零，所以 B_t 的核等于{0}. □

因此映射 B_t 是 X 到 $\mathbf{R}^n$ 上的一个同构映射，这是线性方程的基本结果.

定义 所谓方程(1)的基本解组，指的是线性解空间 X 的任何基.

问题 1 求出具有

$$A = \begin{pmatrix} 0 & 1 \\ -1 & 0 \end{pmatrix}$$

的方程(1)的基本解组.

定理 2 有若干直接结果：

推论 1 每一个方程 (1) 有 n 个解 $\boldsymbol{\varphi}_1, \boldsymbol{\varphi}_2, \cdots, \boldsymbol{\varphi}_n$ 的基本解组.

推论 2 方程(1)的每一个解是基本解组的线性组合.

推论 3 方程(1)的任何 $n+1$ 个解是线性无关的.

推论 4 (t_0, t_1) 推进映射

$$g_{t_0}^{t_1} = B_{t_1} B_{t_0}^{-1} : \mathbf{R}^n \to \mathbf{R}^n$$

是线性同构映射 (图 187).

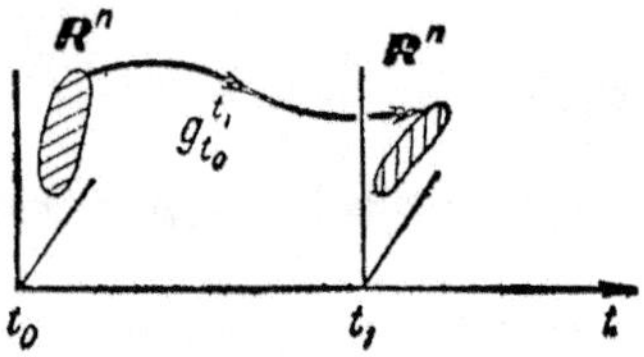

图 187 把线性方程的解从 t_0 推进到 t 而产生的相空间的线性变换.

27.4 朗斯基行列式

设 $\mathbf{e}_1, \cdots, \mathbf{e}_n$ 是相空间 $\mathbf{R}^n$ 中的基. 基的选择在 $\mathbf{R}^n$ 上决定了

一个单位体和方向，因此在相空间中对每一个平行六面体指定了一个确定的体积.

定义 所谓向量函数组

$$\boldsymbol{\varphi}_k(t): I \to \mathbf{R}^n, \quad k = 1, \cdots, n$$

的朗斯基 (Wronskian) (行列式)指的是一个数值函数 $W: I \to \mathbf{R}$，它在 t 的值等于向量 $\boldsymbol{\varphi}_1(t), \cdots, \boldsymbol{\varphi}_n(t) \in \mathbf{R}^n$ 张成的平行六面体的(有向的)体积. 因此

$$W(t) = \begin{vmatrix} \varphi_{11}(t) \cdots \varphi_{n1}(t) \\ \vdots \\ \varphi_{1n}(t) \cdots \varphi_{nn}(t) \end{vmatrix},$$

此处

$$\boldsymbol{\varphi}_k(t) = \varphi_{k1}(t)\mathbf{e}_1 + \cdots + \varphi_{kn}(t)\mathbf{e}_n.$$

特别，设 $\boldsymbol{\varphi}_k$ 是方程(1)的解；在上面构成的同构映射 B_t 下，它们的像是相空间中的向量 $\boldsymbol{\varphi}_k(t) \in \mathbf{R}^n$. 这些向量是线性相关的当且仅当在点 t 的朗斯基为零. 这蕴含着

推论 5 方程 (1) 的解组 $\boldsymbol{\varphi}_1, \cdots, \boldsymbol{\varphi}_n$ 是基本的当且仅当它的朗斯基在某点不为零.

推论 6 若方程(1)的解组的朗斯基在一点为零，则对所有的 t 恒为零.

问题 1 线性无关的向量函数组 $\boldsymbol{\varphi}_k$ 的朗斯基能恒为零吗?

问题 2 证明基本解组的朗斯基是和 (t_0, t_1) 推进映射的行列式成正比:

$$W(t) = \det(g_{t_0}^t) W(t_0).$$

提示 见 §27.6.

27.5 n 阶单个方程的情形

考虑具有系数 $a_k = a_k(t), t \in I$ 的 n 阶齐次线性方程

$$x^{(n)} + a_1 x^{(n-1)} + \cdots + a_n x = 0, \tag{4}$$

一般地，这系数是可变的.

在应用中是如此经常地遇到某些变系数的二阶微分方程，以致它们有专门的名字；对它们的解已进行了研究，并造出了详细程

度不亚于正弦和余弦函数的表格[1].

例 1 贝塞尔方程

$$\ddot{x}+\frac{1}{t}\dot{x}+\left(1-\frac{\nu^2}{t^2}\right)x=0.$$

例 2 高斯超几何方程

$$\ddot{x}+\frac{(\alpha+\beta+1)t-\gamma}{t(t-1)}\dot{x}+\frac{\alpha\beta}{t(t-1)}x=0.$$

例 3 马丢 (Mathieu) 方程

$$\ddot{x}+(a+b\cos t)\dot{x}=0.$$

我们可以把方程(4)写成有 n 个一阶方程的方程组，然后应用前面的方法来研究；然而，我们宁可直接地研究方程 (4) 的解空间 X. 空间 X 是函数 $\varphi: I\to\mathbf{R}$ 的线性空间，它自然地和等价的 n 个方程组的解空间同构. 为了详细说明同构映射，我们对每一个 φ 指定由 φ 的导数组成的向量函数

$$\boldsymbol{\varphi}=(\varphi,\dot{\varphi},\cdots,\varphi^{(n-1)})$$

与之对应.

推论 7 方程(4)的解空间 X 和方程(4)的相空间 $\mathbf{R}^n$ 同构. 此处同构映射可规定为：对每一个 $\varphi\in X$，指定由 φ 在某一点 t_0 的导数组成的向量 $(\varphi(t_0),\dot{\varphi}(t_0),\cdots,\varphi^{(n-1)}(t_0))$ 与之对应.

定义 所谓方程(4)的基本解组指的是解空间 X 的任何基.

问题 1 当系数 a_k 为常数时，求方程(4)的基本解组；例如，求 $\ddot{x}+ax=0$ 的基本解组.

答 $\{t^r e^{\lambda t}\}$, $0\leqslant r<\nu$，此处 λ 是特征方程的 ν 重根. 在复根 $\lambda=\alpha+i\omega$ 时，我们必须把 $e^{\lambda t}$ 变为 $e^{\alpha t}\cos\omega t$, $e^{\alpha t}\sin\omega t$，特别，对 $\ddot{x}+ax=0$ 我们有

$$\begin{cases}\cos\omega t,\ \sin\omega t & \text{若 } a=\omega^2>0,\\ \cosh\alpha t,\ \sinh\alpha t \\ \text{或 } e^{\alpha t},\ e^{-\alpha t} & \text{若 } a=-\alpha^2<0,\\ 1,\ t & \text{若 } a=0.\end{cases}$$

定义 所谓数值函数组

$$\varphi_k(t): I\to\mathbf{R},\quad k=1,\cdots,n$$

1) 例如见 E. Jahnke and F. Emde, Tables of Higher Functions, Sixth edition, revised by F. Lösch McGraw-Hill, New York (1960).

的朗斯基指的是数值函数 $W:I\to\mathbf{R}$，它在点 t 的值等于

$$W(t)=\begin{vmatrix}\varphi_1(t) & \cdots & \varphi_n(t)\\ \dot\varphi_1(t) & \cdots & \dot\varphi_n(t)\\ \vdots & & \vdots\\ \varphi_1^{(n-1)}(t) & \cdots & \varphi_n^{(n-1)}(t)\end{vmatrix}.$$

换句话说，W 刚好是向量函数组 $\boldsymbol{\varphi}_k(t):I\to\mathbf{R}^n$ 的朗斯基，此向量函数组由 φ_k 按通常的方法

$$\boldsymbol{\varphi}_k(t)=(\varphi_k(t),\dot\varphi_k(t),\cdots,\varphi_k^{(n-1)}(t)),\quad k=1,\cdots,n$$

获得.

关于方程 (1) 的向量解组的朗斯基所说的一切都可以毫无改变地搬到方程(4)的解的朗斯基中．特别，我们有

推论 8 若方程(4)的解组的朗斯基在一点为零，则它就恒为零.

问题 2 假定两个函数的朗斯基在点 t_0 为零，能够推得朗斯基恒为零吗？

推论 9 若方程(4)的解组的朗斯基在一点为零，则解就是线性相关的.

问题 3 假定两个函数的朗斯基恒为零，能够推出这两个函数线性相关吗？

推论 10 方程(4)的解组 $\varphi_1,\cdots,\varphi_n$ 是基本的当且仅当它的朗斯基在某一点不为零.

例 4 考虑函数组 $e^{\lambda_1 t},\cdots,e^{\lambda_n t}$，这些函数组组成形式为 (4) 的线性方程(哪一个？)的基本解组．因此它们是线性无关的，所以他们的朗斯基不为零；而这个行列式等于

$$W=\begin{vmatrix}e^{\lambda_1 t} & \cdots & e^{\lambda_n t}\\ \lambda_1 e^{\lambda_1 t} & \cdots & \lambda_n e^{\lambda_n t}\\ \vdots & & \vdots\\ \lambda_1^{n-1}e^{\lambda_1 t} & \cdots & \lambda_n^{n-1}e^{\lambda_n t}\end{vmatrix}$$

$$=e^{(\lambda_1+\cdots+\lambda_n)t}\begin{vmatrix}1 & \cdots & 1\\ \lambda_1 & \cdots & \lambda_n\\ \vdots & & \vdots\\ \lambda_1^{n-1} & \cdots & \lambda_n^{n-1}\end{vmatrix}.$$

推论 11 若 λ_k 是不同的，则范德蒙德（Vandermonde）行列式

$$\begin{vmatrix} 1 & \cdots\cdots & 1 \\ \lambda_1 & \cdots\cdots & \lambda_n \\ \cdots & \cdots\cdots & \cdots \\ \lambda_1^{n-1} & \cdots & \lambda_n^{n-1} \end{vmatrix}$$

不为零.

例 5 单摆方程 $\ddot{x} + \omega^2 x = 0$ 有 $\cos\omega t$，$\sin\omega t$ 作为基本解组；朗斯基

$$W = \begin{vmatrix} \cos\omega t & \sin\omega t \\ -\omega\sin\omega t & \omega\cos\omega t \end{vmatrix} = \omega$$

是常数．这是毫不奇怪的，因为单摆方程的相流保持面积不变(见§ 16.4).

27.6 刘维尔定理

现在我们考察一般情况时，在时间从 t_0 到 t 期间的变换 $g_{t_0}^t$ 的作用下，相空间中的图形的体积是怎样变化的.

定理(刘维尔) 方程(1)的解组的朗斯基满足包含算子 $A(t)$ 的迹的微分方程

$$\dot{W} = aW, \quad a(t) = \operatorname{Tr} A(t). \tag{5}$$

从我们即将证明的定理可得

$$W(t) = \exp\left\{\int_{t_0}^{t} a(\tau)d\tau\right\} W(t_0),$$

$$\det g_{t_0}^t = \exp\left\{\int_{t_0}^{t} a(\tau)d\tau\right\}. \tag{6}$$

事实上，我们可以容易地求解方程(5)，得到

$$\frac{dW}{W} = a\,dt, \qquad \ln W - \ln W_0 = \int_{t_0}^{t} a(\tau)d\tau.$$

顺便提一句，公式(6)再次证明解组的朗斯基不是恒为零就是全不为零.

问题 1 求出在方程组

$$\dot{x}_1 = 2x_1 - x_2 - x_3,$$

$$\dot{x}_2 = x_1 + x_2 + x_3,$$
$$\dot{x}_3 = x_1 - x_2 - x_3,$$
的相流在时间 t 期间的变换作用下，单位立方体 $0 \leqslant x_i \leqslant 1$, $i = 1, 2, 3$，的象的体积.

刘维尔定理的证明思想如下： 如果系数是常数，定理化为§16.4 中已证明的刘维尔公式."冻结"系数 $A(t)$，也就是说，使它们等于它们在某一固定瞬时 τ 的值，我们可以确信方程(5)对任意的 τ 保持有效.

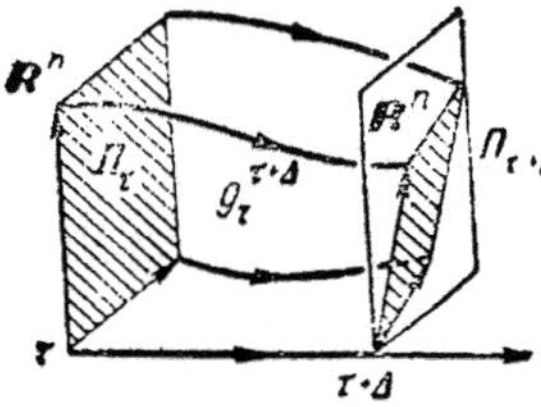

图 188　在由基本解生成的平行六面体 Π_τ 上相流的作用.

刘维尔定理的证明　设

$$g_\tau^{\tau+\Delta}: \mathbf{R}^n \to \mathbf{R}^n$$

是$(\tau, \tau + \Delta)$推进映射(图 188)，其中 Δ 很小. 相空间的线性变换把方程(1)的任意解 $\boldsymbol{\varphi}$ 在时间 τ 的值变为在时间 $\tau + \Delta$ 的值. 按照 (1)，有

$$\boldsymbol{\varphi}(\tau + \Delta) = \boldsymbol{\varphi}(\tau) + A(\tau)\boldsymbol{\varphi}(\tau)\Delta + o(\Delta),$$

即

$$g_\tau^{\tau+\Delta} = E + \Delta A(\tau) + o(\Delta).$$

因此，按照§16.3，在变换 $g_\tau^{\tau+\Delta}$ 下体积扩大系数等于

$$\det g_\tau^{\tau+\Delta} = 1 + \Delta a + o(\Delta),$$

此处 $a = \operatorname{Tr} A$. 但是 $W(t)$ 是我们的解组在时间 τ 的值生成的平行六面体 Π_τ 的体积，变换 $g_\tau^{\tau+\Delta}$ 把这些值变为同一解组在时间 $\tau + \Delta$ 的值. 由新的值生成的平行六面体 $\Pi_{\tau+\Delta}$ 有体积 $W(\tau + \Delta)$. 因此

$$W(\tau + \Delta) = \det(g_\tau^{\tau+\Delta})W(\tau) = [1 + a(\tau)\Delta + o(\Delta)]W(\tau),$$

此式蕴涵(5).　□

从刘维尔定理得出方程(4)的解组的朗斯基等于

$$W(t) = \exp\left\{-\int_{t_0}^{t} a_1(\tau)d\tau\right\} W(t_0),$$

此处负号的出现由于把 (4) 写作方程组(1)的形式时，我们必须把 $a_1x^{(n-1)}$ 移到右端．新产生的方程组的矩阵是

$$\begin{bmatrix} 0 & 1 & & \\ & \ddots & \ddots & \\ & & \ddots & 1 \\ & & & \ddots \\ -a_n & \cdots & & -a_1 \end{bmatrix},$$

它有 $-a_1$ 作为主对角线上的唯一非零元素．

例 1 在秋千的情况下，有方程

$$\ddot{x} + f(t)x = 0, \tag{7}$$

平衡位置 $x = \dot{x} = 0$ 对任何选择的 $f(t)$ 不是渐近稳定的． 事实上，在初始条件的平面 $\mathbf{R}^2$ 上考虑任何基 $\boldsymbol{\xi}, \boldsymbol{\eta}$ (图 189)．稳定性意味着 $g_{t_0}^t\boldsymbol{\xi} \to 0$, $g_{t_0}^t\boldsymbol{\eta} \to 0$, 此时关于对应的基本组有 $W(t) \to 0$，但是(7)等价于具有矩阵

$$A = \begin{pmatrix} 0 & 1 \\ -f & 0 \end{pmatrix}$$

的方程组

$$\begin{cases} \dot{x}_1 = x_2, \\ \dot{x}_2 = -f(t)x_1. \end{cases}$$

因为 $\mathrm{Tr}\, A = 0$，从此得出 $W(t) = \mathrm{const}$，这和 $W \to 0$ 矛盾．

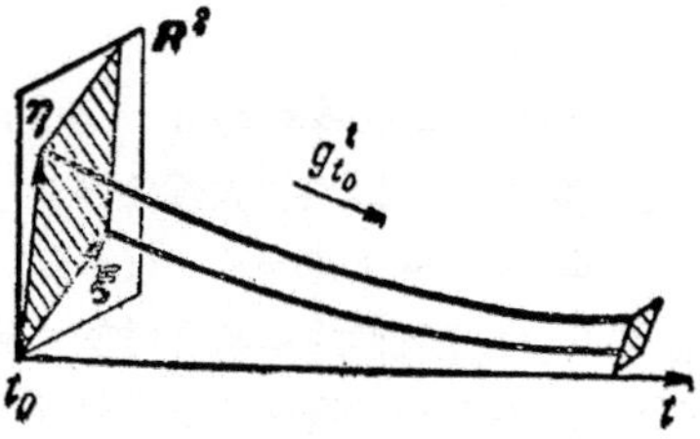

图 189 渐近稳定的线性系统的相流

问题 2 考虑有摩擦的秋千

$$\ddot{x} + \alpha(t)\dot{x} + \omega^2(t)x = 0.$$

证明：如果摩擦系数为负，即对所有的 t, $\alpha(t) < 0$，渐近稳定是不可能的；如果摩擦系数为正，平衡位置 $(0, 0)$ 总是稳定的，对吗？

定义 所谓一向量场 $\mathbf{v}$ 在具有直角坐标 x_i 的欧几里得空间 $\mathbf{R}^n$ 的散度指的是函数

$$\operatorname{div}\mathbf{v}=\sum_{i=1}^{n}\frac{\partial v_i}{\partial x_i}.$$

特别,对于线性向量场 $\mathbf{v}(x)=A\mathbf{x}$,散度刚好是算子 A 的迹

$$\operatorname{div}A\mathbf{x}=\operatorname{Tr}A.$$

向量的散度决定了由对应的相流作用而得到的体积扩大的比值.

设 D 是在方程 $\dot{\mathbf{x}}=\mathbf{v}(\mathbf{x})$(不必为线性)的欧几里得相空间中的一个区域,设 $D(t)$ 表示在相流作用下 D 的像,并且设 $V(t)$ 表示区域 $D(t)$ 的体积

***问题 3** 证明下面强形式的刘维尔定理的逆定理:

$$\frac{dV}{dt}=\int_{D(t)}\operatorname{div}\mathbf{v}\,dx$$

(图 190).

推论 1 若 $\operatorname{div}\mathbf{v}=0$,则相流保持任何区域的体积.

这种相流可以想象为在相空间中一个不可压缩的"相流体"的流动.

推论 2 哈密顿方程

$$\dot{p}_k=-\frac{\partial H}{\partial q_k},\quad \dot{q}_k=\frac{\partial H}{\partial p_k},\quad k=1,\cdots,n$$

的相流保持体积.

证明 只需注意

$$\operatorname{div}\mathbf{v}=\sum_{k=1}^{n}\left(\frac{\partial^2 H}{\partial q_k\partial p_k}-\frac{\partial^2 H}{\partial p_k\partial q_k}\right)=0. \qquad \square$$

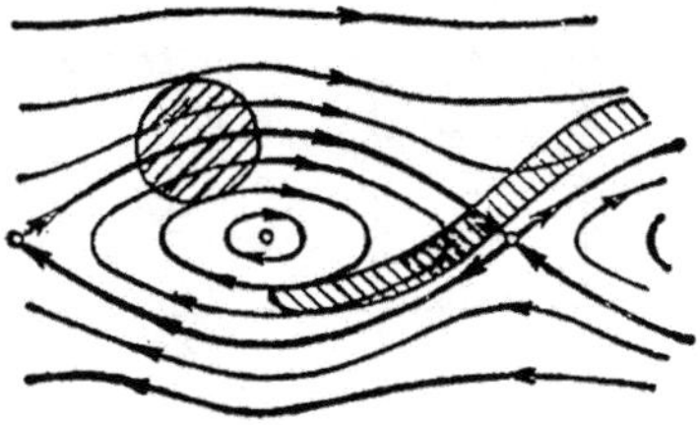

图 190 散度为零的向量场的相流保持面积

这一事实在统计物理中起着关键作用.

§28 周期系数的线性方程

周期系数的线性方程的理论指出怎样给一个秋千“打气”(pump up),同时解释为什么一个通常不稳定的单摆的最高平衡位置变成稳定的,要是单摆的悬吊点在垂直方向实现足够快的振动的话.

28.1 周期推进映射

考虑右端周期地依赖于时间的微分方程

$$\dot{\mathbf{x}} = \mathbf{v}(\mathbf{x}, t),\ \mathbf{v}(\mathbf{x}, t+T) = \mathbf{v}(\mathbf{x}, t),\ \mathbf{x} \in \mathbf{R}^n \tag{1}$$

(图 191).

例 1 具有周期地变化参数的单摆运动(例如,秋千的运动)是由形式(1)的微分方程组

$$\begin{cases} \dot{x}_1 = x_2, \\ \dot{x}_2 = -\omega^2(t)x_1, \end{cases} \quad \omega(t+T) = \omega(t) \tag{2}$$

来描述的.

我们将假定方程(1)的所有的解可以无限地延拓.这对我们特别感兴趣的线性方程肯定是正确的.

方程(1)的右端的周期性导致若干相应的相流的特性.

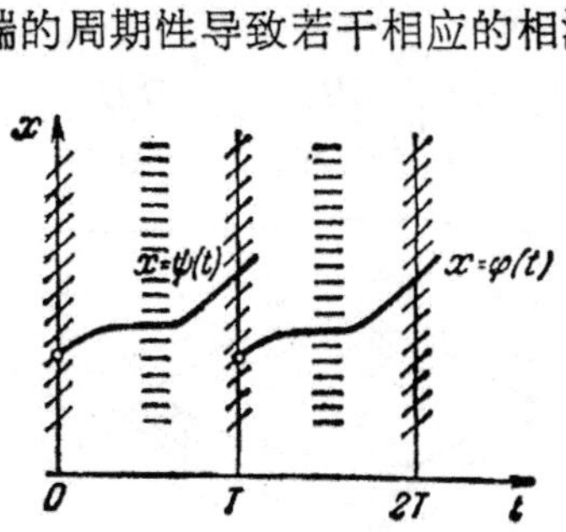

图 191 周期系数的方程的扩张相空间

引理 当 t_1 和 t_2 都以 (1) 的右端的周期 T 增加时，相空间的 (t_1, t_2) 推进映射 $g_{t_1}^{t_2}$: $\mathbf{R}^n \to \mathbf{R}^n$ 不变.

证明 我们必须证明，解 $\boldsymbol{\varphi}(t)$ 作时间 T 的移动 $\boldsymbol{\psi}(t) = \boldsymbol{\varphi}(t+T)$ 仍然是解. 而扩张相空间沿时间轴作时间 T 的移动把(1)的方向场变成它自己(图 191)，因此(1)的积分曲线移动时间 T 后仍然处处和方向场相切，所以仍为积分曲线. 由此推出

$$g_{t_1+T}^{t_2+T} = g_{t_1}^{t_2}. \qquad \square$$

特别，考虑由相流在一个周期 T 期间产生的变换 g_0^T，此"周期推进映射"我们用

$$A = g_0^T: \mathbf{R}^n \to \mathbf{R}^n$$

表示(图 192)，它在下面的讨论中将起重要作用.

例 2 两个方程组

$$\begin{cases} \dot{x}_1 = x_2, \\ \dot{x} = -x_1, \end{cases} \qquad \begin{cases} \dot{x}_1 = x_2, \\ \dot{x}_2 = -x_1, \end{cases}$$

可以看作具有任何周期 T 的周期系数方程，映射 A 分别是一旋转和一双曲旋转.

引理 2 变换 g_0^{nT} 组成一个群

$$g_0^{nT} = A^n,$$

并且

$$g_0^{nT+s} = g_0^s g_0^{nT}.$$

证明 由引理 1，

$$g_{nT}^{nT+s} = g_0^s,$$

因此

$$g_0^{nT+s} = g_{nT}^{nT+s} g_0^{nT} = g_0^s g_0^{nT}.$$

令 $s = T$，我们得到

$$g_0^{(n+1)T} = A g_0^{nT},$$

由归纳法知 $g_0^{nT} = A^n$. $\square$

对应于方程 (1) 的解的每一个性质存在着周期推进映射 A 的类似的性质.

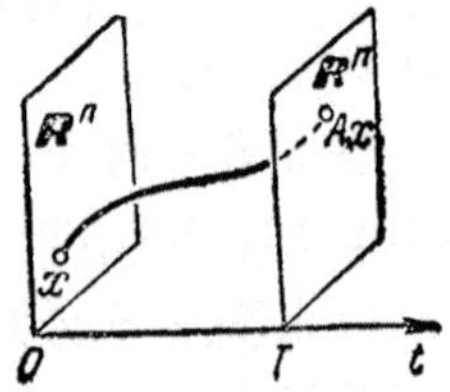

图 192 周期推进映射

定理

1) 点 $\mathbf{x}_0$ 是映射 A 的不动点（$A\mathbf{x}_0 = \mathbf{x}_0$）当且仅当初始条件为 $\mathbf{x}(0) = \mathbf{x}_0$ 的解是以 T 为周期的周期解.

2) 周期解 $\mathbf{x}(t)$ 是在李亚普诺夫意义下稳定的(渐近稳定的)当且仅当映射 A 的不动点 $\mathbf{x}_0$ 是在李亚普诺夫意义下稳定的(渐近稳定的)[1].

3) 若方程组(1)是线性的，即若 $\mathbf{v}(\mathbf{x},t) = \mathbf{v}(t)\mathbf{x}$ 是 $\mathbf{x}$ 的线性函数，则映射 A 是线性的.

4) 并且，若线性算子 $V(t)$ 的迹为零，则映射 A 保持体积:

$$\det A = 1.$$

证明 结论 1) 和 2) 从条件 $g_0^{T+s} = g_0^s A$ 和从在区间$[0,T]$的解对初始条件的连续依赖性得出；结论 3) 从线性方程组的解的和仍然是解这个事实获得；而结论 4) 从刘维尔公式得到. □

28.2 稳定性条件

现在我们把上面的定理应用到和方程 (2) 对应的，把相平面(x_1,x_2)变为自己的映射 A 上. 因为方程组(2)是线性的，并且它的右端矩阵的迹为零，我们有下面的推论.

推论 映射 A 是线性的和保持面积的($\det A = 1$)；方程组(2)的零解是稳定的当且仅当映射 A 是稳定的.

---

1) 映射 A 的不动点 x_0 说是在李亚普诺夫意义下稳定的，若 $\forall\ \varepsilon>0\ \exists\ \delta>0$ 使得 $|\mathrm{x}-\mathrm{x}_0|<\delta$ 时，对所有的 $n=1,2\cdots$ 都有 $|A^n\mathrm{x}-A^n\mathrm{x}_0|<\varepsilon$；若 $n\to\infty$ 时，$A^n\mathrm{x}-A^n\mathrm{x}_0\to0$，就说是渐近稳定的.

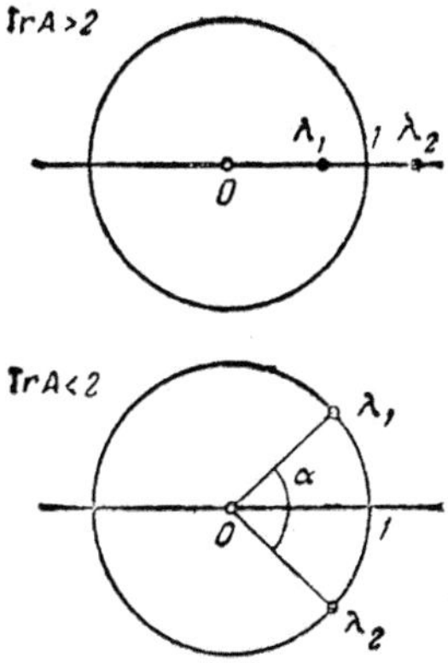

图 193　周期推进映射的特征值

问题 1　证明平面的转动是稳定映射，而双曲转动是不稳定的.

现在我们对保持面积的，把平面变为自己的线性映射进行更细致的研究.

定理　设 A 是平面到自身的线性保积映射 ($\det A = 1$)，则当 $|\operatorname{Tr} A| < 2$ 时，映射 A 是稳定的；当 $|\operatorname{Tr} A| > 2$ 时，映射 A 是不稳定的.

证明　设 λ_1 和 λ_2 是 A 的特征值，且满足具有实系数

$$\lambda_1 + \lambda_2 = \operatorname{Tr} A, \quad \lambda_1\lambda_2 = \det A = 1$$

的特征方程

$$\lambda^2 - \lambda \operatorname{Tr} A + 1 = 0.$$

若 $|\operatorname{Tr} A| > 2$，则特征方程的根 λ_1 和 λ_2 是实数；若 $|\operatorname{Tr} A| < 2$，则 λ_1 和 λ_2 为复共轭的（图 193）．在第一种情形，特征值中的一个有大于 1 的绝对值，而另一个有小于 1 的绝对值，所以 A 是一个双曲旋转，因此是不稳定的；在第二种情形，特征值在单位圆周

$$\lambda_1\lambda_2 = \lambda_1\bar{\lambda}_1 = |\lambda_1|^2 = 1$$

上，因此映射 A 等价于转过 α 的旋转（此处 $\lambda_{1,2} = e^{\pm i\alpha}$），即对于在平面上适当选择的欧几里得结构来说 A 是一个转动（为什么？），因此是稳定的.　□

因此，方程组(2)的零解的稳定性的所有问题就化为计算矩阵

A 的迹. 遗憾的是，只在某些特殊情形下，才可能把迹显式地计算出来. 但是迹常可以在区间 $0 \leqslant t \leqslant T$ 上，用方程的数值积分近似地求出. 在 $\omega(t)$ 几乎是常数的重要情形，某些简单的一般研究是有用的.

28.3 强稳定系统

考虑有二维相空间的线性方程组 (1) (即具有 $n = 2$). 如果 $\mathbf{v}$ 的散度为零，则(1)称为哈密顿系统，如上所述，哈密顿系统的相流保积: $\det A = 1$.

定义 线性哈密顿系统的零解称为强稳定的，如果它是稳定的；而且每一个邻近的线性哈密顿系统的零解也是稳定的.

上面的两个定理立刻蕴涵下面的推论.

推论 若 $|\mathrm{Tr}\, A| < 2$，则零解是强稳定的.

证明 若 $|\mathrm{Tr}\, A| < 2$，则和原系统"充分接近"的任何系统所对应的映射 $\tilde{A}$ 就有 $|\mathrm{Tr}\, \tilde{A}| < 2$. □

现在我们把这个结果应用到几乎为常系数的系统中. 例如，考虑方程

$$\ddot{x} = -\omega^2[1 + \varepsilon a(t)]x, \quad \varepsilon \ll 1, \tag{3}$$

此处 $a(t + 2\pi) = a(t)$，譬如说，$a(t) = \cos t$ (一个具有小振幅的，周期为 2π 频率在 ω 附近摆动的单摆)[1]. 每一个系统(3)都可以用在参数 ω 和 ε 的平面上的点描述(图 194). 显然具有 $|\mathrm{Tr}\, A| < 2$ 的稳定系统在平面 (ω, ε) 上组成一个开集，此结论对 $|\mathrm{Tr}\, A| > 2$ 的不稳定系统也同样成立，而"不稳定边界"是具有方程

$$|\mathrm{Tr}\, A| = 2$$

的集合.

定理 ω 轴上的每一点，除整数和半整数点

$$\omega = \frac{k}{2}, \quad k = 0, 1, 2, \cdots$$

---

1) 在 $a(t) = \cos t$ 的情形，方程 (3) 称为马丢 (Mathieu) 方程.

外，都对应于一个强稳定系统(3)．

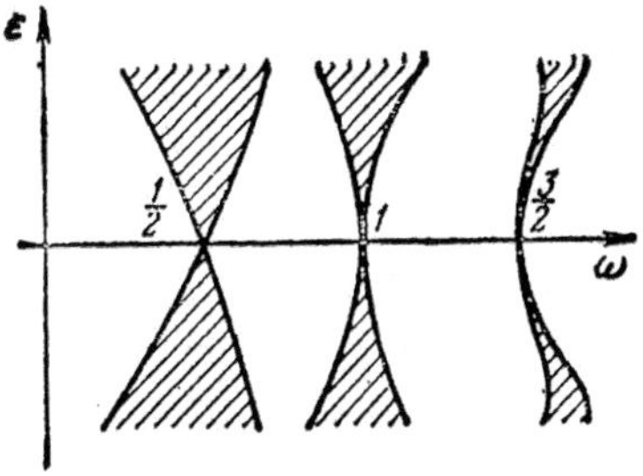

图 194 参数共振的不稳定区域

因此，不稳定系统的集合只有在点 $\omega=k/2$ 时，才能接近 ω 轴；换句话说，只有在长度的变化周期接近于固有频率的半周期的整数倍时，才可用秋千的长度的小周期变化给秋千"打气"．在经验上，这是尽人皆知的结果．

定理的证明是根据当 $\varepsilon=0$ 时，方程(3)具有常系数，因此容易求解这一事实．

问题 1 试求当 $\varepsilon=0$ 时，系统(3)的周期推进映射 A 在基 $x,\dot{x}$ 下的矩阵．

解 通解为

$$x=C_1\cos\omega t+C_2\sin\omega t,$$

所以

$$x=\cos\omega t,\quad \dot{x}=-\omega\sin\omega t$$

是满足初始条件 $x=1,\dot{x}=0$ 的特解，而

$$x=\frac{1}{\omega}\sin\omega t,\quad \dot{x}=\cos\omega t$$

是满足初始条件 $x=0,\dot{x}=1$ 的特解．

答

$$A=\begin{pmatrix}\cos 2\pi\omega & \frac{1}{\omega}\sin 2\pi\omega\\ -\omega\sin 2\pi\omega & \cos 2\pi\omega\end{pmatrix}.$$

定理的证明 注意：如果 $\omega\neq\frac{k}{2}$，$k=0,1,\cdots$，则

$$|\mathrm{Tr}\,A| = |2\cos 2\pi\omega| < 2.$$ □

更细致的分析[1]指出，不稳定区域（在图 194 中的阴影区域）在点 $\omega = k/2, k = 1, 2\cdots$ 附近接近 ω 轴是非常普遍的(特别,当 $a(t) = \cos t$ 时). 因此，对于参数变化频率与秋千的固有频率的一定比值（$\omega \approx k/2$, $k=1, 2, \cdots$)，理想秋千的最低位置是不稳定的；并且秋千可以用任意小的长度的周期变化“打气”．这一现象是有名的“参数共振”．参数共振的特征是当参数的变化频率 ν（在方程(3)中 $\nu = 1$）为固有频率 ω 的两倍时参数共振最强烈.

注 在理论上,参数共振可以在无限多个比值

$$\omega/\nu \approx \frac{k}{2}, \quad k = 1,2\cdots$$

上观察到,但在实践上,通常只在 k 很小时才能观察到.这是因为:

a）对于大的 k 不稳定区域以狭舌形接近于 ω 轴,且对于共振频率 ω 我们有十分精密的极限((3)中的光滑函数 $a(t) \sim \varepsilon^k$).

b）不稳定性本身对大的 k 是弱的，因为量 $|\mathrm{Tr}\,A| - 2$ 很小，且对大的 k 特征值接近于 1.

c）即使微量的摩擦，也会导致第 k 次参数共振的发生所必须的振幅的极小值 ε_k 的出现，而对于较小的 ε_k 的值，振动是衰减的．此外，ε_k 随 k 迅速地上升(图 195).

还须注意，在不稳定时，对方程(3)来说，x 变为任意大．在实

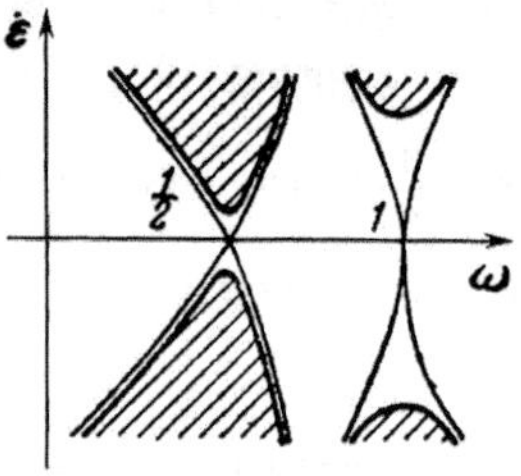

图 195 轻摩擦在不稳定区域上的影响

1）见下面问题 2 的解答.

际系统中，振动只获得有限振幅，因为对大的 x 线性化方程（3）本身变为没有意义，因此我们必须考虑非线性效果。

问题 2 对于由方程

$$\ddot{x} = -f(t)x, \tag{4}$$

描述的系统，在(ω,ε)平面上求出不稳定区域的形状，此处

$$f(t) = \begin{cases}(\omega+\varepsilon)^2, & 0\leqslant t\leqslant\pi,\\ (\omega-\varepsilon)^2, & \pi\leqslant t\leqslant 2\pi,\end{cases} \quad \varepsilon\ll 1, \tag{4'}$$

$$f(t+2\pi) = f(t).$$

解 从问题 1 的解得到 $A = A_2A_1$，此处

$$A_k = \begin{pmatrix} c_k & \dfrac{1}{\omega_k}s_k \\ -\omega_k s_k & c_k\end{pmatrix}, \quad c_k = \cos\pi\omega_k,$$

$$s_k = \sin\pi\omega_k, \quad \omega_{1,2} = \omega\pm\varepsilon.$$

因此不稳定区域的边界有方程

$$|\mathrm{Tr}\,A| = \left|2c_1c_2 - \left(\frac{\omega_1}{\omega_2}+\frac{\omega_2}{\omega_1}\right)s_1s_2\right| = 2. \tag{5}$$

因为 $\varepsilon\ll 1$，我们有

$$\frac{\omega_2}{\omega_1} = \frac{\omega+\varepsilon}{\omega-\varepsilon}\approx 1.$$

令 Δ 满足

$$\frac{\omega_1}{\omega_2}+\frac{\omega_2}{\omega_1} = 2(1+\Delta).$$

然后很容易计算出

$$\Delta = \frac{2\varepsilon^2}{\omega^2}+O(\varepsilon^4)\ll 1. \tag{6}$$

应用公式

$$2c_1c_2 = \cos 2\pi\varepsilon + \cos 2\pi\omega,$$

$$2s_1s_2 = \cos 2\pi\varepsilon - \cos 2\pi\omega,$$

我们把公式(5)重写为形式

$$-\Delta\cos 2\pi\varepsilon + (2+\Delta)\cos 2\pi\omega = \pm 2$$

或

$$\cos 2\pi\omega = \frac{2+\Delta\cos 2\pi\varepsilon}{2+\Delta}, \tag{7}$$

$$\cos 2\pi\omega = \frac{-2 + \Delta\cos 2\pi\varepsilon}{2+\Delta}. \tag{7'}$$

在第一种情形，$\cos 2\pi\omega \approx 1$，因此我们记 $\omega = k + a$, $|a| \ll 1$,

$$\cos 2\pi\omega = \cos 2\pi a = 1 - 2\pi^2 a^2 + O(a^4).$$

因此，改写(7)为

$$\cos 2\pi\omega = 1 - \frac{\Delta}{2+\Delta}(1 - \cos 2\pi\varepsilon),$$

我出有

$$2\pi^2 a^2 + O(a^4) = \Delta\pi^2\varepsilon^2 + O(\varepsilon^4). \tag{8}$$

把(6)代入(8)，我们最后获得

$$a = \pm\frac{\varepsilon^2}{\omega} + o(\varepsilon^2),$$

即

$$\omega = k \pm \frac{\varepsilon^2}{k} + o(\varepsilon^2)$$

(图 196)用同样的方法解(7′)，我们获得

$$\omega = k + \frac{1}{2} \pm \frac{\varepsilon}{\pi\left(k+\frac{1}{2}\right)} + o(\varepsilon).$$

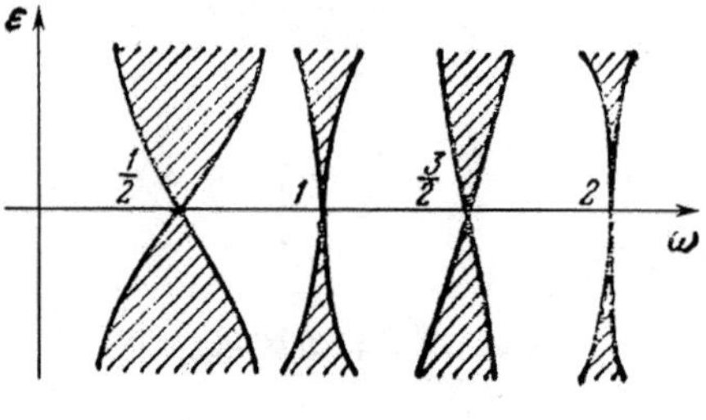

图 196 方程(4)的不稳定区域

问题 3 如果悬点在铅垂方向振动，单摆的最高平衡位置(通常是不稳定的)能变为稳定吗?

答 对于悬点足够快的振动，最高平衡位置能变为稳定的.

解 设 l 是单摆的长度，悬点的振动振幅 $a \ll l$；又设悬点的振动周期为 2τ，此处悬点的加速度是常数且在每一半周期期间等于 $\pm c$（则 $c = 8a/\tau^2$）. 运动方程可以写为形式

$$\ddot{x} = (\omega^2 + \alpha^2)x,$$

此处符号在时间 τ 后变化；$\omega^2 = g/l$；$\alpha^2 = c/l$. 如果悬点的振动是足够快，则 $\alpha^2 > \omega^2$，此处 $\alpha^2 = 8a/l\tau^2$. 和以前的问题一样，我们有 $A = A_2A_1$，此处

$$A_2 = \begin{pmatrix} \cosh k\tau & \frac{1}{k}\sinh k\tau \\ k\sinh k\tau & \cosh k\tau \end{pmatrix}, \quad k^2 = \alpha^2 + \omega^2$$

且

$$A_1 = \begin{pmatrix} \cos\Omega\tau & \frac{1}{\Omega}\sin\Omega\tau \\ -\Omega\sin\Omega\tau & \cos\Omega\tau \end{pmatrix}, \quad \Omega^2 = \alpha^2 - \omega^2.$$

因此稳定条件 $|\mathrm{Tr}\, A| < 2$，取形式

$$\left| 2\cosh k\tau\cos\Omega\tau + \left(\frac{k}{\Omega} - \frac{\Omega}{k}\right)\sinh k\tau\sin\Omega\tau \right| < 2. \tag{9}$$

现在我们证明对悬点充分快的振动，即对 $c \gg g(\tau \ll 1)$，此条件成立. 引入无量纲变数 ε 和 μ 使得

$$\frac{a}{l} = \varepsilon^2 \ll 1, \qquad \frac{g}{c} = \mu^2 \ll 1,$$

我们有

$$k\tau = 2\sqrt{2}\,\varepsilon\sqrt{1+\mu^2}, \quad \Omega\tau = 2\sqrt{2}\,\varepsilon\sqrt{1-\mu^2},$$

$$\frac{k}{\Omega} - \frac{\Omega}{k} = \sqrt{\frac{1+\mu^2}{1-\mu^2}} - \sqrt{\frac{1-\mu^2}{1+\mu^2}} = 2\mu^2 + O(\mu^6).$$

因此展开式

$$\cosh k\tau = 1 + 4\varepsilon^2(1+\mu^2) + \frac{8}{3}\varepsilon^4(1+\mu^2)^2 + \cdots,$$

$$\cos\Omega\tau = 1 - 4\varepsilon^2(1-\mu^2) + \frac{8}{3}\varepsilon^4(1-\mu^2)^2 + \cdots,$$

$$\left(\frac{k}{\Omega} - \frac{\Omega}{k}\right)\sinh k\tau\sin\Omega\tau = 16\varepsilon^2\mu^2 + \cdots$$

对小的 ε 和 μ 以准确度 $O(\varepsilon^4 + \mu^4)$ 成立. 因此稳定性条件(9)变为

$$2\left(1 - 16\varepsilon^4 + \frac{16}{3}\varepsilon^4 + 8\varepsilon^2\mu^2 + \cdots\right) + 16\varepsilon^2\mu^2 < 2.$$

忽略高阶小量，我们求得

$$\mu < \sqrt{\frac{2}{3}}\,\varepsilon$$

或

$$\frac{g}{c}<\frac{2}{3}\frac{a}{l}.$$

此条件可写为形式

$$N>\sqrt{\frac{3}{64}}\omega\frac{l}{a}\approx 0.2165\omega\frac{l}{a},$$

此处 $N=1/2\tau$ 是悬点振动频率. 例如,如果单摆的长度是 $l=20$ 厘米且悬点实行振幅 $a=1$ 厘米的振动,则 $N>0.2165\sqrt{980/20}\cdot 20$赫. 特别,譬如说,如果悬点的振动频率超过 35, 则最高平衡位置是稳定的.

§29 常数变易法

在研究接近于已研究过的"未扰动"方程的方程时,下面的方法是常用的. 设 c 是未扰动方程的首次积分, 则 c 不再是邻近的"扰动"方程的首次积分;然而, 看出(严格地或近似地)值 $c(\varphi(t))$ 怎样随时间而变化常常是可能的, 此处 φ 是未扰动方程的解. 特别, 假定原方程是线性齐次的,而扰动方程是非齐次的,则这一方法导出了解的显式公式,此处由于线性性质,扰动方程不需要满足任何"小"的要求.

我们从注意特别简单的非齐次线性方程

$$\dot{\mathbf{x}}=f(t),\quad \mathbf{x}\in\mathbf{R}^n,\quad t\in I \tag{1}$$

开始,对应的最简单的齐次方程是

$$\dot{\mathbf{x}}=0, \tag{2}$$

方程(1)可以用积分法求解:

$$\boldsymbol{\varphi}(t)=\boldsymbol{\varphi}(t_0)+\int_{t_0}^{t}\mathbf{f}(\tau)d\tau. \tag{3}$$

29.1 一般情形

更一般地,考虑非齐次线性方程

$$\dot{\mathbf{x}}=A(t)\mathbf{x}+\mathbf{h}(t),\quad \mathbf{x}\in\mathbf{R}^n,\quad t\in I, \tag{4}$$

它对应的齐次方程为

$$\dot{\mathbf{x}} = A(t)\mathbf{x}. \tag{5}$$

假定我们知道如何解方程(5)并设 $\mathbf{x} = \boldsymbol{\varphi}(t)$ 是它的解. 然后在扩张相空间我们利用把 (5) 的积分曲线直化的坐标,即点 $(\boldsymbol{\varphi}(t), t)$ 指定用坐标 $\mathbf{c} = \boldsymbol{\varphi}(t_0)$ 和 t 与之对应(图 197). 方程(5)在新的坐标里取特别简单的形式 (2),而且通过作关于 $\mathbf{x}$ 的线性变换,我们可以把坐标过渡到直化坐标. 因此在新的坐标里非齐次方程 (4) 取特别简单的形式(1),且容易求解.

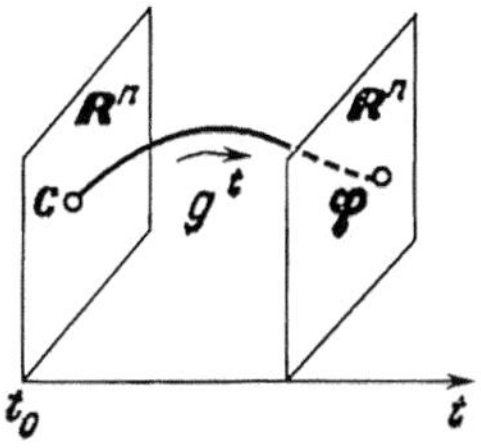

图 197　点 $\mathbf{c}$ 的坐标是齐次方程的首次积分

29.2　方程 (4) 的解

假定我们寻找形式为

$$\boldsymbol{\varphi}(t) = g^t\mathbf{c}(t), \quad \mathbf{c}: I \to \mathbf{R}^n, \tag{6}$$

的非齐次方程 (4) 的解,此处 $g^t: \mathbf{R}^n \to \mathbf{R}^n$ 是关于齐次方程(5)的 (t_0, t) 推进映射. 对(6)关于 t 微分,我们获得

$$\dot{\boldsymbol{\varphi}} = \dot{g}^t\mathbf{c} + g^t\dot{\mathbf{c}} = Ag^t\mathbf{c} + g^t\dot{\mathbf{c}} = A\boldsymbol{\varphi} + g^t\dot{\mathbf{c}},$$

把方程(4)代入后获得

$$g^t\dot{\mathbf{c}} = \mathbf{h}(t),$$

这证明了以下的定理.

定理　公式(6)给出方程(4)的解当且仅当 $\mathbf{c}$ 满足方程

$$\dot{\mathbf{c}} = \mathbf{f}(t), \tag{7}$$

此处 $\mathbf{f}(t) = (g^t)^{-1}\mathbf{h}(t)$.

推论　具有初始条件 $\boldsymbol{\varphi}(t_0) = \mathbf{c}$ 的非线性方程(4)的解由

$$\boldsymbol{\varphi}(t)=g^t\left(\mathbf{c}+\int_{t_0}^{t}(g^{\tau})^{-1}\mathbf{h}(\tau)d\tau\right)$$

给出.

证明 把公式(3)应用到方程(7),因为(7)属于特别简单的形式(1). □

注 在坐标形式中定理转化如下:给定了齐次方程(5)的一个基本解组,把基本解组的线性组合代入非齐次方程中,且把线性组合的系数看作时间的未知函数,就可解非齐次方程(4). 于是,为决定系数而引起的方程属于特别简单的形式(1).

问题 1 解方程 $\ddot{x}+x=f(t)$.

解 形成对应的齐次方程组

$$\begin{cases}\dot{x}_1=x_2,\\ \dot{x}_2=-x_1,\end{cases}$$

此方程组具有熟知的基本解组 $x_1=\cos t, x_2=-\sin t$ 和 $x_1=\sin t, x_2=\cos t$. 按照一般规则,我们寻求形式为

$$x_1=c_1(t)\cos t+c_2(t)\sin t,\quad x_2=-c_1(t)\sin t+c_2(t)\cos t$$

的解.

为了决定 c_1 和 c_2, 我们有方程组

$$\dot{c}_1\cos t+\dot{c}_2\sin t=0,\quad -\dot{c}_1\sin t+\dot{c}_2\cos t=f(t).$$

因此

$$\dot{c}_1=-f(t)\sin t,\quad \dot{c}_2=f(t)\cos t,$$

所以最后有

$$x(t)=\left[x(0)-\int_0^t f(\tau)\sin\tau d\tau\right]\cos t$$

$$+\left[x(0)+\int_0^t f(\tau)\cos\tau d\tau\right]\sin t.$$

第四章　基本定理的证明

在这一章中，我们将证明常微分方程的存在性、唯一性、连续性和可微性定理，以及向量场和方向场的直化定理. 这些证明也包含了构造微分方程近似解的技巧.

§30　压缩映射

现在我们给出一个寻找从度量空间到它自身的映射的不动点的方法. 以后，这个方法将用来构造微分方程的解.

30.1　定义

设 $A:M \to M$ 是度量空间 M（具有度量 ρ）到它自身的一个映射. 若存在一个常数λ，$0<\lambda<1$，使得

$$\rho(Ax, Ay) \leqslant \lambda\rho(x, y) \quad \forall\, x, y \in M, \tag{1}$$

则 A 称为一个**压缩映射**.

例 1　设 $A:\mathbf{R}\to\mathbf{R}$ 是一个实变量的实函数(图 198). 如果 A 的导数的绝

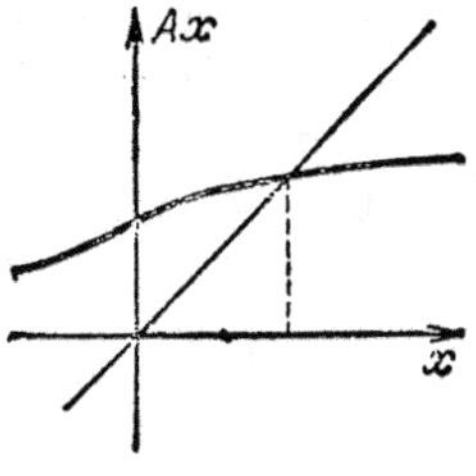

图 198　一个压缩映象的不动点

对值处处小于 1，则 A 不一定是一个压缩映射. 然而，如果

$$|A'|\leqslant\lambda<1,$$

则 A 就是一个压缩映射.

例 2 设 $A:\mathbf{R}^n\to\mathbf{R}^n$ 是一个线性算子. 如果 A 的所有特征值都严格地位于单位圆内部, 则存在一个欧几里得度量(在 § 22.3 意义下的李亚普诺夫函数)使得 A 是一个压缩映射.

问题 1 下述一些从直线 (具有通常度量) 到它自身的映射中哪些是压缩映射:

a) $y = \sin x$;

b) $y = \sqrt{x^2+1}$;

c) $y = \arctan x$?

问题 2 在不等式(1)中能用 < 代替 ≤ 吗?

30.2 压缩映射定理

如果 $Ax = x$, 则点 $x\in M$ 称为映射 $A:M\to M$ 的一个**不动点**.

定理 设 $A:M\to M$ 是完备度量空间 M 到它自身的一个压缩映射, 则 A 有唯一的不动点. 给定任何点 $x\in M$, 在算子 A 的作用下, x 的像的序列(图 199) $x, Ax, A^2x, A^3x, \cdots$ 收敛于此不动点.

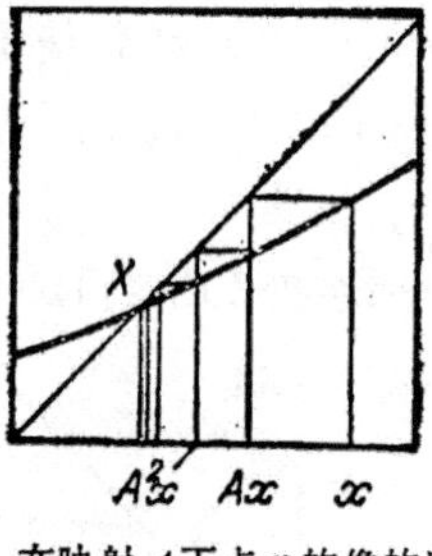

图 199 在映射 A 下点 x 的像的序列

证明 如果 $\rho(x, Ax) = d$, 则

$$\rho(A^n x, A^{n+1}x) \leqslant \lambda^n d.$$

级数

$$\sum_{n=0}^{\infty} \lambda^n$$

收敛, 因此序列 $A^n x$, $n = 0, 1, 2\cdots$ 是一个柯西序列. 然而空间

M是完备的，因此极限

$$X = \lim_{n\to\infty} A^n x$$

存在，点 X 是 A 的不动点．事实上，因为每一个压缩映射是连续的（选择 $\delta = \varepsilon$），我们有

$$AX = A\lim_{n\to\infty} A^n x = \lim_{n\to\infty} A^{n+1} x = X.$$

而且每个不动点 Y 与 X 重合，这是因为

$$\rho(X, Y) = \rho(AX, AY) \leqslant \lambda\rho(X, Y),$$

$$\lambda < 1 \Rightarrow \rho(X, Y) = 0. \qquad \square$$

注 点 $x, Ax, A^2x, \cdots$ 称为对 X 的逐次近似.

设 x 是对压缩映射 A 的不动点 X 的近似值，则近似值的准确度可用点 x 和 Ax 间的距离 d 容易地估计出来．事实上，因为

$$d + \lambda d + \lambda^2 d + \cdots\cdots = \frac{d}{1-\lambda},$$

所以

$$\rho(x, X) \leqslant \frac{d}{1-\lambda}$$

（图 200）.

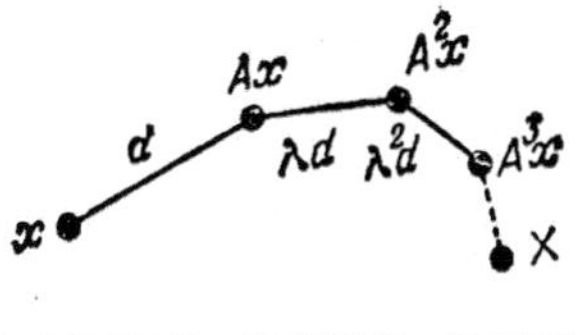

图 200 对不动点 X 的近似值 x 的精确度估计

§31 存在、唯一和连续性定理

现在我们构造一个完备度量空间的压缩映射，它的不动点确定了所给的微分方程的解.

31.1 逐次毕卡近似

考虑由扩张相空间 $\mathbf{R}^{n+1}$ 的一个区域内的向量场 $\mathbf{v}$ 确定的微

分方程 $\dot{\mathbf{x}}=\mathbf{v}(\mathbf{x},t)$ (图 201).

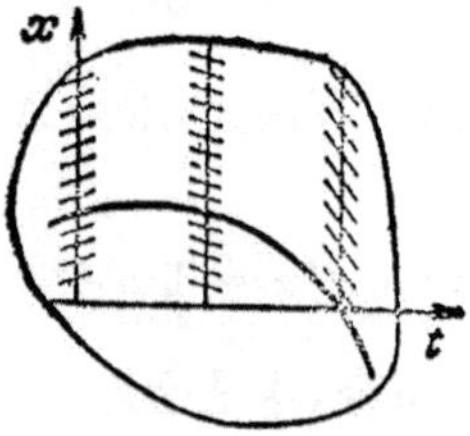

图 201　方程 $\dot{\mathbf{x}}=\mathbf{v}(\mathbf{x},t)$ 的一条积分曲线

于是所谓皮卡 (Picard) 映射指的是由

$$(A\boldsymbol{\varphi})(t)=\mathbf{x}_0+\int_{t_0}^{t}\mathbf{v}(\varphi(\tau),\tau)d\tau$$

所定义的,函数 $\boldsymbol{\varphi}:t\longmapsto\mathbf{x}$ 到函数 $A\varphi:t\longmapsto\mathbf{x}$ 的映射.

几何上从 $\boldsymbol{\varphi}$ 到 $A\boldsymbol{\varphi}$ (图 202) 的变换意味着用一条曲线 $\boldsymbol{\varphi}$ 构造一条新的曲线 $A\boldsymbol{\varphi}$, $A\boldsymbol{\varphi}$ 在每一点 t 的切线平行于由 $\boldsymbol{\varphi}$ 所确定的方向场而不平行于在新曲线 $A\boldsymbol{\varphi}$ 上的方向场. 注意: $\boldsymbol{\varphi}$ 是满足初始条件 $\boldsymbol{\varphi}(t_0)=\mathbf{x}_0$ 的解当且仅当 $\boldsymbol{\varphi}=A\varphi$.

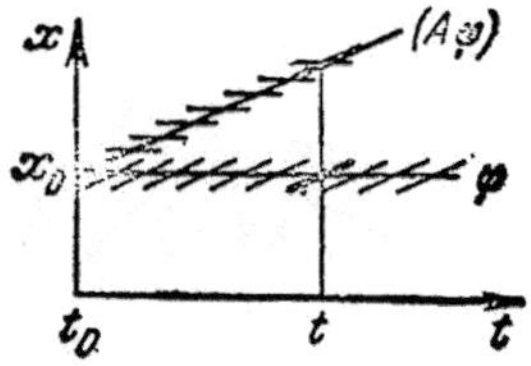

图 202　毕卡映射

在压缩映射定理的启发下，我们现在考虑逐次皮卡近似 $\boldsymbol{\varphi}$, $A\varphi$, $A^2\boldsymbol{\varphi}$, $\cdots$, 例如从 $\boldsymbol{\varphi}=\mathbf{x}_0$ 开始.

例 1　设 $\dot{\mathbf{x}}=\mathbf{f}(t)$,

$$(A\boldsymbol{\varphi})(t)=\mathbf{x}_0+\int_{t_0}^{t}\mathbf{f}(\tau)d\tau$$

(图 203). 则第一步就立刻导致一个精确解.

例 2　设 $\dot{\mathbf{x}}=\mathbf{x}$, $t=t_0=0$ (图 204), 在这种情形下近似值的收敛性能立即写下来. 事实上,在点 t 我们有

$$\boldsymbol{\varphi}=\mathbf{x}_0,$$

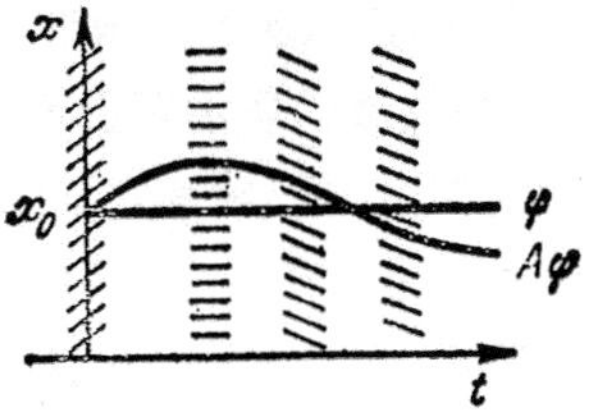

图 203　方程 $\dot{\mathbf{x}}=\mathbf{f}(t)$ 的皮卡近似

$$A\varphi=\mathbf{x}_0+\int_0^t \mathbf{x}_0 d\tau=\mathbf{x}_0(1+t),$$

$$A^2\varphi=\mathbf{x}_0+\int_0^t \mathbf{x}_0(1+\tau)d\tau=\mathbf{x}_0\left(1+t+\frac{t^2}{2}\right),$$

$$\cdots$$

$$A^n\varphi=\mathbf{x}_0\left(1+t+\frac{t^2}{2}+\cdots+\frac{t^n}{n!}\right),$$

$$\cdots$$

$$\lim_{n\to\infty}A^n\varphi=e^t\mathbf{x}_0.$$

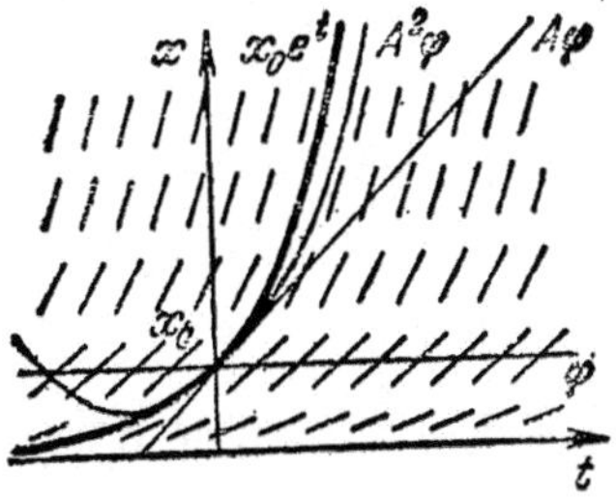

图 204　关于方程 $\dot{\mathbf{x}}=\mathbf{x}$ 的皮卡近似

注 1　于是，指数函数的两种定义

1) $e^t=\lim\limits_{n\to\infty}\left(1+\frac{t}{n}\right)^n$,

2) $e^t=1+t+\frac{t^2}{2}+\cdots$

对应着近似地解特别简单的微分方程 $\dot{x}=x$ 的两种方法，即欧拉折线法和逐次毕卡近似法．历史上指数函数的原始定义简单地为

3) e^t 是微分方程 $\dot{x}=x$ 的满足初始条件 $x(0)=1$ 的解．

注 2 方程 $\dot{\mathbf{x}}=k\mathbf{x}$ 的近似解的收敛性可以类似地证明. 在一般情况时，逐次近似解收敛的理由正因为方程 $\dot{\mathbf{x}}=k\mathbf{x}$ 是"最坏的"，即任何方程逐次近似解的收敛速度不比形式 $\dot{\mathbf{x}}=k\mathbf{x}$ 的某一个方程的逐次近似解收敛得更慢.

为了证明逐次近似解的收敛性，我们构造一个完备的度量空间，在这个空间中毕卡映射是一个压缩映射. 我们从回忆分析课程上的某些事实开始.

31.2 预先的估计

1）范数 具有纯量积（·，·）的欧几里得空间 $\mathbf{R}^n$ 中的向量 $\mathbf{x}$ 的范数将用 $|\mathbf{x}|=\sqrt{(\mathbf{x},\mathbf{x})}$ 表示. 具有度量

$$\rho(\mathbf{x},\mathbf{y})=|\mathbf{x}-\mathbf{y}|$$

的空间 $\mathbf{R}^n$ 是一个完备度量空间. 我们注意两个关键的不等式[1)]，即三角不等式

$$|\mathbf{x}+\mathbf{y}|\leqslant|\mathbf{x}|+|\mathbf{y}|$$

和施瓦茨（Schwarz）不等式

$$|(\mathbf{x},\mathbf{y})|\leqslant|\mathbf{x}||\mathbf{y}|.$$

2）向量积分 设 $\mathbf{f}:[a,b]\to\mathbf{R}^n$ 是在 $[a,b]$ 上连续，在 $\mathbf{R}^n$ 中取值的向量函数. 则向量积分

$$\mathbf{I}=\int_a^b\mathbf{f}(t)dt\in\mathbf{R}^n$$

按通常的方式(借助于黎曼（Riemann）和)定义

引理

1）让我们回忆一下这些不等式的证明. 通过欧几里得空间的向量 $\mathbf{x}$ 和 $\mathbf{y}$ 画二维平面，这个平面继承了来自 $\mathbf{R}^n$ 的欧几里得结构；然而在欧几里得平面中，由初等几何已知这两个不等式都成立. 这就在任何欧几里得空间中，例如在 $\mathbf{R}^n$ 中证明了这些不等式. 特别不用任何计算我们完全证明了

$$\left|\sum_{i=1}^n x_iy_i\right|^2\leqslant\sum_{i=1}^n x_i^2\sum_{i=1}^n y_i^2,$$

类似地证明了

$$\left|\int_a^b fg\,dt\right|^2\leqslant\int_a^b f^2dt\int_a^b g^2dt.$$

$$\left|\int_a^b \mathbf{f}(t)\,dt\right| \leqslant \left|\int_a^b |\mathbf{f}(t)|\,dt\right|. \tag{1}$$

证明 应用三角不等式比较黎曼和，我们得到

$$|\Sigma \mathbf{f}(t_i)\Delta_i| \leqslant \Sigma|\mathbf{f}(t_i)||\Delta_i|.$$ □

3）算子的范数 设 $A:\mathbf{R}^m \to \mathbf{R}^n$ 是从一个欧几里得空间到另一个欧几里得空间的一个线性算子．然后我们用

$$|A| = \sup_{\mathbf{x}\in\mathbf{R}^m\setminus 0} \frac{|A\mathbf{x}|}{|\mathbf{x}|}$$

表示 A 的范数．

于是我们有

$$|A + B| \leqslant |A| + |B|,$$
$$|AB| \leqslant |A||B|. \tag{2}$$

如果我们令

$$\rho(A, B) = |A - B|,$$

则从 $\mathbf{R}^m$ 到 $\mathbf{R}^n$ 的线性算子的集合变成一个完备度量空间．

31.3 利普希茨条件

设 $A:M_1 \to M_2$ 是从度量空间 M_1（具有度量 ρ_1）映入度量空间 M_2（具有度量 ρ_2）的一个映射，并设 L 是一个正实数．

定义 若映射 A 使 M_1 的任何两点间的距离增加不大于 L 倍（图 205）：

$$\rho_2(Ax, Ay) \leqslant L\rho_1(x, y) \quad \forall\ x, y \in M_1.$$

则称映射 A 满足具有常数 L 的利普希茨(Lipschitz)条件（我们记为 $A \in \mathrm{Lip}\ L$）．

若存在一个常数 L，使得 $A \in \mathrm{Lip}\ L$．则映射 A 称为满足利普

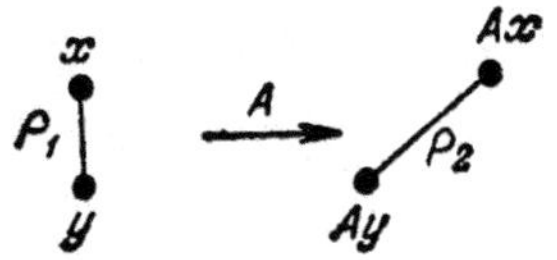

图 205 利普希茨条件 $\rho_2 \leqslant L\rho_1$

希茨条件.

问题 1 下述映射中哪些满足利普希茨条件(在各种情况中都是欧几里得度量):

a) $y = x^2,\ x \in \mathbf{R}$;

b) $y = \sqrt{x},\ x > 0$;

c) $y = \sqrt{x_1^2 + x_2^2},\ (x_1, x_2) \in \mathbf{R}^2$;

d) $y = \sqrt{x_1^2 - x_2^2},\quad x_1^2 \geqslant x_2^2$;

e) $y = \begin{cases} x \log x & 0 < x \leqslant 1, \\ 0, & x = 0; \end{cases}$

f) $y = x^2,\ x \in \mathbf{C},\ |x| \leqslant 1$?

问题 2 证明每个压缩映象满足利普希茨条件;而且每个满足利普希茨条件的映射是连续的.

31.4 可微性和利普希茨条件

设 $\mathbf{f}: U \to \mathbf{R}^n$ 是一个从欧几里得空间 $\mathbf{R}^m$ 中的区域 U 映入欧几里得空间 $\mathbf{R}^n$ 的光滑映射(C^r 类的,$r \geqslant 1$)(图 206). 欧几里得空间在每一点的切空间有一个自然的欧几里得结构,因此 $\mathbf{f}$ 在点 $\mathbf{x} \in U \subset \mathbf{R}^m$ 的导数

$$\mathbf{f}_*|_{\mathbf{x}} = \mathbf{f}_{*\mathbf{x}}: T\mathbf{R}^m_{\mathbf{x}} \to T\mathbf{R}^n_{\mathbf{f}(\mathbf{x})}$$

是从一个欧几里得空间到另一个欧几里得空间的线性算子.

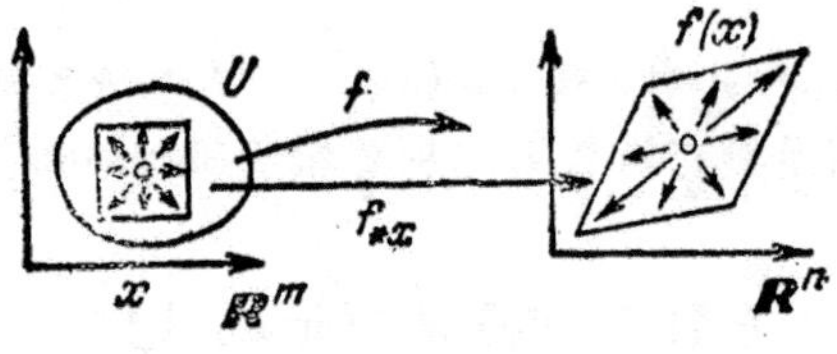

图 206 映射 f 的导数.

定理 设 V 是区域 U 的任何凸的和紧致的子集,则一个连续可微映射 $\mathbf{f}$ 在 V 上满足具有常数 L 的李普希兹条件,L 等于 $\mathbf{f}$ 在 V 上的上确界:

$$L = \sup_{\mathbf{x} \in V} |\mathbf{f}_{*\mathbf{x}}|.$$

证明 设 $\mathbf{z}(t)=\mathbf{x}+t(\mathbf{y}-\mathbf{x})$, $0\leqslant t\leqslant 1$ 是连接 $\mathbf{x}, \mathbf{y}\in V$ 的线段(图 207).

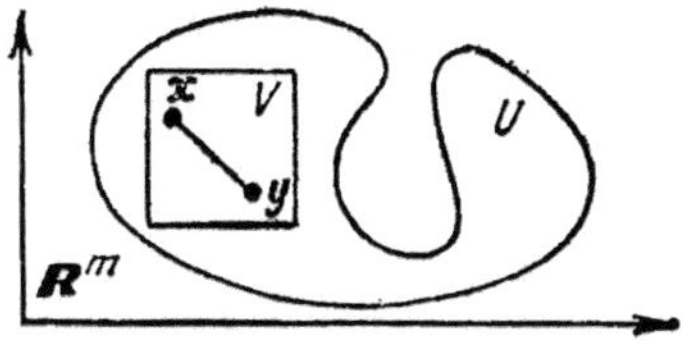

图 207 连续可微性蕴含着利普希茨条件的成立

由微积分基本定理,

$$\mathbf{f}(\mathbf{y})-\mathbf{f}(\mathbf{x})=\int_0^1\frac{d}{dt}\mathbf{f}(\mathbf{z}(\tau))d\tau$$
$$=\int_0^1\mathbf{f}_{*\mathbf{z}(\tau)}\dot{\mathbf{z}}(\tau)d\tau,$$

因为 $\dot{\mathbf{z}}=\mathbf{y}-\mathbf{x}$, 因此由公式(1)和(2)得

$$\left|\int_0^1\mathbf{f}_{*\mathbf{z}(\tau)}\dot{\mathbf{z}}(\tau)d\tau\right|\leqslant\int_0^1 L|\mathbf{y}-\mathbf{x}|d\tau=L|\mathbf{y}-\mathbf{x}|. \qquad \square$$

注 导数 $|\mathbf{f}_*|$ 在 V 上的范数的上确界实际上是可以达到的. 事实上,由假设 $\mathbf{f}\in C^1$,因此导数 $\mathbf{f}_*$ 是连续的. 由此在紧致集 V 上 $|\mathbf{f}_*|$ 达到它的最大值 L.

在进行毕卡近似解的收敛性证明中,我们将考察在一给定点的一个小邻域中的近似值. 以后将用下述四个数描述这个邻域.

31.5 量 C, L, a', b'.

假定微分方程

$$\dot{\mathbf{x}}=\mathbf{v}(\mathbf{x}, t) \tag{3}$$

的右端 $\mathbf{v}$ 在扩张相空间的区域 $U\subset\mathbf{R}^n\times\mathbf{R}^1$ 中确定和是(C^r 类, $r\geqslant 1$)可微的. 我们在 $\mathbf{R}^n$ 中赋予一个欧几里得结构, 因此在 $T\mathbf{R}^n_{\mathbf{x}}$ 中也有了欧几里得结构. 考虑任意点 $(\mathbf{x}_0, t_0)\in U$ (图 208). 对充分小的 a 和 b, 柱体

$$\Gamma=\{\mathbf{x}, t: |t-t_0|\leqslant a, |\mathbf{x}-\mathbf{x}_0|\leqslant b\}$$

位于区域U中．设C和L表示量$|\mathbf{v}|$和$|\mathbf{v}_*|$在此柱体上的上确界，此处和今后打星号的表示对固定t（关于$\mathbf{x}$）的导数．因为柱体是紧致的，所以这些上确界都能达到：

$$|\mathbf{v}| \leqslant C, \quad |\mathbf{v}_*| \leqslant L.$$

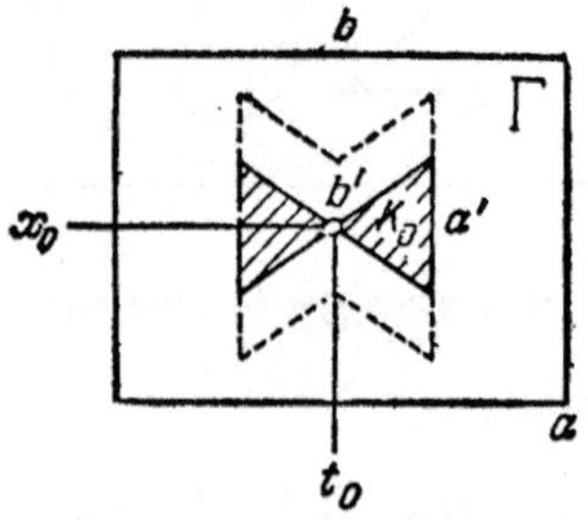

图 208　柱体Γ和锥体K_0

现设K_0是具有顶点$(t_0, \mathbf{x}_0)$的锥体，它的"开口"为C和高度为a'．于是

$$K_0 = \{\mathbf{x}, t: |t - t_0| \leqslant a', |\mathbf{x} - \mathbf{x}_0| \leqslant C|t - t_0|\}.$$

如果数a'足够小，锥体K_0位于柱体Γ内部，又若数$a', b' > 0$都足够小，则由K_0通过把顶点平行移动到点$(t_0, \mathbf{x})$而得到的每个锥K_x也位于柱体Γ内部，此处$|\mathbf{x} - \mathbf{x}_0| \leqslant b'$．假定数$a'$和$b'$足够小，使得$K_x \subset \Gamma$，我们将寻求方程(3)的形式为

$$\boldsymbol{\varphi}(t) = \mathbf{x} + \mathbf{h}(\mathbf{x}, t)$$

的满足初始条件$\boldsymbol{\varphi}(t_0) = \mathbf{x}$的解$\boldsymbol{\varphi}$（图209）．对应的积分曲线则位于锥体$K_x$内部，

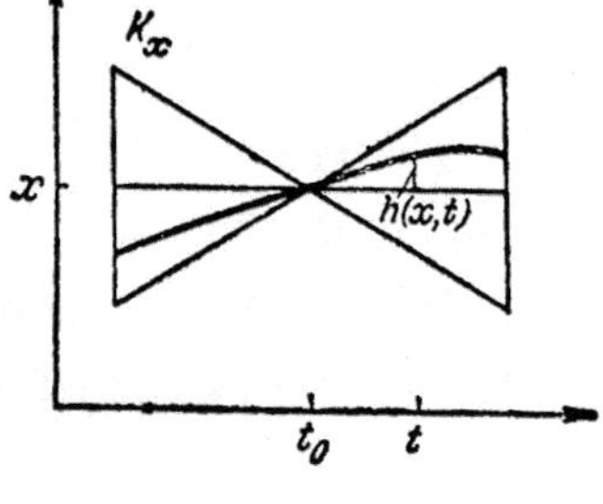

图 209　$\mathbf{h}(\mathbf{x}, t)$的定义

31.6 度量空间 M

考虑由柱体 $|\mathbf{x}-\mathbf{x}_0|\leqslant b'$, $|t-t_0|\leqslant a'$ 映入欧几里得空间 $\mathbf{R}^n$ 的所有可能的连续映射 $\mathbf{h}$, 设 M 表示满足附加条件

$$|\mathbf{h}(\mathbf{x},t)|\leqslant C|t-t_0| \tag{4}$$

的这些映射的集合(特别, $\mathbf{h}(\mathbf{x},t_0)=0$). 我们通过令

$$\rho(\mathbf{h}_1,\mathbf{h}_2)=\|\mathbf{h}_1-\mathbf{h}_2\|=\max_{\substack{|\mathbf{x}-\mathbf{x}_0|\leqslant b'\\|t-t_0|\leqslant a'}}|\mathbf{h}_1(\mathbf{x},t)-\mathbf{h}_2(\mathbf{x},t)|$$

在M中引进了一个度量 ρ.

定理 赋予度量ρ的集合M是一个完备度量空间.

证明 一致收敛的连续函数序列收敛于连续函数. 如果取极限前函数满足不等式(4),则极限函数也满足具有同一个常数C的(4). □

注意: 空间M依赖于三个正数 a', b' 和 C.

31.7 压缩映象 $A:M\to M$

下面我们引入由

$$(A\mathbf{h})(\mathbf{x},t)=\int_{t_0}^{t}\mathbf{v}(\mathbf{x}+\mathbf{h}(\mathbf{x},\tau),\tau)d\tau \tag{5}$$

所定义的映射 $A:M\to M$.[1)]

由于不等式(4),点 $(\mathbf{x}+\mathbf{h}(\mathbf{x},\tau),\tau)$ 属于锥体 K_x,因此属于场 $\mathbf{v}$ 的定义域.

定理 若a'充分小,则公式(5)定义了一个从空间M映入它自身的压缩映射.

证明 1) 首先我们证明A将M映入它自身. 因为连续依赖于一个参数的连续函数的积分是连续依赖于参数和上限的, 所以函数 $A\mathbf{h}$ 是连续的. 又因为

$$|(A\mathbf{h})(\mathbf{x},t)|\leqslant\left|\int_{t_0}^{t}\mathbf{v}(\mathbf{x}+\mathbf{h}(\mathbf{x},\tau),\tau)d\tau\right|$$

---

1) 把(5)与§31.1的皮卡映射比较时,应该记住我们现在是在寻求一个形式为 $\mathbf{x}+\mathbf{h}$ 的解.

$$\leqslant \left| \int_{t_0}^{t} C\,dt \right| \leqslant C|t - t_0|,$$

所以 $A\mathbf{h}$ 满足不等式(4)，因此 $AM \subset M$.

2）其次我们证明 A 是一个压缩映象，即

$$\|A\mathbf{h}_1 - A\mathbf{h}_2\| \leqslant \lambda \|\mathbf{h}_1 - \mathbf{h}_2\|, \quad 0 < \lambda < 1.$$

为此，我们在点 $(\mathbf{x}, t)$ 估计 $A\mathbf{h}_1 - A\mathbf{h}_2$. 我们有(图 210)

$$(A\mathbf{h}_1 - A\mathbf{h}_2)(\mathbf{x},\ t) = \int_{t_0}^{t} (\mathbf{v}_1 - \mathbf{v}_2)\,d\tau,$$

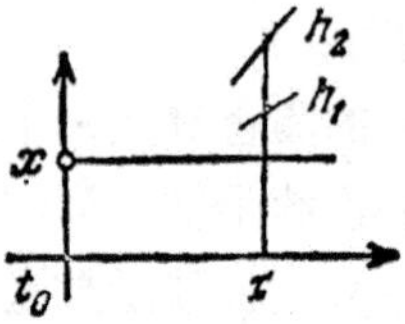

图 210 $\mathbf{v}_1$ 和 $\mathbf{v}_2$ 的比较

此处

$$\mathbf{v}_i(\tau) = \mathbf{v}(\mathbf{x} + \mathbf{h}_i(\mathbf{x},\ \tau),\ \tau), \quad i = 1,\ 2.$$

根据定理 31.4，对于固定的τ，函数 $\mathbf{v}(\mathbf{x}, \tau)$ 满足具有常数 L 的利普希茨条件(对第一个自变量). 因此

$$|\mathbf{v}_1(\tau) - \mathbf{v}_2(\tau)| \leqslant L|\mathbf{h}_1(\mathbf{x},\ \tau) - \mathbf{h}_2(\mathbf{x},\ \tau)|$$
$$\leqslant L\|\mathbf{h}_1 - \mathbf{h}_2\|.$$

又根据引理 31.2，

$$|(A\mathbf{h}_1 - A\mathbf{h}_2)(\mathbf{x},\ t)| \leqslant \left| \int_{t_0}^{t} L\|\mathbf{h}_1 - \mathbf{h}_2\|\,d\tau \right|$$
$$\leqslant La'\|\mathbf{h}_1 - \mathbf{h}_2\|.$$

因此，如果 $La' < 1$，则 A 是一个压缩映象.

31.8 存在性和唯一性定理

推论 假设微分方程(3)的右端 $\mathbf{v}$ 在扩张相空间中点 $(t_0, \mathbf{x}_0)$ 的一个邻域内是连续可微的. 则对于充分接近 $\mathbf{x}_0$ 的任何给定点 $\mathbf{x}$，存在一个 t_0 的邻域，在此邻域中定义了一个方程(3)的满足初始条件$\boldsymbol{\varphi}(t_0) = \mathbf{x}$ 的解，而且这个解连续地依赖于初始点 $\mathbf{x}$.

证明 根据定理 30.2，压缩映射 A 有一个不动点 $\mathbf{h} \in M$. 设 $\mathbf{g}(\mathbf{x}, t) = \mathbf{x} + \mathbf{h}(\mathbf{x}, t)$. 则

$$\mathbf{g}(\mathbf{x}, t) = \mathbf{x} + \int_{t_0}^{t} \mathbf{v}(\mathbf{g}(\mathbf{x}, \tau), \tau) d\tau,$$

$$\frac{\partial \mathbf{g}(\mathbf{x}, t)}{\partial t} = \mathbf{v}(\mathbf{g}(\mathbf{x}, t), t).$$

由此推得对固定的 $\mathbf{x}$, $\mathbf{g}$ 满足方程(3)和在 $t = t_0$ 时的初始条件

$$\mathbf{g}(\mathbf{x}, t_0) = \mathbf{x}.$$

又因为 $\mathbf{h} \in M$, 因此 $\mathbf{g}$ 是连续的. □

这样我们已经对方程(3)证明了存在性定理，并且表明其解连续地依赖于初始条件.

问题 1 证明唯一性定理.

解 1 在 M 的定义中设 $b' = 0$. 则由压缩映射 $A: M \to M$ 的不动点的唯一性推出（满足初始条件 $\boldsymbol{\varphi}(t_0) = \mathbf{x}_0$）解的唯一性. □

解 2 设 $\boldsymbol{\varphi}_1$ 和 $\boldsymbol{\varphi}_2$ 是定义在 $|t - t_0| < \alpha$, 满足同样初始条件

$$\boldsymbol{\varphi}_1(t_0) = \boldsymbol{\varphi}_2(t_0) = \mathbf{x}_0$$

的两个解. 并且设

$$\|\boldsymbol{\varphi}\| = \max_{|t - t_0| < \alpha'} |\boldsymbol{\varphi}(t)|,$$

此处 $0 < \alpha < \alpha'$. 则

$$\boldsymbol{\varphi}_1(t) - \boldsymbol{\varphi}_2(t) = \int_{t_0}^{t} [\mathbf{v}(\boldsymbol{\varphi}_1(\tau), \tau) - \mathbf{v}(\boldsymbol{\varphi}_2(\tau), \tau)] d\tau.$$

对充分小的 a', 点 $(\boldsymbol{\varphi}_1(\tau), \tau)$ 和 $(\boldsymbol{\varphi}_2(\tau), \tau)$ 都位于 $\mathbf{v} \in \text{LiP}\, L$ 的柱体中. 因此 $\|\boldsymbol{\varphi}_1 - \boldsymbol{\varphi}_2\| \leqslant L\alpha' \|\boldsymbol{\varphi}_1 - \boldsymbol{\varphi}_2\|$, 如果 $L\alpha' < 1$, 由前面的不等式推出

$$\|\boldsymbol{\varphi}_1 - \boldsymbol{\varphi}_2\| = 0.$$

于是在点 t_0 的某一邻域中解 $\boldsymbol{\varphi}_1$ 和 $\boldsymbol{\varphi}_2$ 重合. □

至此，已经证明了局部唯一性定理.

31.9 压缩映射的其他应用

问题 1 证明反函数定理

提示 只要求出具有单位线性部分的 C^1 映射 $\mathbf{y} = \mathbf{x} + \boldsymbol{\varphi}(\mathbf{x})$ 的逆映射就够了，此处在点 $0 \in \mathbf{R}^n$ 的某一邻域中 $\boldsymbol{\varphi}'(0) = 0$（用变量的线性变换可将一般情形化为这种情形）. 假定我们寻求形式为 $\mathbf{x} = \mathbf{y} + \boldsymbol{\psi}(\mathbf{y})$ 的解，则我

们对 $\boldsymbol{\psi}$ 得到了方程

$$\boldsymbol{\psi}(\mathbf{y}) = -\boldsymbol{\varphi}(\mathbf{y} + \boldsymbol{\psi}(\mathbf{y})).$$

因此所要求的函数 $\boldsymbol{\psi}$ 是由公式

$$(A\boldsymbol{\psi})(\mathbf{y}) = -\boldsymbol{\varphi}(\mathbf{y} + \boldsymbol{\psi}(\mathbf{y}))$$

定义的映射 A 的一个不动点. 又因为函数 $\boldsymbol{\varphi}$ 的导数在点 0 的一个邻域中很小(由于条件 $\boldsymbol{\varphi}'(0) = 0$),所以 A 是一个压缩映射(在适当的度量中).

问题 2 证明：当步长接近零时，欧拉折线趋近一个解.

解 设 $\mathbf{g}_\Delta = \mathbf{x} + \mathbf{h}_\Delta$ 是具有步长 Δ 和初始条件 $\mathbf{g}_\Delta(\mathbf{x}, t_0) = \mathbf{x}$ 的欧拉折线(图 211).换句话说，设

$$\frac{\partial}{\partial t}\mathbf{g}_\Delta(\mathbf{x}, t) = \mathbf{v}(\mathbf{g}_\Delta(\mathbf{x}, s(t)), s(t)),$$

此处 $s(t) = t_0 + k\Delta$, k 是 $(t - t_0)/\Delta$ 的整数部分.

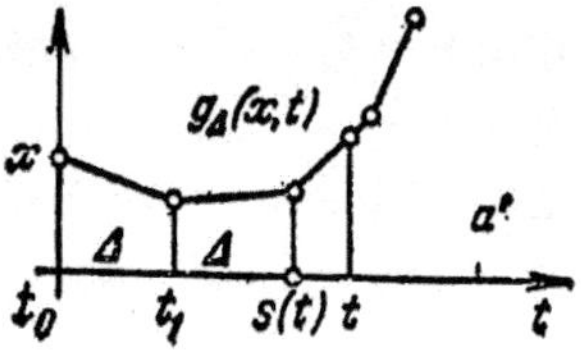

图 211 欧拉折线 $g_\Delta(x,t)$

欧拉折线和解 $\mathbf{g}$ 之间的差能用 §30.3 中的公式估计出来:

$$\|\mathbf{g}_\Delta - \mathbf{g}\| = \|\mathbf{h}_\Delta - \mathbf{h}\| \leqslant \frac{1}{1-\lambda}\|A\mathbf{h}_\Delta - \mathbf{h}_\Delta\|.$$

然而

$$(A\mathbf{h}_\Delta)(\mathbf{x}, t) = \int_{t_0}^{t} \mathbf{v}(\mathbf{g}_\Delta(\mathbf{x},\tau),\tau)d\tau,$$

$$\mathbf{h}_\Delta(\mathbf{x}, t) = \int_{t_0}^{t} \mathbf{v}(\mathbf{g}_\Delta(\mathbf{x},s(\tau)),s(\tau))d\tau,$$

当 $\Delta\to 0$ 时,两个被积函数的差关于 τ 一致地趋近于零,此处 $|\tau| \leqslant a'$ (由于 $\mathbf{v}$ 的同等连续性). 因此当 $\Delta\to 0$ 时 $\|A\mathbf{h}_\Delta - \mathbf{h}\|\to 0$, 于是欧拉折线趋近于一个解.

***问题 3** 设 A 是点 $0 \in \mathbf{R}^n$ 的一个邻域映到同一点的一个邻域上的并保持将 0 映到 0 的微分同胚,又假定在 0 点 A 的线性部分(即线性算子 $A_{*0}: \mathbf{R}^n \to \mathbf{R}^n$) 没有模为 1 的特征值. 设 m_- 是具有 $|\lambda| < 1$ 的特征值的个数; m_+ 是具有 $|\lambda| > 1$ 的特征值的个数.则 A_{*0} 有一个不变子空间 $\mathbf{R}^{m_-}$-(进入股)和一个

不变子空间($\mathbf{R}^{m_+}$外出股)，在 A_{*0}^N 的作用下，它们的点趋于 0，此处，对 $\mathbf{R}^{m_-}$，$N\to+\infty$；对 $\mathbf{R}^{m_+}$，$N\to-\infty$ (图 212)。

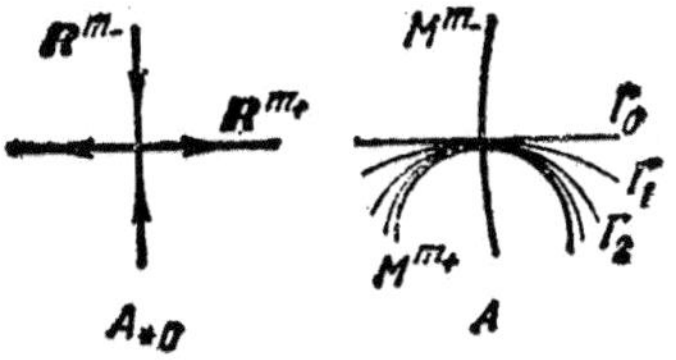

图 212　A 的股的近似和 A 的线性部分 A_{*0} 的股

证明在点 0 的一个邻域中非线性映射 A 也有不变子流形 M^{m_-} 和 M^{m_+} (进入股和外出股)，它们在 0 点与子空间 $\mathbf{R}^{m_-}$ 和 $\mathbf{R}^{m_+}$ 相切，此处，对 $\mathbf{x}\in M^{m_-}$ 当 $N\to+\infty$ 时 $A^N\mathbf{x}\to 0$ 和 $\mathbf{x}\in M^{m_+}$ 当 $N\to-\infty$ 时 $A^N\mathbf{x}\to 0$.

提示　取维数为 m_+ 的任何子流形 Γ_0 (例如，在 0 点切于 $\mathbf{R}^{m_+}$)，而且对 Γ_c 作用 A 的乘幂. 使用压缩映射的方法证明所得的近似值 $\Gamma_N = A^N\Gamma_0$ 当 $N\to+\infty$ 时趋于 M^{m_+} 的收敛性.

***问题 4**　证明在非线性鞍点 $\dot{\mathbf{x}} = \mathbf{v}(\mathbf{x})$, $\mathbf{v}(0) = 0$ 进入股和外出股的存在性 (假定算子 $A = \mathbf{v}_*(0)$ 的特征值没有一个位于虚轴上)。

§32　可微性定理

在这一部分，我们最终将证明直化定理。

32.1　变分方程

对任何可微映射 $\mathbf{f}: U\to V$ 我们可以使它与在每一点的切空间的线性映射

$$\mathbf{f}_{*\mathbf{x}}: TU_{\mathbf{x}} \to TV_{\mathbf{f}(\mathbf{x})}$$

相联系. 完全一样，我们可以把微分方程

$$\dot{\mathbf{x}} = \mathbf{v}(\mathbf{x}, t), \quad \mathbf{x}\in U\subset\mathbf{R}^n \tag{1}$$

与对切向量 $\mathbf{y}$ 为线性的微分方程组

$$\begin{cases}\dot{\mathbf{x}} = \mathbf{v}(\mathbf{x}, t), & \mathbf{x}\in U\subset\mathbf{R}^n,\\ \dot{\mathbf{y}} = \mathbf{v}_*(\mathbf{x}, t)\mathbf{y}, & \mathbf{y}\in TU_{\mathbf{x}}\end{cases} \tag{2}$$

相联系(图 213)，我们称(2)是关于方程(1)的变分方程组.

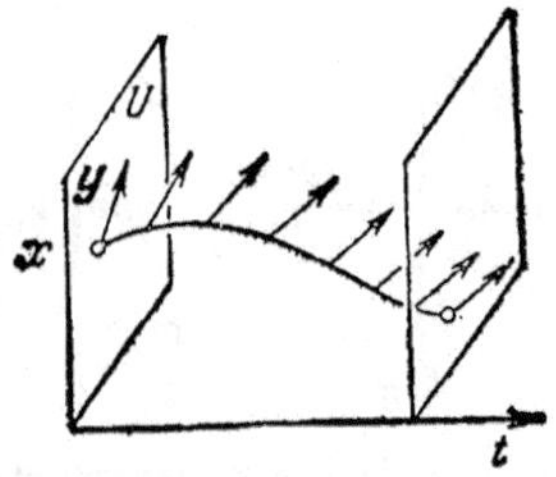

图 213　具有初始条件 $(x,\mathbf{y})$ 的变分方程的解

在(2)中和以后的公式中星号表示对固定的 t，关于 $\mathbf{x}$ 的导数. 于是 $\mathbf{v}_*(\mathbf{x}, t)$ 是从 $\mathbf{R}^n$ 到 $\mathbf{R}^n$ 的线性算子.

与方程组(2)一起，考虑从 (2) 中用未知的线性变换 z 代替未知向量 $\mathbf{y}$ 所得的方程组

$$\begin{cases}\dot{\mathbf{x}} = \mathbf{v}(\mathbf{x}, t), & \mathbf{x} \in U \subset \mathbf{R}^n, \\ \dot{\mathbf{z}} = \mathbf{v}_*(\mathbf{x}, t)z, & z: \mathbf{R}^n \to \mathbf{R}^n\end{cases} \tag{3}$$

是方便的. 我们对方程组(3)也同样应用变分方程这个术语.

注　一般地说，给定一个线性方程

$$\dot{\mathbf{y}} = A(t)\mathbf{y}, \quad \mathbf{y} \in \mathbf{R}^n, \tag{2'}$$

考虑与它相联系的含有线性算子 z 的方程

$$\dot{z} = A(t)z, \quad z: \mathbf{R}^n \to \mathbf{R}^n \tag{3'}$$

是有用的. 知道了方程(2′)和(3′)中的一个方程的解，我们能容易地找到另一个方程的解(为什么?).

32.2　可微性定理

定理　假定方程(1)的右端 $\mathbf{v}$ 在点 $(\mathbf{x}_0, t_0)$ 的一个邻域内两次连续可微，则当 $\mathbf{x}$ 和 t 在点 $(\mathbf{x}_0, t_0)$ 的某一邻域(可能较小)内变化时，微分方程(1)的满足初始条件 $\mathbf{g}(\mathbf{x}, t_0) = \mathbf{x}$ 的解 $\mathbf{g}(\mathbf{x}, t)$ 是初始条件 $\mathbf{x}$ 的连续可微函数:

$$\mathbf{v} \in C^2 \Rightarrow \mathbf{g} \in C^1_{\mathbf{x}}$$

(关于 $\mathbf{x}$ 是 C^1 类的).

证明 因为 $\mathbf{v}\in C^2\Rightarrow\mathbf{v}_*\in C^1$,变分方程组(2)满足§31的条件,并且毕卡近似序列在点 t_0 的充分小邻域内一致地收敛于(3)的解. 引入初始条件 $\boldsymbol{\varphi}_0=\mathbf{x}$(充分接近 $\mathbf{x}_0$)和 $\psi_0=E$,我们用 $\boldsymbol{\varphi}_n$(对 $\mathbf{x}$)和 ψ_n(对 z)表示毕卡近似,得到

$$\boldsymbol{\varphi}_{n+1}(\mathbf{x},t)=\mathbf{x}+\int_{t_0}^{t}\mathbf{v}(\boldsymbol{\varphi}_n(\mathbf{x},\tau),\tau)d\tau, \tag{4}$$

$$\psi_{n+1}(\mathbf{x},t)=E+\int_{t_0}^{t}\mathbf{v}_*(\boldsymbol{\varphi}_n(\mathbf{x},\tau),\tau)\psi_n(\mathbf{x},\tau)d\tau. \tag{5}$$

注意 $\boldsymbol{\varphi}_{0*}=\psi_0$,关于 n 应用数学归纳法,我们从(4)和(5)推出 $\boldsymbol{\varphi}_{n+1*}=\psi_{n+1}$. 因此序列 $\{\psi_n\}$ 是序列 $\{\boldsymbol{\varphi}_n\}$ 的导数的序列. 序列(4)和(5)对充分小的 $|t-t_0|$ 是一致收敛,它们是方程组(3)的毕卡近似序列. 因此序列 $\{\boldsymbol{\varphi}_n\}$ 及其关于 $\mathbf{x}$ 的导数都一致收敛的. 因此极限函数

$$\mathbf{g}(\mathbf{x},t)=\lim_{n\to\infty}\boldsymbol{\varphi}_n(\mathbf{x},t)$$

关于 $\mathbf{x}$ 是一致可微的. □

32.3 注

同时,我们刚好证明了下述定理.

定理 方程(1)的解关于初始条件 $\mathbf{x}$ 的导数 $\mathbf{g}_*$ 满足具有初始条件 $z(t_0)=E$ 的变分方程(3):

$$\frac{\partial}{\partial t}\mathbf{g}(\mathbf{x},t)=\mathbf{v}(\mathbf{g}(\mathbf{x},t),t),$$

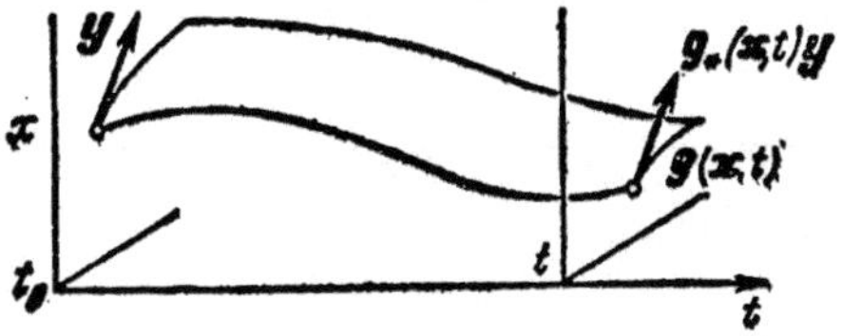

图 214 (t_0,t) 推进变换在相空间中的曲线和在它的切向量上的作用

$$\frac{\partial}{\partial t}\mathbf{g}_*(\mathbf{x}, t) = \mathbf{v}_*(\mathbf{g}(\mathbf{x}, t), t)\mathbf{g}_*(\mathbf{x}, t),$$

$$\mathbf{g}(\mathbf{x}, t_0) = \mathbf{x}, \quad \mathbf{g}_*(\mathbf{x}, t_0) = E.$$

这个定理说明了变分方程的意义，即它们描述了 (t_0, t_1) 推进变换在相空间的切向量上的作用（图 214）.

32.4 关于 x 和 t 的高阶导数

设 $r \geqslant 2$ 是一个整数.

定理 T_r 假定方程(1)的右端 $\mathbf{v}$ 在点 $(\mathbf{x}_0, t)$ 的一个邻域内是 r 次连续可微的. 则当 $\mathbf{x}$ 和 t 在点 $(\mathbf{x}_0, t)$ 的某邻域内(可能较小)变化时，方程(1)满足初始条件 $\mathbf{g}(\mathbf{x}, t_0) = \mathbf{x}$ 的解 $\mathbf{g}(\mathbf{x}, t)$ 是初始条件 $\mathbf{x}$ 的 $(r-1)$ 次的连续可微函数:

$$\mathbf{v} \in C^r \Rightarrow \mathbf{g} \in C_{\mathbf{x}}^{r-1}.$$

证明 因为 $\mathbf{v} \in C^r \Rightarrow \mathbf{v}_* \in C^{r-1}$，所以变分方程组(3)满足定理 T_{r-1} 的条件. 因此从定理 T_{r-1} 推出定理 T_r, $r > 2$:

$$\mathbf{v} \in C^r \Rightarrow \mathbf{v}_* \in C^{r-1} \Rightarrow \mathbf{g}_* \in C_{\mathbf{x}}^{r-2} \Rightarrow \mathbf{g} \in C_{\mathbf{x}}^{r-1}.$$

因为定理 T_2 刚好是定理 32.2，这就证明了定理 T_r. □

32.5 关于 x 和 t 的导数

再设 $r \geqslant 2$ 是一个整数.

定理 T_r' 在定理 T_r 的条件下，解 $\mathbf{g}(\mathbf{x}, t)$ 是关于变量 $\mathbf{x}$ 和 t 两者的 C^{r-1} 类的可微函数:

$$\mathbf{v} \in C^r \Rightarrow \mathbf{g} \in C^{r-1}.$$

这个定理是前述定理的明显推论. 然而，一个正式的证明进行如下:

引理 设 $\mathbf{f}$（在 $\mathbf{R}^n$ 中取值）是定义在欧几里得空间 $\mathbf{R}^m$ 的区域 G 和 t 轴的区间 I 的直积上的函数:

$$\mathbf{f}: G \times I \to \mathbf{R}^n.$$

考虑积分

$$\mathbf{F}(\mathbf{x}, t) = \int_{t_0}^{t} \mathbf{f}(\mathbf{x}, \tau)d\tau, \quad \mathbf{x} \in G, \quad [t_0, t] \subset I,$$

则 $f \in C^r_x$，$f \in C^{r-1}$ 蕴含 $F \in C^r$.

引理的证明　函数 F 关于变量 x_i 和 t 的任何 r 阶偏导数，其中包含着关于 t 的微分，能够用 f 和阶数小于 r 的函数 f 的偏导数表示，因此是连续的，又 F 关于变量 x_i 的 r 阶偏导数按假设是连续的．　□

定理的证明　我们有

$$\mathbf{g}(\mathbf{x}, t) = \mathbf{x} + \int_{t_0}^{t} \mathbf{v}(\mathbf{g}(\mathbf{x}, \tau), \tau) d\tau.$$

记 $\mathbf{f}(\mathbf{x}, \tau) = \mathbf{v}(\mathbf{g}(\mathbf{x}, \tau), \tau)$ 以及应用引理，我们得到

$$\mathbf{g} \in C^{\rho-1} \cap C^{\rho}_{\mathbf{x}} \Rightarrow \mathbf{g} \in C^{\rho}.$$

根据定理 T_r，对 $\rho < r$，$\mathbf{g} \in C^{\rho}_{\mathbf{x}}$．于是我们相继地得到了

$$\mathbf{g} \in C^0 \Rightarrow \mathbf{g} \in C^1 \Rightarrow \cdots \Rightarrow \mathbf{g} \in C^{r-1}.$$

但是由 §31.8（解连续依赖于 $\mathbf{x}$, t）$\mathbf{g} \in C^0$．这就完成了定理 T'_r 的证明．　□

问题 1　证明：如果微分方程（1）的右端是无限可微的，则解也是初始条件的无限可微函数：

$$\mathbf{v} \in C^{\infty} \Rightarrow \mathbf{g} \in C^{\infty}.$$

注　也可以证明：如果右端 $\mathbf{v}$ 是解析的（在每点的一个邻域中，有一个收敛于 $\mathbf{v}$ 的泰勒级数），则解 $\mathbf{g}$ 也解析地依赖于 $\mathbf{x}$ 和 t．在未知量是复值（特别重要）和对时间 t 是复值时，研究具有解析右端的微分方程是很自然的[1]．

32.6　直化定理

这个定理是定理 T'_r 的明显推论．在证明它之前，我们回忆两个简单的几何命题．设 L_1 和 L_2 是第三个线性空间 L 的两个线性子空间(图 215)．

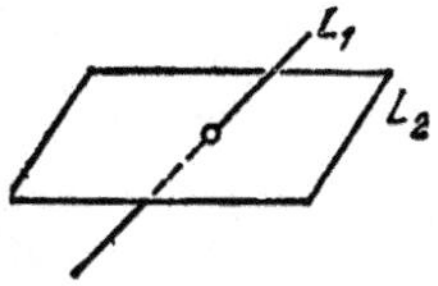

图 215　在空间 $\mathbf{R}^3$ 中直线 L_1 横截于平面 L_2

1）涉及这个理论，例如可参看 V. V. Goluber, Lectures on the Analytic Thecry of D: fferential Equations (in russian), Moscow(1950).

如果它们的和是整个空间 L：$L_1 + L_2 = L$. 则称 L_1 和 L_2 为横截. 例如在 $\mathbf{R}^3$ 中如果一条直线与平面交于一个非零角，则此直线与平面横截.

命题 1 在 $\mathbf{R}^n$ 中的每一个 k 维子空间 $\mathbf{R}^k$ 有一个 $(n-k)$ 维的横截子空间(事实上，空间 $\mathbf{R}^{n-k}$ 的 C_k^n 个坐标平面中至少有一个将横截于 $\mathbf{R}^k$).

证明在线性代数教程中给出(矩阵秩的定理).

命题 2 如果一个线性映射 $A:L\to M$ 把任何两个横截子空间映到横截子空间上，则映射 A 把 L 映到整个空间 M 上.

证明 $AL = AL_1 + AL_2 = M$. □

直化定理的证明：非自治系统的情形(见 §8.1). 考虑由公式 $G(\mathbf{x},t) = (\mathbf{g}(\mathbf{x},t),t)$ 定义的从直积 $\mathbf{R}^n \times \mathbf{R}^n$ 的一个区域映入方程

$$\dot{\mathbf{x}} = \mathbf{v}(\mathbf{x},t) \tag{1}$$

的扩张相空间的映射 G，此处 $\mathbf{g}(\mathbf{x},t)$ 是方程 (1) 满足初始条件 $\mathbf{g}(\mathbf{x},t_0) = \mathbf{x}$ 的一个解. 这样，正如我们现在要证明的，在点 $(\mathbf{x}_0, t_0)$ 的一个邻域中 G 是一个直化微分同胚.

a) 由定理 T_r'，映射 G 是可微的(如果 $\mathbf{v}\in C^r$，则 G 是 C^{r-1} 类的).

b) 映射 G 保持 t 不改变：$G(\mathbf{x},t) = (\mathbf{g}(\mathbf{x},t),t)$.

c) 因为 $\mathbf{g}(\mathbf{x},t)$ 是 (1) 的解，所以映射 G_* 将标准向量场 $\mathbf{e}(\dot{\mathbf{x}}=0, \dot{t}=1)$ 映入给定的场，即 $G_*\mathbf{e} = (\mathbf{v},1)$.

d) 映射 G 在点 $(\mathbf{x}_0, t_0)$ 的一个邻域中是一个微分同胚. 事实上，计算线性算子 $G_*|_{t_0,\mathbf{x}_0}$ 在横截平面 $\mathbf{R}^n$ 和 $\mathbf{R}^1$ 的限制(图216)，我

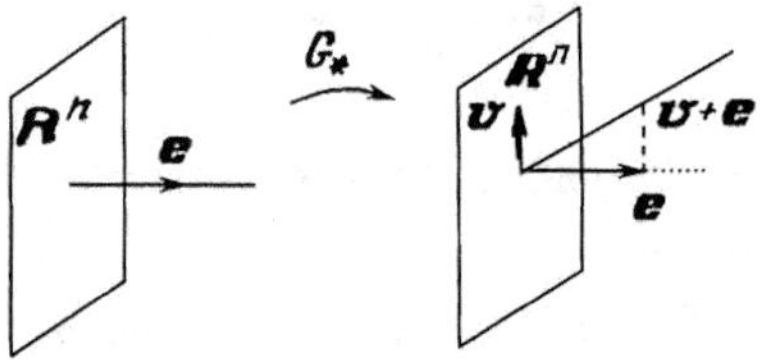

图 216 在点 $(\mathbf{x}_0, t_0)$ 上映射 G 的导数

们得到

$$G_*|_{\mathbf{R}^n:t=t_0}=E,\quad G_*|_{\mathbf{R}^1:\mathbf{x}=\mathbf{x}_0}\mathbf{e}=\mathbf{v}+\mathbf{e}.$$

平面 $\mathbf{R}^n$ 和具有方向 $\mathbf{v}+\mathbf{e}$ 的直线是横截的．因此 G_* 是 $\mathbf{R}^{n+1}$ 映到 $\mathbf{R}^{n+1}$ 上的一个线性映射，所以是一个同构映射（在点 $(\mathbf{x}_0, t_0)$ 上 G_* 的雅可比行列式不为零），由反函数定理推得 G 是一个局部微分同胚．

直化定理的证明：自治系统的情形（见 §7.1）．考虑自治方程

$$\dot{\mathbf{x}}=\mathbf{v}(\mathbf{x}),\quad \mathbf{x}\in U\subset\mathbf{R}^n. \tag{6}$$

设在点 $\mathbf{x}_0$ 的相速度 $\mathbf{v}_0$ 不为 0（图 217），则存在一个通过 $\mathbf{x}_0$ 和横截于 $\mathbf{v}_0$ 的 $(n-1)$ 维超平面 $\mathbf{R}^{n-1}\subset\mathbf{R}^n$（更严格地说，是一个在切空间 $TU_{\mathbf{x}_0}$ 中横截于具有方向 $\mathbf{v}_0$ 的直线 $\mathbf{R}^1$ 的对应平面）．设 G 是一个区域 $\mathbf{R}^{n-1}\times\mathbf{R}$ 映入区域 $\mathbf{R}^n$ 的映射，此处 $\mathbf{R}^{n-1}=\{\xi\}$，$\mathbf{R}=\{t\}$，这个映射由公式 $G(\boldsymbol{\xi},t)=\mathbf{g}(\boldsymbol{\xi},t)$ 来定义，这里 $\boldsymbol{\xi}$ 是在 $\mathbf{R}^{n-1}$ 上并且靠近 $\mathbf{x}_0$，$\mathbf{g}(\boldsymbol{\xi},t)$ 是方程 (6) 满足初始条件 $\boldsymbol{\varphi}(t_0)=\boldsymbol{\xi}$ 的解在时间 t_0 的值．这样正像我们现在所证明的，在点 $(\boldsymbol{\xi}=\mathbf{x}_0,\ t=0)$ 的充分小邻域中 G^{-1} 是一个直化的微分同胚．

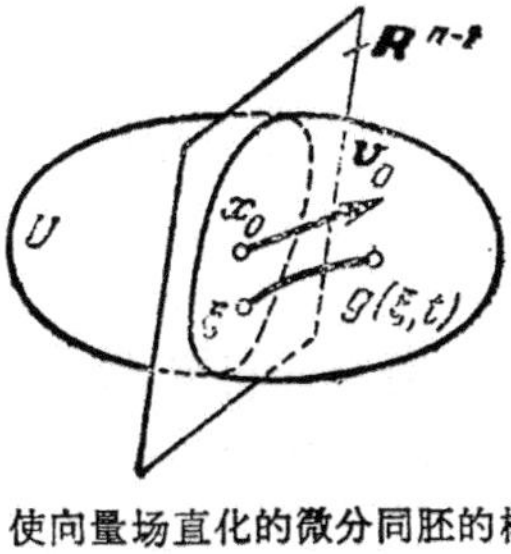

图 217　使向量场直化的微分同胚的构造

a) 由定理 T_r'，映射 G 是可微的（如果 $\mathbf{v}\in C^r$，则 $G\in C^{r-1}$）．

b) 因为 $\mathbf{g}(\boldsymbol{\xi},t)$ 满足方程 (6)，G_* 将标准向量场 $\mathbf{e}(\dot{\boldsymbol{\xi}}=0,\ \dot{t}=1)$ 映入 $G_*\mathbf{e}=\mathbf{v}$．因此映射 G_*^{-1} 是直化的．

c) 映射 G 是一个局部微分同胚．事实上，在横截平面 $\mathbf{R}^{n-1}$ 和 $\mathbf{R}^1$ 上计算线性算子 $G_*|_{\mathbf{x}_0,t_0}$，我们得到

$$G_*|_{\mathbf{R}^{n-1}}=E,\quad G_*|_{\mathbf{R}^1}\mathbf{e}=\mathbf{v}.$$

于是算子 $G_*|_{\mathbf{x}_0,t_0}$ 将横截子空间偶 $\mathbf{R}^{n-1}$ 和 $\mathbf{R}^1\subset\mathbf{R}^n$ 映入横截子空

间偶．所以$G_*|_{\mathbf{x}_0,t_0}$是一个$\mathbf{R}^n$映到$\mathbf{R}^n$上的线性映射，因此是一个同构映射．从反函数定理推得G是一个局部微分同胚（用§7的记号，$f=G^{-1}$）．

注 因为可微性定理是将导数降低一阶后证明的（$\mathbf{v}\in C^r\Rightarrow \mathbf{g}\in C^{r-1}$），所以我们只能保证直化微分同胚属于$C^{r-1}$类的光滑性．然而，正如下面将要证明的，刚才构造的微分同胚实际上是C^r类的．

32.7 关于导数的最后一个问题

在证明定理32.2中，假定场$\mathbf{v}$是两次连续可微的，可是实际上只要连续可微就足够了．

定理 如果微分方程$\dot{\mathbf{x}}=\mathbf{v}(\mathbf{x},t)$的右端$\mathbf{v}(\mathbf{x},t)$是连续可微的．则满足初始条件$\mathbf{g}(\mathbf{x},t_0)=\mathbf{x}$的解$\mathbf{g}(\mathbf{x},t)$是初始条件的连续可微函数：

$$\mathbf{v}\in C^1\Rightarrow \mathbf{g}\in C^1_{\mathbf{x}}. \tag{7}$$

推论

1）对$r\geqslant 1$，$\mathbf{v}\in C^r\Rightarrow \mathbf{g}\in C^r$.

2）若$\mathbf{v}\in C^r$，则在§32.6中构造的直化微分同胚是r次连续可微的．

逐字逐句重复§32.4～§32.6的讨论，推论可以从(7)得到．可是定理(7)本身的证明则需要一些技巧．

定理的证明 我们从下列的讨论开始．

引理1 设

$$\dot{\mathbf{y}}=A(t)\cdot\mathbf{y}, \tag{8}$$

是一个线性方程，它的右端是t的连续函数，则(8)的解连续地存在，此解由初始条件$\varphi(t_0)=\mathbf{y}_0$唯一确定，并且它连续地依赖于$\mathbf{y}_0$和$t$.

证明 存在性、唯一性和连续性定理(§.31)的证明仅用到了对固定t关于x的可微性（实际上仅用到关于$\mathbf{x}$的利普希茨条件的存在）．因此，如果只假定关于变量t是连续的，则证明仍然有效． □

注意：解线性地依赖于$\mathbf{y}_0$，而且它是t的连续可微函数．因此，解关于$\mathbf{y}_0$和t都属C^1类．

引理 2 若在引理 1 中的线性算子 A 还依赖于参数 α，又若函数 $A(t, \alpha)$ 是连续的，则解是 $\mathbf{y}_0$，t 和 α 的连续函数.

证明 皮卡近似序列的极限能用来构造解，其中每一个近似是 $\mathbf{y}_0$，t 和 α 的连续函数. 当变量 $\mathbf{y}_0$，t 和 α 在任何点 $(\mathbf{y}_0, t_0, \alpha_0)$ 的一个充分小邻域内变化时，此近似序列关于 $\mathbf{y}_0$，t 和 α 是一致收敛的. 因此极限是 $\mathbf{y}_0$，t 和 α 的连续函数. □

现在我们对变分方程应用引理 2.

引理 3 变分方程组

$$\begin{cases}\dot{\mathbf{x}} = \mathbf{v}(\mathbf{x}, t), \\ \dot{\mathbf{y}} = \mathbf{v}_*(\mathbf{x}, t)\mathbf{y}\end{cases}$$

有一个由初始条件唯一确定并连续依赖于这些初始条件的解. 此处只假定场 $\mathbf{v}$ 是 C^1 类的.

证明 由 §31.8 的存在定理，方程组中的第一个方程有一个由初始条件 $\mathbf{x}_0$，t_0 唯一确定并连续依赖于这些条件的解. 将这个解代入第二个方程中去，我们得到一个关于 $\mathbf{y}$ 的线性方程，它的右端连续依赖于 t 和第一个方程的解的初始条件 $\mathbf{x}_0$（看作一个参数）. 然而，由引理 2，这个线性方程有一个解，此解是由它的初始值 $\mathbf{y}_0$ 所确定，并且是 t，$\mathbf{y}_0$ 和参数 $\mathbf{x}_0$ 的连续函数. □

于是甚至在 $\mathbf{v} \in C^1$ 的情形下变分方程也是可解的. 注意到在 $\mathbf{v} \in C^2$ 的情形我们曾证明了解关于初值的导数满足变分方程 (3)，但是此结论不再成立，因为我们还不知道这个导数是否存在.

为了证明解关于初始条件的可微性，我们首先考虑一个特殊情形.

引理 4 假定 C^1 类的向量场 $\mathbf{v}(\mathbf{x}, t)$ 和它的导数 $\mathbf{v}_*$ 对所有的 t 在点 $\mathbf{x} = 0$ 都为零，则方程 $\dot{\mathbf{x}} = \mathbf{v}(\mathbf{x}, t)$ 的解在点 $\mathbf{x} = 0$ 关于初始条件是可微的.

证明 按假设，在点 $\mathbf{x} = 0$ 的一个邻域中

$$|\mathbf{v}(\mathbf{x}, t)| = o(|\mathbf{x}|).$$

对满足初始条件 $\boldsymbol{\varphi}(t_0) = \mathbf{x}_0$ 的解 $\mathbf{x} = \boldsymbol{\varphi}(t)$，使用 §30.2 的公式估计近似值 $\mathbf{x} = \mathbf{x}_0$ 的误差. 对充分小的 $|\mathbf{x}_0|$ 和 $|t - t_0|$ 我们得到

$$|\boldsymbol{\varphi} - \mathbf{x}_0| \leqslant \frac{1}{1-\lambda}\left|\int_{t_0}^{t} \mathbf{v}(\mathbf{x}_0, \tau)d\tau\right| \leqslant K \max_{t_0 \leqslant \tau \leqslant t} |\mathbf{v}(\mathbf{x}_0, \tau)|,$$

此处常数 K 不依赖于 $\mathbf{x}_0$. 于是 $|\boldsymbol{\varphi} - \mathbf{x}_0| = o(|\mathbf{x}_0|)$，这就推出在零点 $\boldsymbol{\varphi}$ 关于 $\mathbf{x}_0$ 是可微的. □

现在我们将一般情形简化为引理 4 的特殊情形. 为此，我们只要在扩张

相空间中选择适当的坐标系．首先，我们注意到在所考虑的情形，解总可以认为是零解．

引理 5 设 $\mathbf{x}=\boldsymbol{\varphi}(t)$ 是方程 $\dot{\mathbf{x}}=\mathbf{v}(\mathbf{x},t)$ 的一个解，方程的右端为 C^1 类函数并定义在扩张相空间 $\mathbf{R}^n\times\mathbf{R}^1$ 的一个区域中．则存在一个保持时间的扩张相空间的 C^1 微分同胚，即 $(x,t)\to(x_1(x,t),t)$，并且将解 $\boldsymbol{\varphi}$ 变为

$$\mathbf{x}_1=0.$$

证明 因为 $\boldsymbol{\varphi}\in C^1$，我们只需作移动 $\mathbf{x}_1=\mathbf{x}-\boldsymbol{\varphi}(t)$． □

在坐标系 $(\mathbf{x}_1,t)$ 中我们的方程的右端在点 $\mathbf{x}_1=0$ 处等于 0．现在我们证明，借助于对 $\mathbf{x}$ 是线性的适当坐标变换，右端关于 $\mathbf{x}_1$ 的导数也能变为零．

引理 6 在引理 5 的条件下，坐标 $(\mathbf{x}_1,t)$ 可以这样地选择，使方程

$$\dot{\mathbf{x}}=\mathbf{v}(\mathbf{x},t)$$

等价于方程 $\dot{\mathbf{x}}_1=\mathbf{v}_1(\mathbf{x}_1,t)$，此处场 $\mathbf{v}_1$ 和它的导数 $\partial\mathbf{v}_1/\partial\mathbf{x}_1$ 在点 $\mathbf{x}_1=0$ 都变为零．此外，可以选择 $\mathbf{x}_1(\mathbf{x},t)$ 能使它对 $\mathbf{x}$ 是线性的(但不必是齐次的)．

根据引理 5，我们能假设 $\mathbf{v}_1(0,t)=0$．

为了证明引理 6，我们首先考虑下述特殊情形：

引理 7 对线性方程 $\dot{\mathbf{x}}=A(t)\mathbf{x}$ 引理 6 的结论是有效的．

证明 我们只要选择 $\mathbf{x}_1$ 为在固定时刻 t_0 满足初始条件 $\boldsymbol{\varphi}(t)=\mathbf{x}$ 的解的值．根据引理 1，$\mathbf{x}_1=B(t)\mathbf{x}$，此处 $B(t)$：$\mathbf{R}^n\to\mathbf{R}^n$ 是一个关于 t 为 C^1 类的线性算子．但是我们的线性方程在坐标系 $(\mathbf{x}_1,t)$ 中取形式 $\dot{\mathbf{x}}_1=0$． □

引理 6 的证明 首先我们在零点将方程 $\dot{\mathbf{x}}=\mathbf{v}(\mathbf{x},t)$ 线性化，即构造变分方程

$$\dot{\mathbf{x}}=A(t)\mathbf{x},\quad A(t)=\mathbf{v}_*(0,t).$$

由假设 $\mathbf{v}\in C^1$，因此 $A\in C^0$．由引理 7，我们可以选择 C^1 坐标 $\mathbf{x}_1=B(t)\mathbf{x}$ 使得在新坐标中，线性化方程形式为 $\dot{\mathbf{x}}_1=0$．容易看出，原来的非线性方程的右端在这个坐标系中线性部分为零．事实上，设 $\mathbf{v}=A\mathbf{x}+Q$，$\mathbf{x}=C\mathbf{x}_1$（于是 $\mathbf{Q}=o(|\mathbf{x}|)$，$C=B^{-1}$）．在方程 $\dot{\mathbf{x}}=\mathbf{v}$ 中，作这些代换，我们得到关于 $\mathbf{x}_1$ 的微分方程：

$$\dot{C}\mathbf{x}_1+C\dot{\mathbf{x}}_1=AC\mathbf{x}_1+\mathbf{Q}.$$

但是，按照 C 的定义，在左边和右边的第一项（关于 $\mathbf{x}_1$ 是线性的项）是相等的，因此

$$\dot{\mathbf{x}}_1=C^{-1}\mathbf{Q}(C\mathbf{x}_1,t)=o(|\mathbf{x}_1|).$$ □

结合引理 6 和 4，我们推得下面的引理．

引理 8 右端为 C^1 类的微分方程 $\dot{\mathbf{x}}=\mathbf{v}(\mathbf{x},t)$ 的解可微地依赖于初始条

件．解关于初始条件的导数 z 满足变分方程组．

$$\dot{\mathbf{x}} = \mathbf{v}(\mathbf{x}, t), \quad \dot{z} = \mathbf{v}_*(\mathbf{x}, t)z, \quad z(t_0) = E:\mathbf{R}^n \to \mathbf{R}^n.$$

证明 在引理 6 的坐标系中写下方程，然后应用引理 4.

为了证明定理，我们只要验证解关于初始条件的导数的连续性．根据引理 8，这个导数是存在的并满足变分方程组．从引理 3 推得这个方程组的解连续依赖于 $\mathbf{x}_0$ 和 t，于是，定理最终被证明了． □

第五章 流形上的微分方程

在本章中我们定义微分流形，证明由流形上的向量场所决定的相流的存在定理．通过研究流形上的微分方程理论所得到的许多有趣的和深入的结果，几乎可以应用于任何空间中．这一章仅仅打算作为这个题目的引论，它处在分析和拓扑的交接处．

§ 33 微 分 流 形

微分流形或光滑流形的概念在几何和分析中所起的基本的作用，正好像群和线性空间的概念在代数中所起的作用一样．

33.1 流形的例子

一旦给出(在下面)流形的定义，我们将发现下列对象都是流形(图 218)：

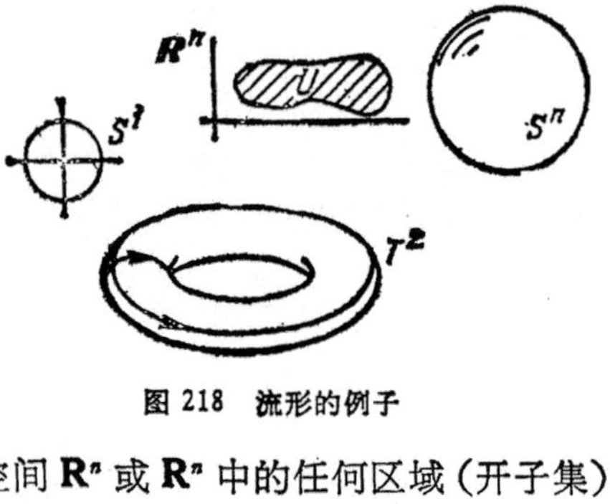

图 218 流形的例子

1) 线性空间 $\mathbf{R}^n$ 或 $\mathbf{R}^n$ 中的任何区域(开子集) U.

2) 在欧几里得空间 $\mathbf{R}^{n+1}$ 中由方程 $x_1^2+\cdots+x_{n+1}^2=1$ 所定义的球面 S^n，特别是圆 S^1.

3) 环面 $T^2=S^1\times S^1$ (参看 § 24).

4) 射影空间 $\mathbf{RP}^n=\{(x_0:x_1:\ldots:x_n)\}$.
大家记得，这个空间的点是过 $\mathbf{R}^{n+1}$ 中坐标原点的直线，这样的直线是由在它上面的任何点(除了 0 外)所决定，在 $\mathbf{R}^{n+1}$ 中这个点的坐标 $(x_0,x_1,\cdots,x_n)$ 称为射影空间相应点的齐次坐标.

上述最后一个例子特别有用，在考虑下面的定义时，用射影空间中的仿射坐标来思考是有益的(见 § 33.3 例 3).

33.2 定义

一个微分流形 M 是赋予微分结构的集合 M. 为了对 M 赋予一个微分结构或流形结构，我们定义一个由相容地图组成的图册.

定义 1 所谓地图指的是一区域 $U\subset\mathbf{R}^n$ 以及集合 M 的子集 W 映到 U 上的一对一的映射 $\varphi: W\to U$ (图 219). 我们称 $\varphi(x)$ 为点 $x\in W\subset M$ 在地图 U 上的像.

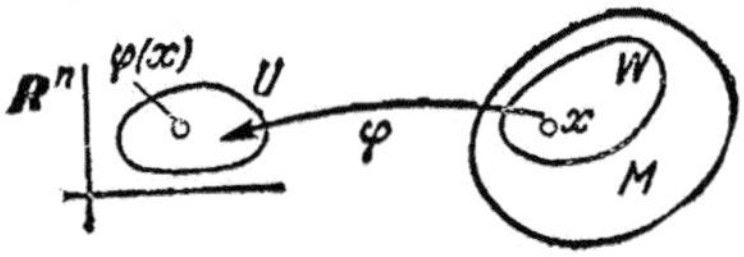

图 219 一张地图

考虑二张地图

$\varphi_i: W_i\to U_i$, $\varphi_j: W_j\to U_j$ (图 220). 如果集合 W_i 和 W_j 相交，则它们的交集 $W_i\cap W_j$ 在二张地图上均有像:

$$U_{ij}=\varphi_i(W_i\cap W_j),\quad U_{ji}=\varphi_j(W_j\cap W_i).$$

从一张地图到另一张地图的变换是由下列线性空间的子集间的映射

$$\varphi_{ij}:U_{ij}\to U_{ji},\quad \varphi_{ij}(x)=\varphi_j(\varphi_i^{-1}(x))$$

所决定.

定义 2 两张地图

$\varphi_i:W_i\to U_i$, $\varphi_j:W_j\to U_j$ 称为相容的，若

1) 集合 U_{ij} 和 U_{ji} 是开的(可能是空的);

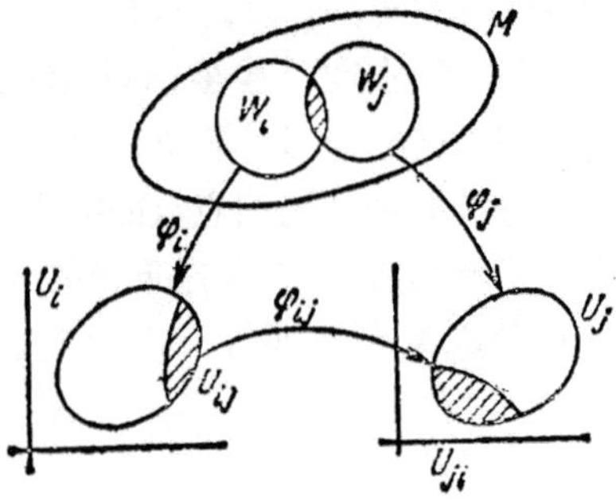

图 220　相容地图

2) 映射 φ_{ij} 和 φ_{ji}（若 $W_i \cap W_j$ 非空，则映射有定义）是 $\mathbf{R}^n$ 中区域的微分同胚。

注　根据映射 φ_{ij} 的光滑性分类，我们得到流形的不同的分类。如果所谓微分同胚我们指的是 C^r 类微分同胚，$i \leqslant r \leqslant \infty$，则此（由产生映射 φ_{ij} 的地图册所定义的）流形将称为 C^r 类**微分流形**。如果 $r = 0$，因此 φ_{ij} 只要求同胚，我们得到**拓扑流形**的定义；如果我们要求 φ_{ij} 解析[1)]，则我们得到**解析流形**。

也有另外的可能性。例如，在 $\mathbf{R}^n$ 中确立一定向；要求微分同胚 φ_{ij} 保持这一定向（即 φ_{ij} 在每点上有正的雅可比行列式），则我们得出一个**定向流形**的定义。

定义 3　所谓 M 上的一个**图册**指的是地图 $\varphi_i: W_i \to U_i$ 的集合，满足

1) 每一双地图是相容的；

2) 每一点 $x \in M$ 至少在一张地图上有像。

定义 4　在 M 上的两个图册称为**等价**，如果它们的并集仍是一图册（也就是说，如果第一个图册的每一张地图与第二个图册的每一张地图相容）。

容易看到定义 4 实际上定义了一个等价关系。

---

1) 函数称为解析的，如果它在每一点邻域中是它自己展开的泰勒级数的和。

定义 5 所谓在M上的微分结构指的是一类等价图册.

在这一方面，为了避免出问题，我们指出经常加在流形上的二个条件：

1) 可分性 任意二点 $x, y \in M$ 有不相交的邻域(图 221)，即或者存在具有分别包含 x 和 y 的不相交的 W_i 和 W_j 的两张地图

$$\varphi_i: W_i \to U_i, \quad \varphi_j: W_j \to U_j,$$

或者存在一张地图，在其上点 x 和点 y 均有像.

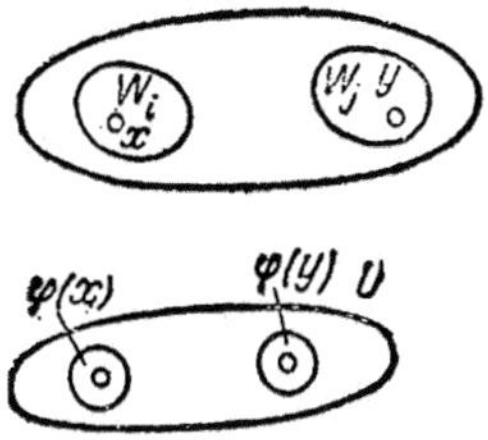

图 221 可分性

如果不要求可分性，则来自二条直线 $\mathbf{R}=\{x\}$, $\mathbf{R}=\{y\}$ 中，使有相等负坐标 x 和 y 的点算作同一点组成的集合就是一个流形，微分方程解的唯一延拓定理在这样的流形上不再成立，虽然局部唯一性定理是成立的.

2) 可数性 存在一个图册M，它拥有地图的张数充其量为可数.

以后术语"流形"指的是满足可分性和可数性条件的微分流形.

33.3 图册的例子

1) 在 $\mathbf{R}^3$ 中方程为 $x_1^2+x_2^2+x_3^2=1$ 的球面 S^2 可以赋予一个由两张地图所组成的图册，举例说，用球极平面投影(图 222)，此处我们有

$$W_1 = S^2 \backslash N, \quad U_1 = \mathbf{R}_1^2,$$
$$W_2 = S^2 \backslash S, \quad U_2 = \mathbf{R}_2^2.$$

问题 1 写出映射 $\varphi_{1,2}$ 的公式；证明这两张地图是相容的.

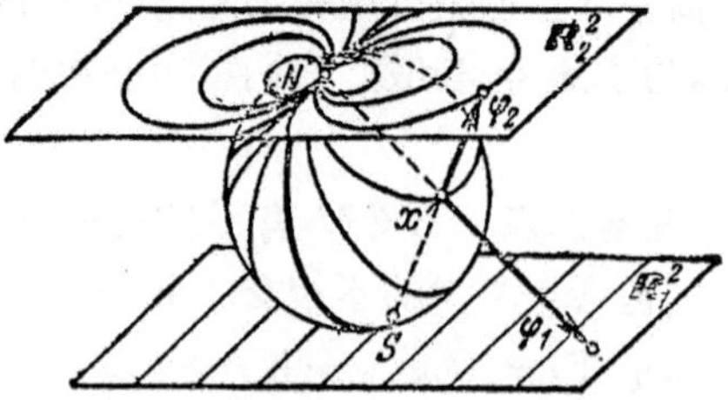

图 222　球面的图册．在球面上切于N点的圆族在下面的地图上用平行线族来表示，在上面的地图上用一族切圆来表示

类似地，我们能用一个由两张地图组成的图册来定义在S^n中的微分结构．

2）环面上一个图册可用角坐标系即纬度θ和经度ψ来构造（图 223）．例如，我们可考虑当θ和ψ在区间

$$0<\theta<2\pi,\quad -\pi<\theta<\pi,$$
$$0<\psi<2\pi,\quad -\pi<\psi<\pi$$

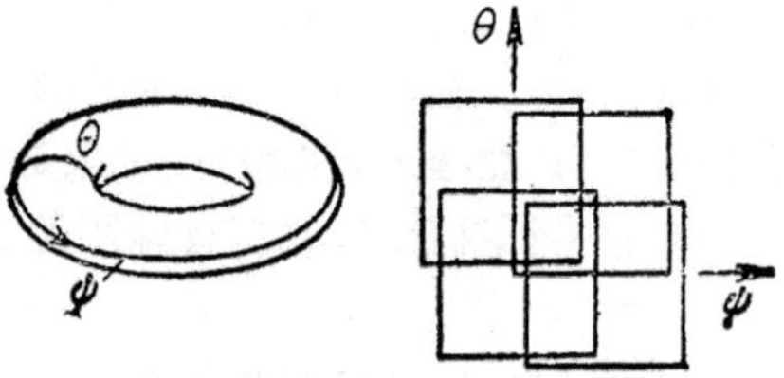

图 223　环面的图册

内变化时的四张地图．

3）射影平面$\mathbf{RP}^2$的一个图册能由下列三张“仿射地图”组成（图 224）．

$$x_0:x_1:x_2 \begin{cases} \xrightarrow{\varphi_0} y_1=\dfrac{x_1}{x_0},\quad y_2=\dfrac{x_2}{x_0} \quad 如\ x_0\neq 0,\\ \xrightarrow{\varphi_1} z_1=\dfrac{x_0}{x_1},\quad z_2=\dfrac{x_2}{x_1} \quad 如\ x_1\neq 0,\\ \xrightarrow{\varphi_2} u_1=\dfrac{x_0}{x_2},\quad u_2=\dfrac{x_1}{x_2} \quad 如\ x_2\neq 0. \end{cases}$$

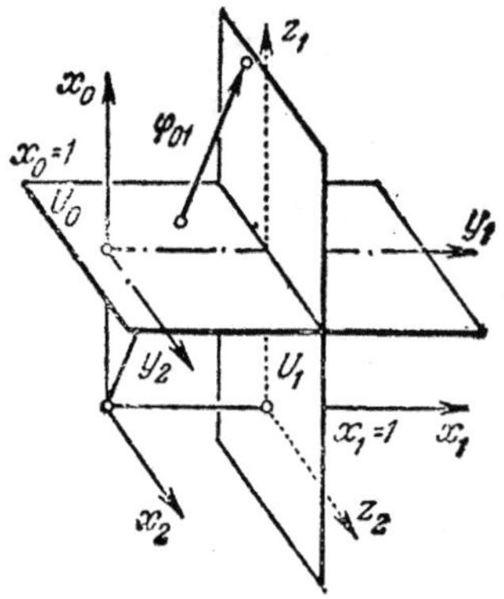

图 224　射影平面的仿射地图

这些地图是相容的．例如，φ_0 和 φ_1 相容指的是从平面 (y_1, y_2) 的区域 $U_{0,1}=\{y_1, y_2: y_1 \neq 0\}$映到由公式 $z_1=y_1^{-1}$, $z_2=y_2y_1^{-1}$ 给定的平面 (z_1, z_2) 的区域 $U_{1,0}=\{z_1, z_2: z_1 \neq 0\}$ 上的映射 $\varphi_{0,1}$ 是一个微分同胚(图 225)．

证明　注意 $y_1=z_1^{-1}$, $y_2=z_2z_1^{-1}$.　□

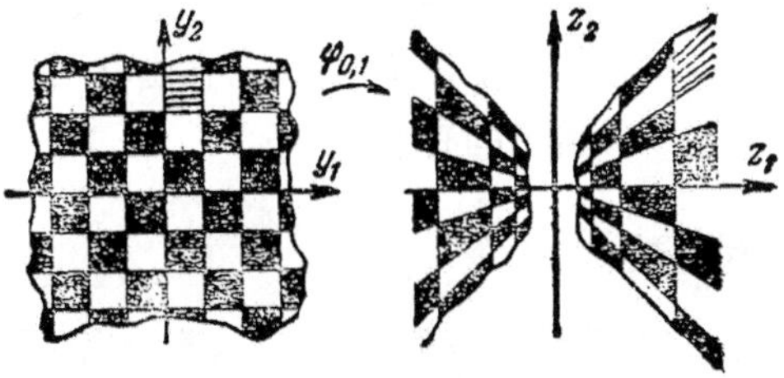

图 225　射影平面地图的相容性

类似地，我们能使用一个由 $n+1$ 张仿射地图组成的图册，赋予射影空间 $\mathbf{RP}^n$ 一个微分结构．

33.4　紧致性

定义　流形M的一个子集G称为开的，若G在每一张地图 φ: $W \to U$ 上的像 $\varphi(W \cap G)$ 是线性空间的区域U的一个开子集(图 226)．

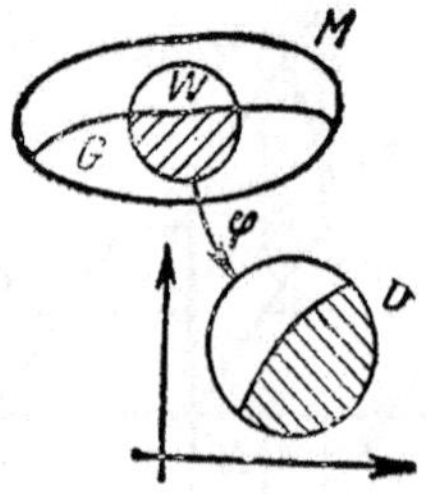

图 226　开子集

问题 1　证明流形的两个开子集的交与任何个开子集之并都是开的.

定义　一个流形M的子集K称为紧致的，若由开集组成的集合K的每一个覆盖有一个有限子覆盖.

问题 2　证明球面 S^n 是紧致的. 射影空间 $\mathbf{RP}^n$ 是否紧致?

提示　利用下列定理.

定理　设流形 M 的一个开子集 F(图 227) 是有限个子集 F_i 之并;每一个 F_i 在地图 $F_i \subset W_i$, φ_i: $W_i \to U_i$ 的某一个上有一紧致的象,此处 $\varphi_i(F_i)$ 是在 $\mathbf{R}^n$ 中的紧致集,则 F 是紧致的.

证明　设$\{G_j\}$是集合 F 的一个开覆盖,则$\{\varphi_i(G_j \cap W_i)\}$对每个 i 是紧致集 $\varphi_i(F_i)$ 的一个开覆盖;设 j 在由此引起的有限集范围内改变,我们得到覆盖 F 的有限个 G_j.

33.5　连通性和维数

定义　一流形M称为连通的(图 228),若给出任何两点 $x,y\in$

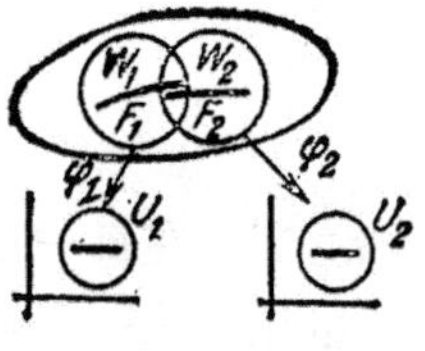

图 227　紧致子集

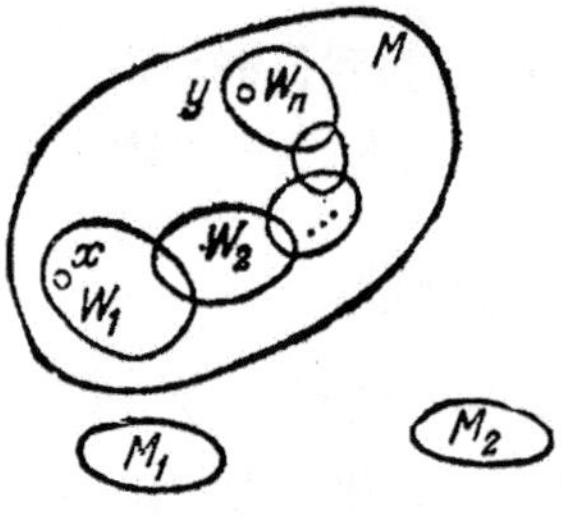

图 228　连通流形M和非连通流形$M_1 \cup M_2$

M，存在一有限的地图链 $\varphi_i: W_i \to U_i$，使 W_1 包含 x，W_n 包含 y，$W_i \cap W_{i+1}\ \forall i$ 为非空，且 U_i 是连通的.

一个不连通流形 M 可分解为连通的分支 M_i.[1)]

问题 1　由 $x^2+y^2-z^2=C, C\neq 0$ 定义的流形在 $\mathbf{R}^3$（在 $\mathbf{RP}^3$）中是否连通?

问题 2　具有不为零的行列式的所有 n 阶矩阵的集合有一个微分流形的自然结构（在 $\mathbf{R}^{n^2}$ 的区域中），这个流形有多少连通的分支?

定理　设M是一连通流形，设 $\varphi_i: W_i \to U_i$ 是它的地图，则所有包含区域 U_i 的线性空间 $\mathbf{R}^n$ 有同样的维数.

证明　在几个线性空间的区域之间微分同胚仅当这些空间有同一个维数时才有可能；连通流形M的任何两个区域 W_i 和 W_j 能连之以两两相交区域的有限链，从以上事实可得出需要的结果.

在此定理中出现的数 n 称为流形 M 的维数，记作 $\dim M$. 例如，

$$\dim \mathbf{R}^n=\dim S^n=\dim T^n=\dim \mathbf{RP}^n=n.$$

一个非连通的流形称为是 n 维的，如果所有它的连通分支有同一个维数 n.

问题 3　对所有 n 阶正交矩阵的集合 $O(n)$ 赋予一个微分流形的结构，求它的连通分支和它的维数.

答　$O(n)=SO(n)\times \mathbf{Z}_2, \dim O(n)=\dfrac{n(n-1)}{2}$.

33.6　可微映射

定义　从一个 C^r 流形映入另一个流形的映射 $f: M_1\to M_2$ 称为（C^r 类）可微，若在 M_1 和 M_2 的局部坐标中这映射可用（C^r 类）可微函数给出.

换句话说，设 $\varphi_1: W_1\to U_1$ 是作用在点 $x\in M_1$ 的一个邻域上的 M_1 的一张地图；$\varphi_2: W_2\to U_2$ 是作用在点 $f(x)\in W_2$ 的一个邻域上的 M_2 的一张地图（图 229），则欧几里得空间中区域在点 $\varphi_1(x)$ 的一个邻域中定义的映射 $\varphi_2\circ f_1\circ\varphi_1^{-1}$ 必须是 C^r 类可微.

---

1) 即 U_i 的任意两点能连之以在 $U_i\subset\mathbf{R}^n$ 中的折线.

例 1 球面投影到平面上（图 230）是一个可微映射. 注意，一可微映射不一定要从一个微分流形映到另一个微分流形.

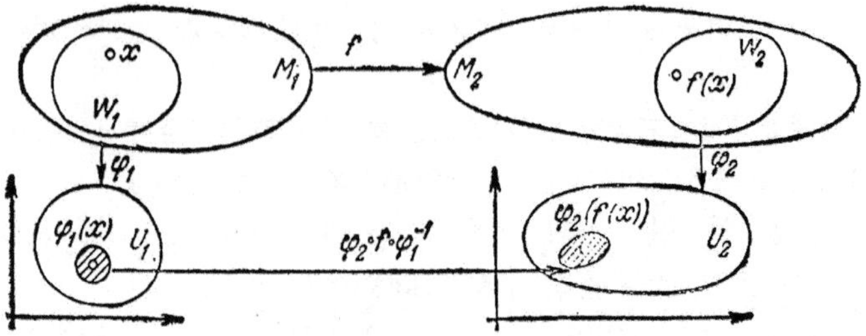

图 229 可微映射

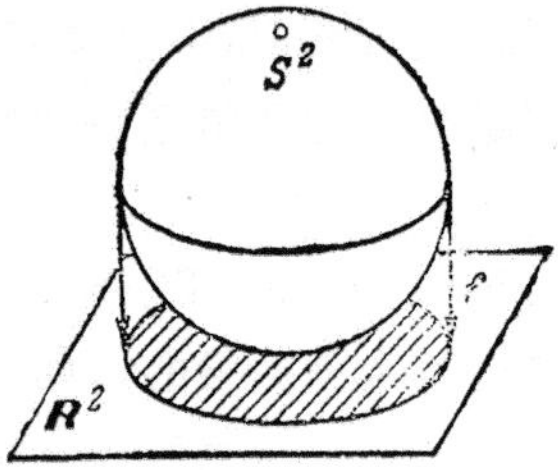

图 230 球面投影到平面上给出一闭圆

例 2 所谓在流形M上在时刻t_0经过点$x\in M$的曲线[1]指的是把包含点t_0的实t轴的区间I映入流形M内，且使$f(t_0)=x$的可微映射$f: I\to M$.

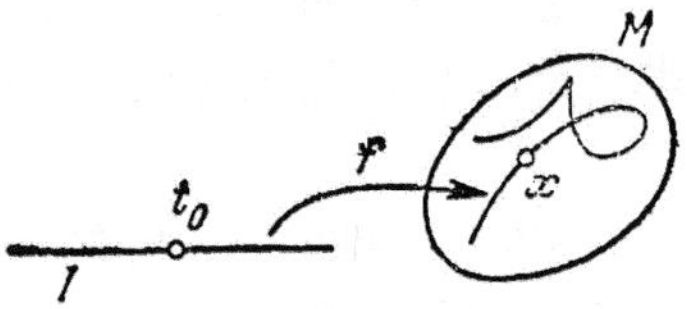

图 231 流形M上的一曲线

1) 参数化曲线是曲线的同义字，因为流形M的一维子流形(在 § 33.8 中定义)有时候也叫M上的曲线，参数化曲线能有自交点、尖点等(图 231).

例 3 所谓 M_1 映到流形 M_2 上的微分同胚 $f: M_1 \to M_2$ 指的是一个可微映射 f，它的逆 $f^{-1}: M_2 \to M_1$ 存在且可微. 两个流形 M_1 和 M_2 称为微分同胚，若它们之间存在一个从一个流形映到另一个流形上的微分同胚. 例如，球面和椭球面是微分同胚的.

33.7 注

容易看到，每个连通的一维流形是和一个圆微分同胚的（如果它是紧致的）或是和一条直线微分同胚的（如果它不是紧致的）.

二维流形的例子为球面，环面（和“一个把手的球面”微分同胚）和“n 个把手的球面”（图 232）.

图 232 不微分同胚的二维流形

在拓扑学教程中证明了每一个二维紧致连通定向流形是和有 $n \geq 0$ 个把手的球面微分同胚，关于三维流形知道得很少. 举例说，不知道是否每一紧致单连通[1)]三维流形都可以和球面 S^3 微分同胚（庞加莱（Poincare）猜想），或者甚至和 S^3 同胚.

在高维时流形的可微分类和拓扑分类不一致，例如，的确存在着 28 个光滑流形，称之为米诺（Milnor）球面，和球面 S^7 同胚，但彼此不微分同胚.

在 $\mathbf{C}^5$ 中具有坐标 $z_1, \cdots, z_5$ 的米诺球面由下两个方程

$$z_1^{6k-1} + z_2^3 + z_3^2 + z_4^2 + z_5^2 = 0,$$

$$|z_1|^2 + \cdots + |z_5|^2 = 1$$

来确定. 对于 $k = 1, 2, \cdots, 28$ 我们得出 28 个米诺球面[2)]. 这 28 个流形中，其中之一和球面 S^7 同胚.

33.8 子流形

在 $\mathbf{R}^3$ 中具有方程 $x^2 + y^2 + z^2 = 1$ 的球面是一个欧几里得

1) 一流形 M 称为单连通，若在 M 中每一闭曲线能连续地收缩为一点.

2) 参看 E. Brieskorn, Beispiele zur Differentialtopologie von Singularitäten, Invent Math. **2** (1966) 1～14.

空间子集的例子，它承受着来自 $\mathbf{R}^3$ 中微分流形的自然结构，即 $\mathbf{R}^3$ 中子流形的结构．子流形的一般定义在下面给出．

定义 流形 M 的一个子集 V(图 233) 称为一子流形，若每一点 $x\in V$ 有在 M 中的一邻域 W 和一张地图 $\varphi: W\to U$，使 $\varphi(W\cap V)$ 是包含 U 的仿射空间 $\mathbf{R}^n$ 的仿射子空间的一个区域．子流形 V 本身有一流形的自然结构 ($W'=W\cap V$, $U'=\varphi(W')$)．

下列基本事实只给出而不证，在以后也不用到：

定理 每一流形 M^n 是和一个维数充分大的欧几里得空间 $\mathbf{R}^N$ 中的子流形(例如 $N>2n$，此处 $n=\dim M^n$)微分同胚的．

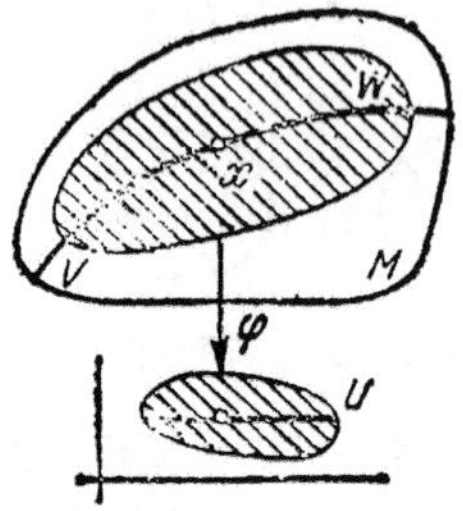

图 233 子流形

因此流形的抽象概念和"N 维空间中 k 维曲面"相比实际上并不包含更多的对象．抽象手法的优越性在于包含了那种情形，在这种情形中不必事先说明嵌入欧几里得空间，而这种说明只会导致逻辑上的复杂性（像在射影空间 $\mathbf{RP}^n$ 的情形）．此处的情况和有限维线性空间(它们都同构于点 $(x_1, \cdots, x_n)$ 的坐标空间，但指明坐标常常使问题变为复杂)相同．

33.9 例

最后我们考虑下列五种有趣的流形(图 234)：

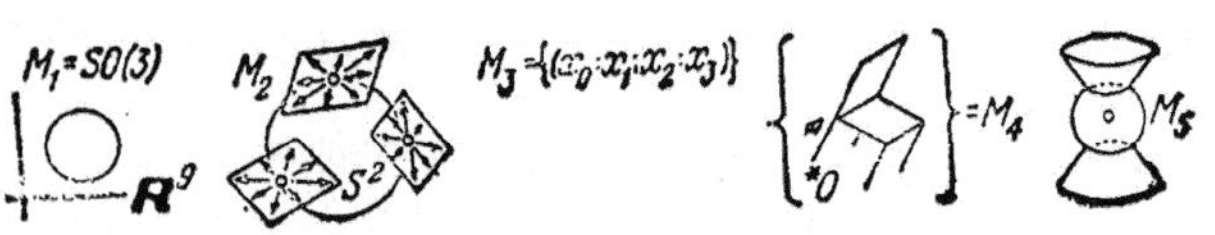

图 234 三维流形的例子

1）三阶正交矩阵且行列式为 $+1$ 的群 $M_1 = SO(3)$. 因为 M_1 的每个矩阵有九个元素，M_1 是空间 $\mathbf{R}^9$ 中的一个子集. 容易看出这个子集实际上是一子流形.

2）在三维欧几里得空间中切于球面 S^2 的所有长度为 1 的向量的集合 $M_2 = T_1S^2$. 作为练习，读者应当在 M_2 中引进微分流形的结构（参看 § 34）.

3）三维射影空间 $M_3 = \mathbf{RP}^3$.

4）紧固于固定点 O 的刚体的构形空间 M_4.

5）由方程 $z_1^2 + z_2^2 + z_3^2 = 0$, $|z_1|^2 + |z_2|^2 + |z_3|^2 = 2$ 所决定的空间 $\mathbf{R}^6 = {}^{\mathbf{R}}\mathbf{C}^3$ 的子集 M_5.

***问题 1** 流形 $M_1, \cdots, M_5$ 中哪一些是微分同胚的？

§ 34 切丛. 流形上的向量场

和每一光滑流形 M 一起，存在另一个与它有关的流形（维数为原来的两倍），称为 M 的切丛，记为 TM *1). 借助于切丛，全部常微分方程理论能直接搬到流形上去.

34.1 切空间

给定光滑流形 M，所谓在点 x 切于 M 的向量 ξ 指的是经过 x 的曲线的等价类，二条曲线（图 235）

$$\gamma_1: I \to M, \quad \gamma_2: I \to M$$

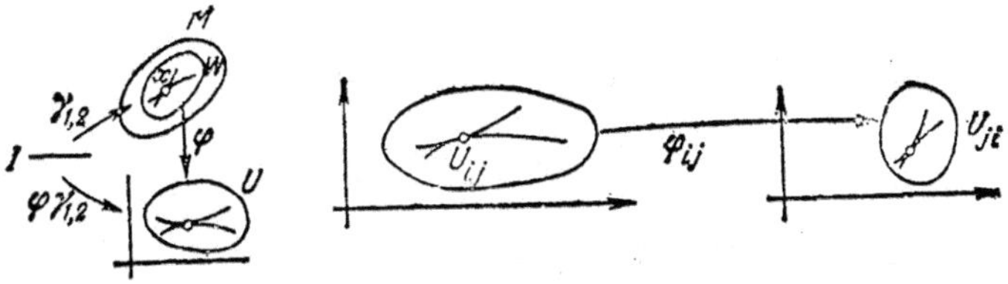

图 235 切向量

1）切丛是向量丛的特殊情形，更一般的概念是丛空间. 所有这些概念在拓扑和分析中是基本的，但我们在此限于考虑切丛，它们在常微分方程理论中特别重要.

是等价的，若它们的像

$$\varphi\gamma_1: I \to U, \quad \varphi\gamma_2: I \to U$$

在任何地图上是等价的.

注意: 曲线的等价概念不依赖于图册的地图的选择(见 § 6). 在地图 φ_i 上等价意味着另外一张地图 φ_j 上的等价，因为从一张地图到另一张地图的变换 φ_{ij} 是一个微分同胚.

在 x 切于 M 的向量的集合有线性空间的结构，而结构不依赖于地图的选择(见 § 6)，这个线性空间称为 M 在 x 的切空间，记为 TM_x, TM_x 的维数与 M 的维数相同.

例 1 设 M^n 是仿射空间 $\mathbf{R}^N$ (图 236) 的一个子流形，于是 TM_x^n 能想像为在 $\mathbf{R}^N$ 中一个通过 x 的 n 维平面.

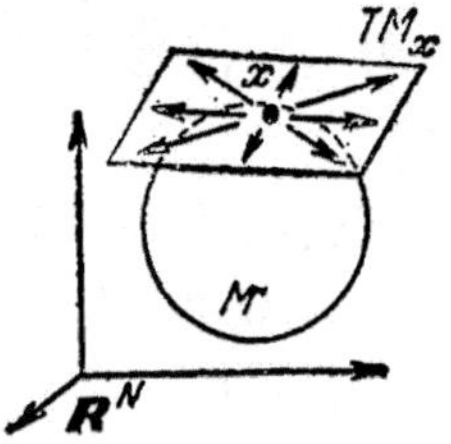

图 236 切空间

然而，在此必须记住 M 的切空间在不同的点 x 和 y 是不相交的:

$$TM_x \cap TM_y = \varnothing.$$

34.2 切丛

考虑流形 M 在所有点 $x \in M$ 的切空间的并集

$$TM = \bigcup_{x \in M} TM_x.$$

于是 TM 有光滑流形的自然结构.

事实上，在流形 M 上考虑任何一张地图，设 $(x_1, \cdots, x_n): W \to U \subset \mathbf{R}^n$ (图 237) 是在点 x 的邻域 W 中说明这张地图的局部坐标. 在点 $x \in W$ 切于 M 的每一向量 ξ 是由所指出的局部坐标中的分量 $\xi_1, \cdots, \xi_n$ 所决定. 事实上，如

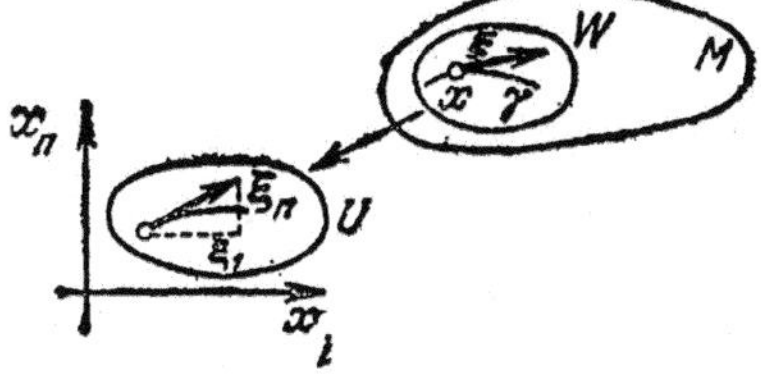

图 237　切向量的坐标

$\gamma: I \to M$ 是一条在时刻 t_0，方向为 ξ 的经过 x 的曲线，则

$$\xi_i = \frac{d}{dt}\bigg|_{t=t_0} x_i(\gamma(t)).$$

因此在区域 W 中的一点上切于 M 的每一向量 ξ 由 $2n$ 个数 $x_1, \cdots, x_n, \xi_1, \cdots, \xi_n$ 所决定，前 n 个为"切点" x 的坐标，后 n 个为"分量" ξ_i. 这时给出集合 TM 的部分地图：

$$\psi: TW \to \mathbf{R}^{2n}, \quad \psi(\xi) = (x_1, \cdots, x_n, \xi_1, \cdots, \xi_n).$$

和 M 的图册的不同地图对应的 TM 的不同地图是相容的（如果 M 是 C^r 类，则它为 C^{r-1} 类）. 事实上，设 $y_1, \cdots, y_n$ 是 M 上另一局部坐标系，设 $\eta_1, \cdots, \eta_n$ 是一向量在这坐标系中分量，于是

$$y_i = y_i(x_1, \cdots, x_n), \quad \eta_i = \sum_{j=1}^{n} \frac{\partial y_i}{\partial x_j} \xi_j \quad (i = 1, \cdots, n)$$

是 x_j 和 ξ_j 的光滑函数. 这样 M 的所有切向量集合 TM 获得一个 $2n$ 维的光滑流形结构.

定义　流形 TM 称为流形 M 的切丛(空间).

存在自然的映射 $i: M \to TM$（零截面）和 $p: TM \to M$（投影），使得 $i(x)$ 是 TM_x 的零向量和 $p(\xi)$ 是这样的点，在此点上 ξ 切于 M（图 238）.

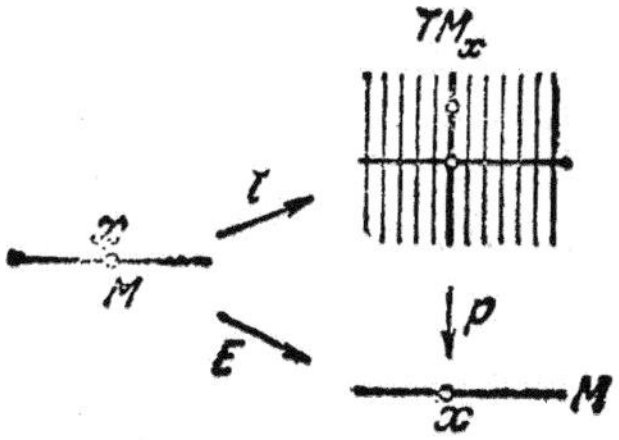

图 238　切丛

问题 1 证明映射 i 和 p 是可微的；i 是 M 映到 $i(M)$ 上的微分同胚以及 $p\circ i$: $M\to M$ 是恒等映射.

在映射 $p: TM\to M$ 下的点 $x\in M$ 的原像称为丛 TM 的纤维，每一根纤维有线性空间的结构，集合 M 称为丛 TM 的底空间.

34.3 关于可平行化的注

仿射空间 $\mathbf{R}^n$ 的切丛或一区域 $U\subset\mathbf{R}^n$ 的切丛有直积的结构 $TU=U\times\mathbf{R}^n$. 事实上，U 的切向量能被一偶 (x, ξ) 所指定，此处 $x\in U$，ξ 是线性空间 $\mathbf{R}^n$ 的向量，$\mathbf{R}^n$ 与 TU_x 存在一线性同构映射（图 239）. 这能用仿射空间是可平行化的不同说法表示，即定义了在区域 $U\subset\mathbf{R}^n$ 中不同的点 x 和 y 的切向量的相等.

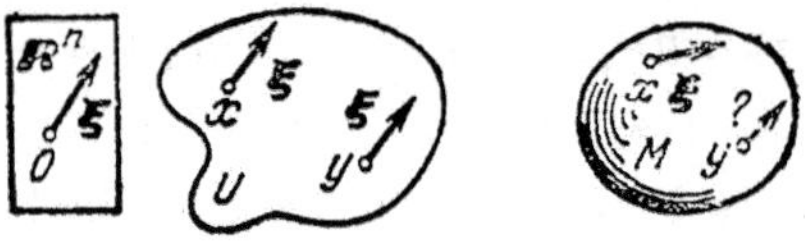

图 239 可平行化和不可平行化流形

流形 M 上的切丛不一定是直积，一般地说，我们不能给出对“贴”在 M 上的不同点的向量相等的合理定义（图 239）. 此处情况与默比乌斯 (Möbius) 带一样（图 240），默比乌斯带是以一个圆作为它的底空间和直线作为它的纤维的切丛，但默比乌斯带不是圆和直线的直积.

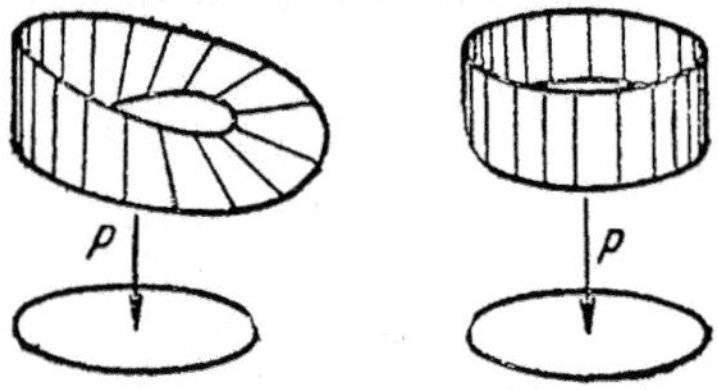

图 240 不是直积的丛

定义 流形 M 称为平行化，若它的切丛可表示为直积，即若把 TM_x 线性地映入 $x\times\mathbf{R}^n$ 的微分同胚是给定的，流形称为可平行化的，若它能够平行化.

例 1 欧几里得空间中任何区域是自然地平行化的.

问题 1 证明环面 T^n 是可平行化的，但默比乌斯带不可平行化.

***定理** 只有三种球面 S^n 可平行化，就是 S^1, S^3 和 S^7，特别，两维球面是不可平行化的: $TS^2 \neq S^2 \times \mathbf{R}^2$.

例如，这意味着刺猬的刺不能梳齐的：刺猬至少有一根刺垂直于曲面(图 241).

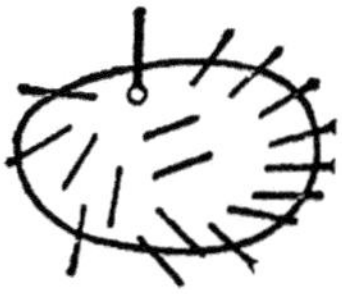

图 241 刺猬定理

读者解决了 §33.9 末的问题后，将容易证明 S^2 不可平行化(提示: $\mathbf{RP}^3 \not\approx S^2 \times S^1$). S^1 的平行化是显然的，而 S^3 的平行化是一个有启发性的习题(提示: S^3 是一个群，正是模为 1 的四元群). 上述定理的完整证明要求对拓扑的课题有较深的了解；事实上，此定理只是在最近才被证明.

分析学家倾向于将所有的丛都看作直积；且将所有的流形都认为平行化的，这个错误应该避免.

34.4 切映射

设 $f: M \to N$ 是一流形 M 映入另一流形 N 的光滑映射（图 242)，设 f_{*x} 记为切空间的诱导映射，这映射 $f_{*x}(=f_*|_x)$ 在 §6.3 是定义过的；它是一个线性空间映入另一个线性空间的线性映射:

$$f_{*x}: TM_x \to TN_{f(x)}. \quad (1)$$

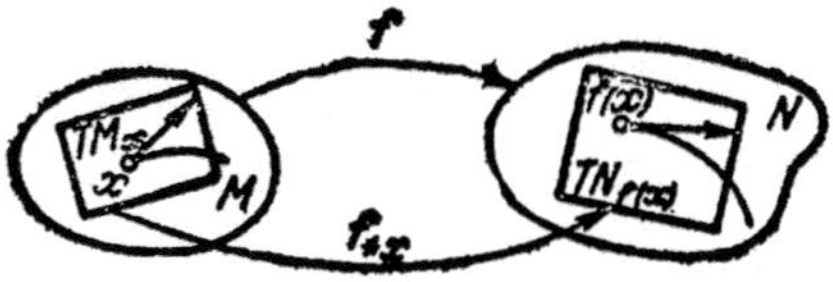

图 242 在点 x 映射 f 的导数

设点 x 在 M 上变化,于是(1)定义了一个 M 的切丛映入 N 的切丛的映射

$$f_* : TM \to TN, \quad f_*|_{TM_x} = f_{*x}.$$

这个映射是可微的(为什么?),并且 TM 的纤维线性地映入 TN 的纤维(图 243)。

这映射 f_{*x} 称为 f 的切映射(也可以用记号 $Tf : TM \to TN$)。

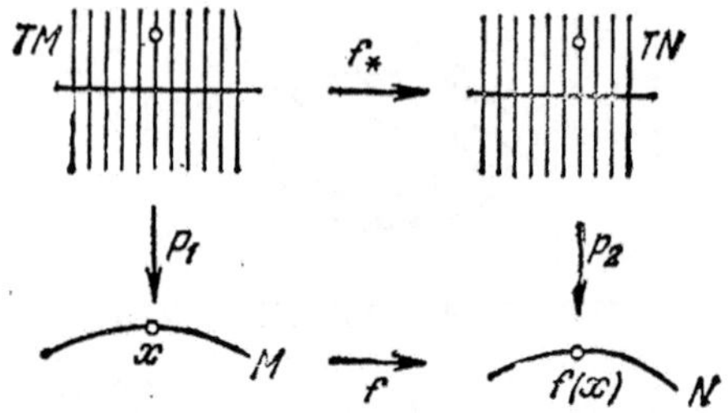

图 243　切映射

问题 1　设 $f : M \to N$ 和 $g : N \to K$ 是具有复合映射 $g \circ f : M \to K$ 的光滑映射,证明: $(g \circ f)_* = g_* \circ f_*$,即

$$\begin{array}{ccc} N & & TN \\ f \nearrow \ \searrow q & \longrightarrow & f_* \nearrow \ \searrow q_* \\ M \xrightarrow[q \circ f]{} K & & TM \xrightarrow[(q \circ f)_*]{} TK \end{array}$$

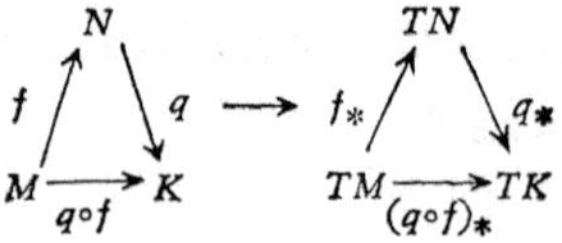

术语评注: 在分析中这个公式称为复合函数的微分法则,而在代数中它称为过渡到切映射的(协变)函子。

34.5　向量场

设 M 是(C^{r+1} 类)具有切丛 TM 的光滑流形(图 244)。

定义　所谓在 M 上(C^r 类)的向量场 $\mathbf{v}^{1)}$ 指的是(C^r 类)光滑

----

1) 也用切丛的截面这个术语。

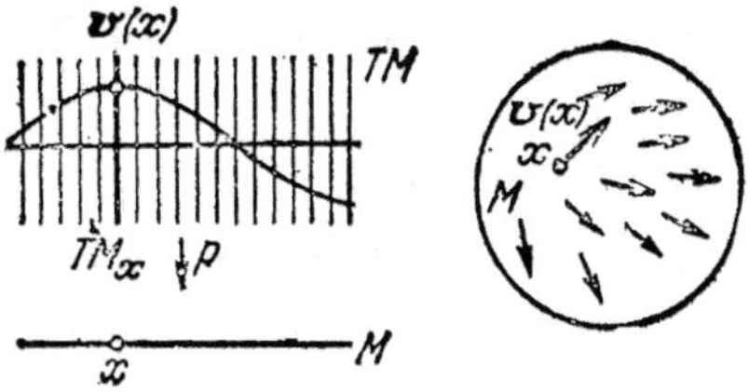

图 244　一个向量场

映射 $\mathbf{v}: M \to TM$，它使得映射 $p \circ \mathbf{v}: M \to M$ 是恒等映射 E 或等价于使图解

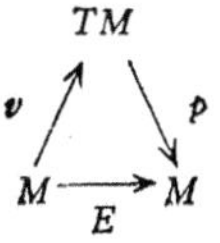

是可交换的，即 $p(\mathbf{v}(x)) = x$.

注　如果M是具有坐标 $x_1, \cdots, x_n$ 的空间 $\mathbf{R}^n$ 的区域，这个定义与老的定义（§ 1.4）是一致的. 然而，现在的定义不包含特殊的坐标系.

例　考虑球面 S^2 在轴 SN 的周围通过角度 t 的旋转族 g^t（图 245），在此旋转下，球面上的每一点 $x \in S^2$ 画出了一条曲线（纬度的平行线），此点有速度

$$\mathbf{v}(x) = \left.\frac{d}{dt}\right|_{t=0} g^t x \in TS_x^2.$$

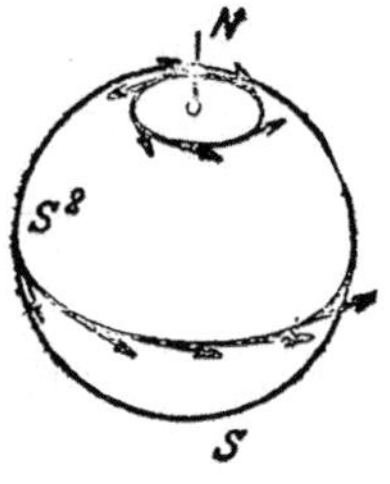

图 245　一个速度场

这时给出了映射 $\mathbf{v}: S^2 \to TS^2$，明显地，此处 $p \circ \mathbf{v} = E$ 即 $\mathbf{v}$ 是在 S^2 上的向量场.

一般地说，流形M的单参数微分同胚群 $g^t: M \to M$ 产生一个M上相速度的向量场，与 § 1.4 正好相同. 常微分方程(非线性)的全部局部理论可以直接搬到流形上，因为我们始终小心地保持着我们的基本概念不依赖于坐标系(见 § 6). 特别，关于向量场的直化的基本局部定理；关于存在、唯一、连续性以及对初值的可微性的局部定理都可搬到流形上. 流形的特殊的特征仅在考虑非局部问题时才惹人注意，这些问题的最简单情形和解的存在性或和具有给定的相速度场的相流的存在性有关.

§ 35　由向量场决定的相流

下面所证明的定理是微分方程定性理论中最简单的定理，在给定的条件下要求了解微分方程的解在无限时间区间内的性态. 特别，这定理蕴含着在大范围内(即在任意一个有限时间区间内)解对初始条件的连续性和可微性. 这个定理用来构造微分同胚技巧的模型也是有用的. 举例说，我们能用这定理证明： 每个闭流形，若其上有只带两个临界点的光滑函数，则与球面同胚.

35.1　定理

设M是一(C^r 类 $r \geqslant 2$)光滑流形，且设 $\mathbf{v}: M \to TM$ 是一个向量场(图 246)，此外，设向量 $\mathbf{v}(x)$ 仅在流形M的紧致子集K内和 TM_x 的零向量不同，则存在一单参数微分同胚群 $g^t: M \to M$，对于这个单参数微分同胚群，$\mathbf{v}$ 是相速度场

$$\frac{d}{dt} g^t x = \mathbf{v}(g^t x). \tag{1}$$

推论 1　在紧致流形M上的每一向量场 $\mathbf{v}$ 是单参数微分同胚群的相速度场.

特别，在定理或推论 1 的条件下我们有

推论 2 微分方程

$$\dot{x}=\mathbf{v}(x),\quad x\in M \tag{2}$$

的每一个解,可以用一个在时间 t 的解值 $g^t x$, 光滑地依赖于 t 和初始条件 x, 无限地向前和向后延拓.

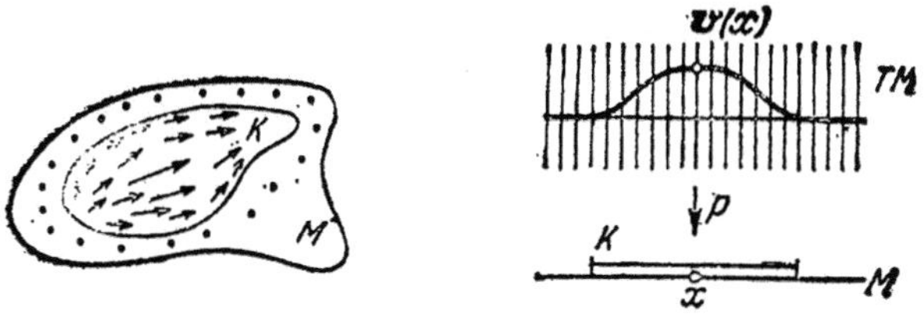

图 246 在紧致集 K 外等于零的向量场

注 紧致性条件不能去掉.

例 1 如 $M=\mathbf{R}$, $\dot{x}=x^2$ (见 § 3.5) 这解不能无限地延拓.

例 2 $M=\{x: 0<x<1\}$, $\dot{x}=1$.

我们现在着手进行定理的证明.

35.2 关于小范围 t 的微分同胚 g^t 的构造

对每点 $x\in M$, 存在一开邻域 $U\subset M$ 和数 $\varepsilon>0$, 使得给定任何一点 $y\in U$ 和具有 $|t|<\varepsilon$ 的任一 t, 方程(2)满足初始条件(在 $t=0$ 时) y 的解 $g^t y$ 存在、唯一、可微地依赖于 t 和 y, 且满足条件

$$g^{t+s}y=g^t g^s y,$$

如果 $|t|<\varepsilon$, $|s|<\varepsilon$, $|t+s|<\varepsilon$ 的话.

事实上,在某些地图上点有一个像,因此对仿射空间中一区域上的方程证明了我们的断言[1](已见第二章和第四章).

---

1) 唯一性的证明需要一个微小的附加理由: 必须证明具有给定初始条件的解在每一固定的地图上的唯一性蕴含着流形上的唯一性. 唯一性可能在一不可分流形上不成立(例如, 在来自直线 $\{x\}$ 和 $\{y\}$ 中使有相等负坐标的点算作同一点的流形上考虑方程 $\dot{x}=1$, $\dot{y}=1$). 然而,如果流形 M 是可分的,则 § 7.7 唯一性的证明能够通过(可分性用来证明解的值 $\varphi_1(T)$ 和 $\varphi_2(T)$ 在第一点 T 的值相重合,而在 T 后它们不再相重合).

因此，紧致集K是被一些邻域U所覆盖．从这些邻域中，我们能选取有限覆盖$\{U_i\}$．设ε_i是对应的数ε，且选取$\varepsilon_0 = \min \varepsilon_i > 0$，则对$|t| < \varepsilon_0$我们可以定义在大范围内的微分同胚$g^t: M \to M$，使得对$K$外的$x$有$g^t x = x$，且$g^{t+s} = g^t g^s$，如果$|t|, |s|, |t+s| < \varepsilon_0$的话．事实上，虽然方程(2)具有初始条件$x$（当$t = 0$时）用不同的地图定义的解是先验地不同的，但是由于$\varepsilon_0$的选取和局部唯一性定理，当$|t| < \varepsilon_0$时它们是重合的．此外，由于局部可微性定理，点$g^t x$可微地依赖于$t$和$x$，又因$g^t g^{-t} = E$，映射$g^t: M \to M$是微分同胚．同时也注意到

$$\left.\frac{d}{dt}\right|_{t=0} g^t x = \mathrm{v}(x). \tag{3}$$

35.3 关于任意 t 的 g^t 的构造

设t表示为$(n\varepsilon_0/2) + r$的形式，此处n是整数，$0 \leqslant r < \frac{\varepsilon_0}{2}$（这个表示式存在且唯一）．微分同胚$g^{\varepsilon_0/2}$和$g^r$已有定义．写出$g^t = (g^{\varepsilon_0/2})^n g^r$，我们得出$M$映到$M$上的微分同胚．对$|t| < \varepsilon_0/2$新定义与§35.2的定义一致，因此(3)保持有效．此外，容易看出，对任意s和t有

$$g^{t+s} = g^s g^t. \tag{4}$$

事实上，设

$$s = m\frac{\varepsilon_0}{2} + p, \quad t = n\frac{\varepsilon_0}{2} + q, \quad s + t = k\frac{\varepsilon_0}{2} + r,$$

于是(4)的左边和右边成为$(g^{\varepsilon_0/2})^k g^r$和$(g^{\varepsilon_0/2})^m g^p (g^{\varepsilon_0/2})^n g^q$有两种可能情形

1) $m + n = k,\ p + q = r$;

2) $m + n = k - 1,\ p + q = r + \frac{\varepsilon_0}{2}$.

因为$|p| < \varepsilon_0/2$, $|q| < \varepsilon_0/2$，微分同胚$g^{\varepsilon_0/2}$, g^p和g^q可交换．这意味着(4)在第一种和第二种情形都对

$$\left(g^{\varepsilon_0/2} g^r = g^p g^q,\ \text{因为}\ |p|, |q|, |r| < \frac{\varepsilon_0}{2},\ p + q = \frac{\varepsilon_0}{2} + r\right).$$

我们还必须证明点$g^t x$可微地依赖于t和x．例如可以从下

面的事实得出：$g^t=(g^{t/N})^N$，而由于 § 35.2 $g^{t/N}$ 对充分大N可微地依赖 t 和 x.

因此，$\{g^t\}$ 是流形M上的单参数微分同胚群，且 $\mathbf{v}$ 是相速度场的对应场．现在完成了 § 35.1 的定理的证明． □

35.4 注

在紧致流形 M 上，由依赖于时间的向量场 $\mathbf{v}$ 所确定的非自治方程

$$\dot{x}=\mathbf{v}(x,t),\quad x\in M,\ t\in\mathbf{R}$$

的每一个解能无限地延拓这一事实，是定理 § 35.1 的一个简单结果．

特别，这说明为什么我们能无限地延拓线性方程

$$\dot{\mathbf{x}}=\mathbf{v}(\mathbf{x},t),\quad \mathbf{v}(\mathbf{x},t)=A(t)\mathbf{x},\ t\in\mathbf{R},\ \mathbf{x}\in\mathbf{R}^n \tag{5}$$

的解．事实上，我们把 $\mathbf{R}^n$ 看作射影空间 $\mathbf{RP}^n$ 的仿射部分，此处 $\mathbf{RP}^n$ 从它的仿射部分与在无穷远平面连接得到

$$\mathbf{RP}^n=\mathbf{R}^n\cup\mathbf{RP}^{n-1}.$$

设 $\mathbf{v}$ 是一个在 $\mathbf{R}^n$ 中的线性向量场，所以 $\mathbf{v}(\mathbf{x})=A\mathbf{x}$．然后我们容易证明下面的引理．

引理 $\mathbf{R}^n$ 上向量场 $\mathbf{v}$ 能唯一地延拓为在 $\mathbf{RP}^n$ 上的光滑场 $\mathbf{v}'$；在无穷远平面 $\mathbf{RP}^{n-1}$ 上场 $\mathbf{v}'$ 切于 $\mathbf{RP}^{n-1}$.

特别，(对每个 t)设我们延拓由(5)决定的场 $\mathbf{v}(t)$为在 $\mathbf{RP}^n$ 中场 $\mathbf{v}'(t)$．考虑方程

$$\dot{\mathbf{x}}=\mathbf{v}'(\mathbf{x},t),\quad \mathbf{x}\in\mathbf{RP}^n,\ t\in\mathbf{R}. \tag{6}$$

因为射影空间是紧致的，(6) 的每一个解能被无限地延拓（图 247）．开始属于 $\mathbf{RP}^{n-1}$ 的解常常停留在 $\mathbf{RP}^{n-1}$ 中，这是因为场 $\mathbf{v}'$

图 247 线性向量场到射影空间上的延拓

是切于 $\mathbf{RP}^{n-1}$. 由于唯一性定理,初始条件在 $\mathbf{R}^n$ 的方程的解对所有 t 仍留在 $\mathbf{R}^n$ 中. 但是方程 (6) 在 $\mathbf{R}^n$ 中的形式为(5). 于是(5)的每一个解能被无限地延拓.

问题　证明这个引理.

解一　设 $x_1,\cdots,x_n$ 是在 $\mathbf{RP}^n$ 中的仿射坐标;$y_1,\cdots,y_n$ 是使

$$y_1=x_1^{-1},\quad y_k=x_kx_1^{-1},\quad k=2,\cdots,n$$

的另外的仿射坐标. 则 $\mathbf{RP}^{n-1}$ 的方程在新坐标中正好是 $y_1=0$. 微分方程(5)

$$\frac{dx_i}{dt}=\sum_{j=1}^{n}a_{ij}x_j,\quad i=1,\cdots,n$$

在新坐标中取形式(图 248)

$$\frac{dy_1}{dt}=-y_1\left(a_{11}+\sum_{k>1}a_{1k}y_k\right),$$

$$\frac{dy_k}{dt}=a_{k1}+\sum_{l>1}a_{kl}y_l-y_k\left(a_{11}+\sum_{l>1}a_{1l}y_l\right),\quad k>1.$$

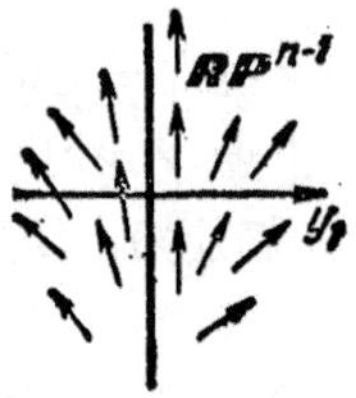

图 248　在无穷远平面附近的场的延拓性态

从这些对 $y_1\neq0$ 成立的公式,怎样完成场在 $y_1=0$ 处定义是清楚的. 对 $y_1=0$ 我们得出 $dy_1/dt=0$. 所以证明了引理.

解二　一仿射变换可以看作保持无穷远平面(但不是它的点)不动的射影变换. 特别,线性变换 e^{At} 可以延拓为保持无穷远平面不动的射影空间的微分同胚. 这些微分同胚组成单参数群,而以 $\mathbf{v}'$ 作为它的相速度场.

§ 36　向量场奇点的指数

现在，我们在微分方程研究中考虑少量简单的拓扑应用．

36.1　曲线的指数

我们从某些直观研究开始，而它们不久将用严格的定义和证明所代替(见 § 36.6)．

考虑在一个定向欧几里得平面中指定的向量场．设在此平面上我们给出一条定向闭曲线，此曲线不经过这个场的任何奇点(图 249)，又设一动点以正方向沿这条曲线走一圈．则当点绕曲线运动时，问题中该点处的场向量就在连续转动[1]．当这点沿曲线运动后又回到它的原来位置时，向量也回到它的原来位置，但是作这样运动时，向量可能在一个方向或另一个方向作多次旋转．场向量通过曲线一次所作的转动次数称为曲线的指数．此处如果向量在平面的定向(从第一个基向量到第二个基向量的旋转方向)所指定的方向转动，则转动数取正号，否则取负号．

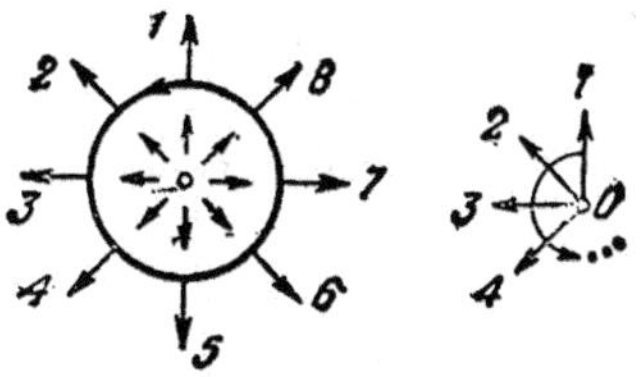

图 249　曲线指数为 1

例 1　图 250 的 α, β, γ, δ 曲线的指数分别为 1, 0, 2, −1．

例 2　设 O 为场的非奇点，则在位于 O 的一个充分小邻域内每一条曲线的指数等于零．事实上，场在 O 的方向是连续的，因此，譬如说，在点 O 的一个充分小邻域内场的方向变化小于 $\pi/2$．

1) 为了保留向量旋转的痕迹，随着平面的自然平行化，认为所有的向量起源于同一个点 O 是方便的．

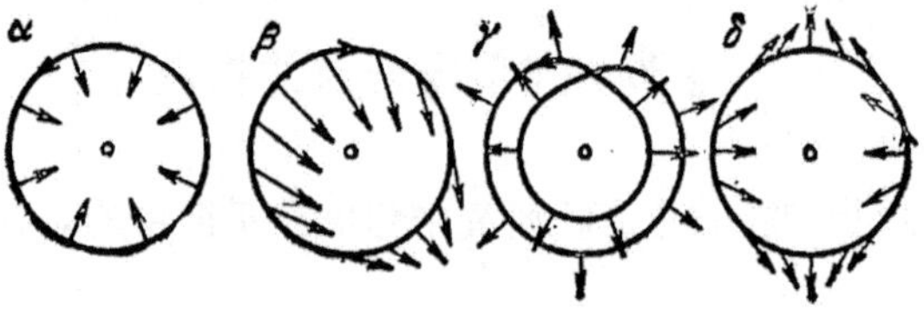

图 250 具有不同指数的曲线

问题 1 设我们在除了点 O 的平面 $\mathbf{R}^2={}^R\mathbf{C}$ 上用公式 $\mathbf{v}(z)=z^n$ 定义一个向量场，此处 n 是一个不必为正的整数．计算曲线 $z=e^{i\varphi}$的指数，定向在 φ 增加的方向(平面是用标架 1，i 定向的)．

答 n．

36.2 指数的性质和它们的含意

性质 1 只要曲线不通过任何奇点，在连续变形之下闭曲线的指数不变．

事实上，场向量的方向离开奇点而连续改变．于是旋转的次数也连续依赖于曲线，因此必须是常数，而且是整数． □

性质 2 只要假定全部变形过程中在曲线上不存在场的奇点，在向量场连续变形之下曲线的指数不变．

这二个性质在直观上都是很显然的，它们有若干深刻的推论[1]：

定理 1 在平面上给定一向量场，设 D 是圆盘，S 是它的边界[2]，若曲线 S 的指数不为零，则在 D 内至少存在一个奇点．

证明 如在 D 内没有奇点，则 S 能不通过任何奇点在 D 内连续变形，所以在变形之后，我们得到任意接近于 D 内的点 O 的曲线(甚至我们能把 S 变形为点 O)．由此得到的小曲线的指数等于零．

1) 这些断言的精确叙述和证明需要某些拓扑技巧，即需要用同伦、同调或某些类似物（为此，我们将用格林（Green）公式）．例参见 W. G. Chinn和 N. E. Steenrod, First Concepts of Topology, New York (1966).

2) 我们还可以考虑更一般情形，此时D为简单闭曲线 S 所界住的任何平面区域．

但这指数在变形之下不变，因此原来的指数必然等于零，这与假设矛盾. □

问题1 证明微分方程组 $\dot{x}=x+P(x,y)$, $\dot{y}=y+Q(x,y)$ 至少有一个平衡位置，此处 P 和 Q 在全平面上是有界、光滑函数.

定理 2（代数基本定理） 每个方程

$$z^n+a_1z^{n-1}+\cdots+a_n=0 \tag{1}$$

至少有一复根.

首先我们证明下列的引理.

引理 设 $\mathbf{v}$ 是复变量 $\mathbf{z}$ 平面上的，由公式

$$\mathbf{v}(z)=z^n+a_1z^{n-1}+\cdots+a_n$$

给出的向量场，因此 $\mathbf{v}$ 的奇点正好是方程 (1) 的根，则在一个半径充分大的圆的场 $\mathbf{v}$ 中指数等于 n[1].

证明 事实上，公式

$$\mathbf{v}_t(z)=z^n+t(a_1z^{n-1}+\cdots+a_n),\quad 0\leqslant t\leqslant 1$$

定义了一个从原来的场到场 z^n 的连续变形. 如果

$$r>1+|a_1|+\cdots+|a_n|,$$

则 $r^n>|a_1|r^{n-1}+\cdots+|a_n|$. 因此在变形的全部过程中，半径为 r 的圆上没有奇点. 从性质 2 推出，这个圆的指数在原来场中和在场 z^n 中是相同的. 而在场 z^n 中指数等于 n. □

定理 2 的证明 设 r 同引理证明中一样. 则由于定理 1 和引理，至少存在向量场的一个奇点，即方程 (1) 至少有一个根在半径为 r 的圆盘内. □

定理 3（不动点定理） 每一个从闭圆盘到它自身的光滑映射 $f: D\to D$ 至少有一个不动点[2].

证明 我们取圆盘的平面 D 是原点在圆盘中心的线性空间(图 251). 映射 f 的不动点正好是向量场 $\mathbf{v}(\mathbf{x})=f(\mathbf{x})-\mathbf{x}$ 的奇点. 如果在 D 内不存在奇点，则在形成 D 的边界的圆周上也决不存在奇点. 这个圆在场 $\mathbf{v}$ 中有指数为 1. 事实上，存在一个从原

1) 此处我们用 § 36.1 问题中同样的定向.

2) 这定理对任何连续映射都对，但此处我们仅在光滑假设下证明了这个定理.

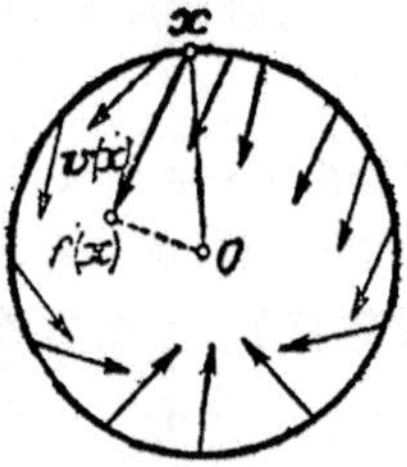

图 251 圆盘到它自身的映射

来的场到场 $-x$ 的连续变形，使得在整个变形过程中（举例说，我们仅需要集合 $\mathbf{v}_t(\mathbf{x}) = tf(\mathbf{x}) - \mathbf{x}$, $0 \leqslant t \leqslant 1$）在圆上没有奇点．因此这圆在场 $\mathbf{v}_0 = -\mathbf{x}$ 和在场 $\mathbf{v}_1 = \mathbf{v}$ 中有同样的指数．但简单直接的计算表明，圆 $|\mathbf{x}| = r$ 在场 $-\mathbf{x}$ 中指数等于 1．为了完成这证明，我们再用定理 1 推导出在场 $\mathbf{v}$ 中至少有一个奇点，即在圆盘内映射 f 至少有一个不动点． □

36.3 奇点的指数

设 O 是平面上向量场的孤立奇点，即设在 O 的某一邻域内没有其他奇点．考虑一圆心在 O 半径充分小的圆．设这平面是定向的和圆的方向是正的(像在 § 36.1 中一样)．

定理 圆心在孤立奇点 O 半径充分小的圆的指数不依赖于圆的半径，只需假定半径是充分小的．

证明 任何两个这样的圆能不通过奇点从其中一个连续地变形到另外一个． □

注意，代替一个圆我们也能选取在正方向绕点 O 一次的任何其他曲线．

定义 任何(因此每一个)圆心在向量场孤立奇点的充分小的正定向的圆的指数称为奇点的指数．

例 设奇点是一个结点，鞍点或焦点(或中心)，则奇点的指数分别为 $+1$, -1, 或 $+1$ (图 252)．

向量场的奇点称为简单的，若场在这点的线性部分的算子是

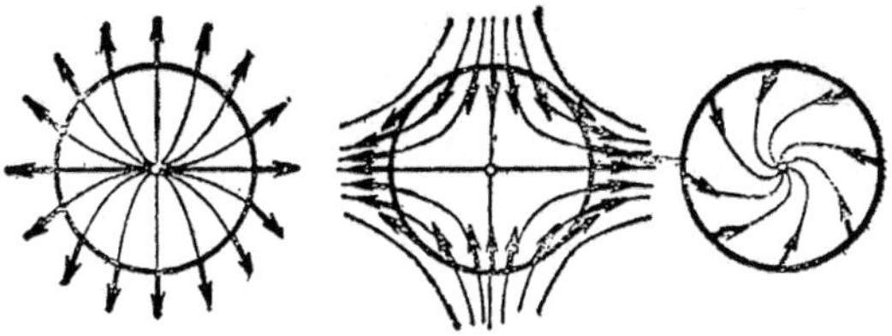

图 252　简单奇点的指数等于 ±1

非退化的．在平面上奇点的分类由结点、鞍点、焦点和中心组成．因此这些奇点的指数通常为 ±1．

问题 1　构造具有指数 n 的奇点的向量场．

提示　例如见 § 36.1 的问题．

问题 2　证明奇点的指数不依赖于平面定向的选取．

提示　在改变定向的同时改变在圆周上运行的正方向和计算旋转数的正方向．

36.4　用奇点的指数表示曲线的指数

设 D 是在一个定向平面上以一条简单曲线 S 为边界的紧致区域，假定 S 有 D 的边界的标准定向，即假定观察者沿 S 的正方向经过 S 时，D 在观察者的左方．这意味着平面的正方向是由沿 S 的速度向量和指向 D 内的法向量所组成的二面角给定．

现在我们假设在平面上给一向量场，它在曲线 S 上没有奇点，且在区域 D 内只有有限个奇点．

定理　曲线 S 的指数等于在 D 内的场的奇点指数之和．

首先我们证明曲线的指数有下列的可加性质：

引理　给出通过同一点的两个定向曲线 γ_1 和 γ_2，设 $\gamma_1+\gamma_2$ 是首先经过 γ_1 然后经过 γ_2 而得到的新的定向曲线．则 $\gamma_1+\gamma_2$ 的指数等于 γ_1 和 γ_2 指数的和．

证明　场向量围绕 γ_1 转 n_1 周，而围绕 γ_2 再转 n_2 周，因此总计转 n_1+n_2 周．　□

定理的证明　我们把 D 分解为部分区域 D_i，使得在每一部分区域内不多于一个奇点（图 253），且在部分区域的边界上都不存在奇点．此外，我们约定每个部分区域 D_i 的边界 γ_i 的方向与边界的方向相适合(图 253)．于是，由引理，

$$\operatorname{ind}\sum_i \gamma_i = \operatorname{ind} S + \sum_j \operatorname{ind} \delta_j,$$

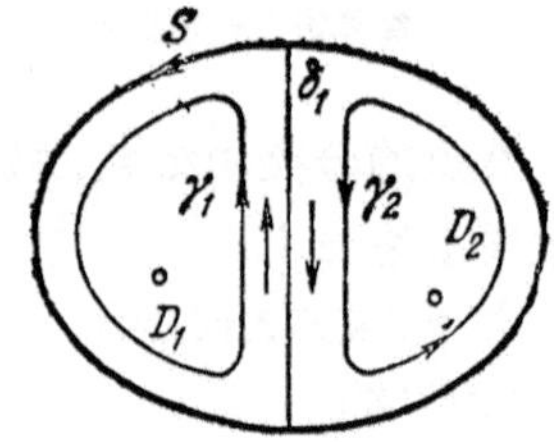

图 253　曲线 S 的指数等于曲线 γ_1 和 γ_2 指数之和

此处闭曲线 δ_j 是由位于 D 内的 D_j 的一部分边界组成，且它在相反方向经过两次．因为 δ_j 能不通过奇点而收缩成一点(见 § 36.2)，所以每一条曲线 δ_j 的指数等于零．曲线 γ_i 的指数等于由 γ_i 围绕的奇点的指数(或为零，如果这个区域 D_i 由不包含奇点的 γ_i 围绕而成的话)．　□

问题 1　设 $p(z)$ 是一复变量 z 的 n 阶多项式，设 D 是在 z 平面上以曲线 S 为边界的区域．假设多项式在 S 上没有零点，证明多项式在 D 内的零点个数(把重数计算在内)等于曲线 S 在场 $\mathbf{v}=p(z)$ 的指数，即是围绕原点的曲线 $p(S)$ 的旋转数(缠绕数)．

评注　这里给出解 §23.4 罗斯-霍尔维茨问题的方法：求已知多项式在左半平面的零点数 n_-．为此，我们在左半平面考虑半径充分大，中心在 $z=0$，直径沿着虚轴的半圆盘．在左半平面零点数等于半圆盘边界 S 的指数(如果半径是足够大，且多项式无纯虚零点)．为了计算曲线 S 的指数，我们只需求虚轴（方向从 $-i$ 到 $+i$）的像绕原点的旋转数 ν．事实上，容易证明

$$n_- = \operatorname{ind} S = \nu + \frac{n}{2},$$

因为在映射 p 下充分大半径的半圆的像围绕原点近似地作 $n/2$ 次旋转(半径越大，越接近 $n/2$)．

特别，n 阶多项式的所有零点位于左半平面上当且仅当 t 从 $-\infty$ 到 $+\infty$

变化时，点 $p(it)$ 围绕原点 $n/2$ 次(在从 1 到 i 方向)。

36.5 球面上奇点的指数和

* **问题 1** 证明平面上向量场的奇点的指数在微分同胚下是个不变量。

因此指数是不依赖于坐标系的几何概念。这个事实使我们不仅能在平面上，而且也能在任何二维流形上定义奇点的指数。事实上，我们仅需在任何一张地图上考虑奇点的指数，然后在其他地图上指数将是相同的。

例 1 在三维欧几里得空间中考虑球面 $x^2+y^2+z^2=1$。围绕 z 轴 $(\dot{x}=y,\ \dot{y}=-x,\ \dot{z}=0)$ 旋转速度的向量场有两个奇点，它们在北极和南极(图 254)，每一个指数为 $+1$。

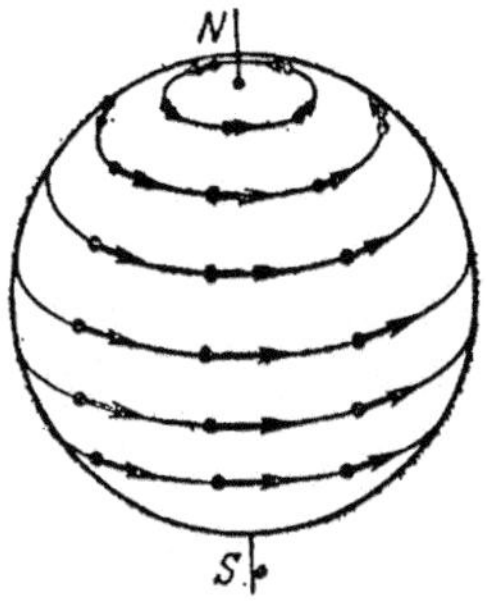

图 254 一球面向量场，它有两个指数为 1 的奇点

假定在球面上我们给出一个只有孤立奇点的向量场。因为球面是紧致的，于是仅存在有限个这样的点。

***定理** 在球面上场的所有奇点的指数之和与场的选择无关。

从以上的例子显然可知这个和数等于 2。

证明的思想 考虑球面的一张地图，此地图除了一点外覆盖整个球面，这一点我们称之为极点。然后考虑在这张地图的欧几里得平面上基向量 $\mathbf{e}_1$ 的场，且把这场搬到球面上，这就在球面上给出我们继续以 $\mathbf{e}_1$ 定义的场(除了极点外都有定义)。

现在考虑极点的邻域内的地图。在这张地图的平面上我们也能画出在球面上的向量场 $\mathbf{e}_1$，它除了一点 O 外是确定的. 这个场的形状已在图 255 上指出.

引理 在刚才构成的平面场中围绕原点一次的闭曲线的指数等于 2.

证明 我们仅需清楚地实现以上描述过的运算,例如,选取二张地图,即选择在球极平面投影下球面的地图(图 222). 于是在第一张地图上的平行线变成在图 255 上第二张地图上的圆，在第二张地图上指数等于 2 是显然的. □

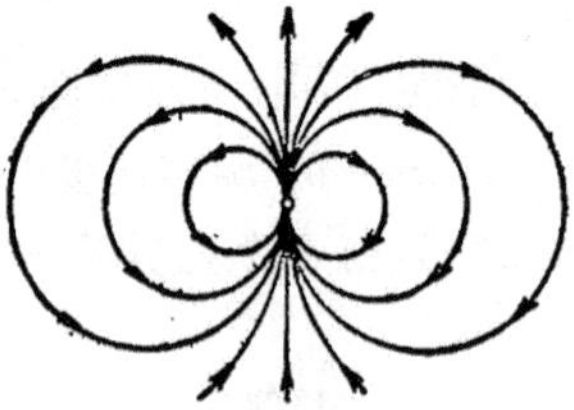

图 255 在球面的一张地图上平行的向量场 $\mathbf{e}_1$，但画在另一张地图上

证明的完成 考虑在球面上的向量场 $\mathbf{v}$，选取场的常点作为极点. 于是这场的所有奇点在这极点的相补地图上有像. 场的所有奇点指数之和等于这张地图平面上半径充分大的圆的指数（由于定理 36.4). 我们现在把这个圆搬到球面,然后从球面搬到极点的邻域的地图上.因为这极点是场的常点,所以在后面的一张地图上产生的圆在考虑的场中有指数为零. 在新地图上，我们能解释在第一张地图上圆的指数是"场 $\mathbf{v}$ 相对于场 $\mathbf{e}_1$"在围绕圆一次的旋转数. 这个数等于 $+2$，因为当我们在新地图上以第一张地图的正方向在围绕 O 点的圆周周围移动时，在新地图上场 $\mathbf{e}_1$ 的像作 -2 次转动,而场 $\mathbf{v}$ 作零次转动. □

*问题 2 设 $f: S^2 \to \mathbf{R}^1$ 是在球面上的光滑函数，它的所有临界点都是简单的(即它的两阶微分在每一个临界点上是非退化). 证明

$$m_0 - m_1 + m_2 = 2,$$

此处 m_i 是临界点的个数，它们的海森(Hessian)矩阵($\partial^2 f/\partial x_i \partial x_j$)有 i 个负特征值，换句话说，极小点的个数减去鞍点的个数再加上极大点的个数总是等

于 2.

举例说，地球上山峰的总数加上盆地的总数要比隘口的总数大 2. 如果我们限制在一岛上或一大陆上，即如果我们考虑圆盘上的函数，在它的边界上无奇点，则 $m_0 - m_1 + m_2 = 1$（图 256).

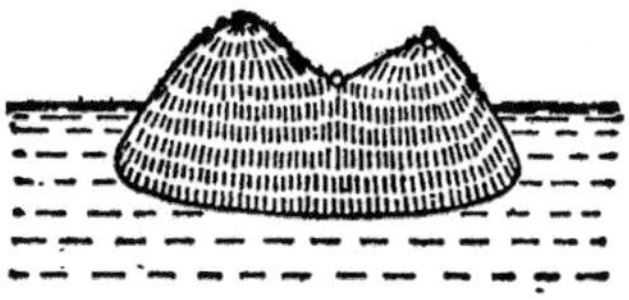

图 256　在每一岛上山峰数和盆地数总和要比隘口数大 1

提示　考虑函数 f 的梯度.

***问题 3**　证明欧拉多面体定理，它断言每个有 α_0 个顶点，α_1 条边，α_2 个面的有界凸多面体满足

$$\alpha_0 - \alpha_1 + \alpha_2 = 2.$$

提示　这问题可化为前面的问题.

***问题 4**　证明在任何紧致二维流形上向量场的奇点指数之和 χ 与场无关.

问题中的数 χ 称为流形上的欧拉示性数，例如，我们刚才看到球面的欧拉示性数 $\chi(S^2)$ 等于 2.

问题 5　求环面，纽结状饼[1]和有 n 个把手的球面的欧拉示性数（图 232).

答　0, −2, 2−2n.

***问题 6**　把问题 2 和问题 3 的结果从球面推广到任何紧致二维流形上去，即证明

$$m_0 - m_1 + m_2 = \alpha_0 - \alpha_1 + \alpha_2 = \chi(M).$$

---

1) 如图

——译者注

36.6 较严格的方法

我们现在给出向量场旋转数或缠绕数严格的定义. 设 $\mathbf{v}$ 是定义在平面 (x_1, x_2) 的区域上分量为 $v_1(x_1, x_2)$ 和 $v_2(x_1, x_2)$ 的光滑向量场,此处坐标系 x_1, x_2 决定一方向和平面上的欧几里得结构. 令 U' 表示由 U 除掉场的奇点后所得到的区域,设

$$f:U' \to S^1, \quad f(x) = \frac{\mathbf{v}(x)}{|\mathbf{v}(x)|}$$

是 U' 映到圆上的映射. 这映射是光滑的(因为场的奇点已排除). 给出任何一点 $x \in U'$, 我们能在点 x 的像 $f(x)$ 的邻域内引进一个在圆上的角坐标 φ. 这样给出一个定义在 x 的邻域上光滑的实函数 $\varphi(x_1, x_2)$, 计算 φ 的全微分, 当 $v_1 \neq 0$ 时我们得到

$$d\varphi = d\arctan\frac{v_2}{v_1} = -\frac{v_2 dv_1 - v_1 dv_2}{v_1^2 + v_2^2}. \tag{2}$$

(2)的左边和右边当 $v_1 = 0$ 而 $v_2 \neq 0$ 时也相等. 这样虽然函数 φ 仅局部地和仅在 2π 整数倍内有定义,但是 φ 的微分是在整个区域 U' 中完全确定的光滑的微分形式. 我们把这个形式表示为 $d\varphi$.

定义 所谓有向闭曲线 γ: $S^1 \to U'$ 的指数, 我们指的是形式 (2) 沿 γ 的积分除以 2π:

$$\operatorname{ind}\gamma = \frac{1}{2\pi}\oint_\gamma d\varphi. \tag{3}$$

我们现在能给出在上面出现的各个定理的严格证明. 例如定理 36.4 的证明如下:

证明 设 D 是边界为 S 的区域, 在它的内部给出的场 $\mathbf{v}$ 只有有限个奇点. 设 D' 是从 D 中除掉奇点的小圆邻域后所得到的区域. 则把方向考虑在内的 D' 的边界正好是

$$\partial D' = S - \sum_i S_i,$$

此处 S_i 是按正方向围绕第 i 个奇点的圆(图 257). 把格林公式应用到区域 D',且应用积分 (3),我们得到

$$\iint_{D'} 0 = \oint_{S} d\varphi - \sum_{i} \oint_{S_i} d\varphi.$$

因为形式 (2) 局部地是全微分，所以左边部分为零．又因为定义 (3)，因而有 ind $S = \Sigma$ind S_i. □

*问题 1　证明闭曲线的指数是整数．

*问题 2　给出 § 36.1～§ 36.3 中结论的完整证明．

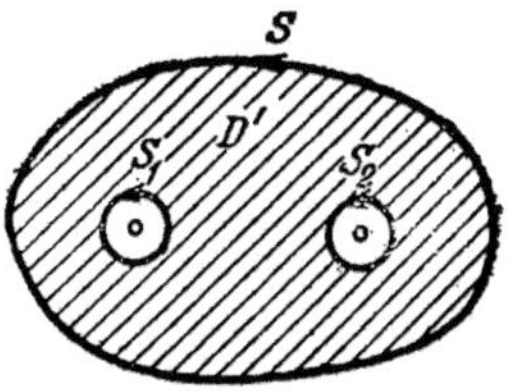

图 257　应用格林公式的区域

36.7　多维情形

缠绕数概念的多维推广是映射的度数，所谓映射的度数指的是把由方向所决定的符号考虑在内的原像的个数．例如，图 258 所示的一定向的闭曲线映到另一定向的圆上的映射的度数等于2．因为把符号考虑在内点 y 的原像的个数等于 $1+1-1+1=2$.

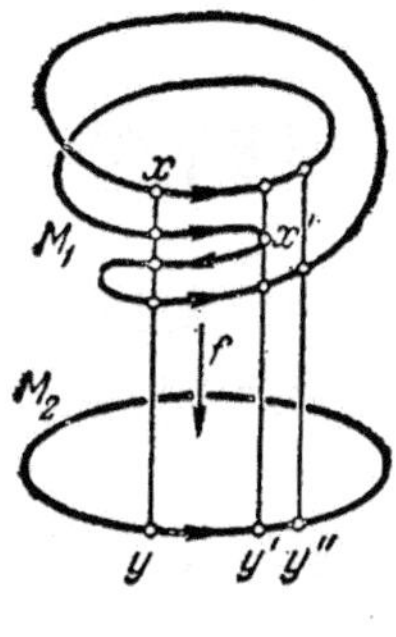

图 258　映射的度数为 2

为了给出一般的定义，我们按下列方式进行．设 $f: M_1^n \to M_2^n$ 是一个 n 维定向流形映到另一个如此流形上的光滑映射．在原像

流形上点 $x \in M_1^n$ 称为正则点，如果在这点 x 映射 f 的导数是非奇异线性算子 $f_{*x}: TM_{1x}^n \to TM_{2f(x)}^n$。例如，在图 258 中点 x 是正则的，但点 x' 非正则。

定义 所谓在正则点 x 的映射 f 的度数指的是等于 $+1$ 或 -1 的数 $\deg_x f$，它依赖于 f_{*x} 是否把定向的空间 TM_{1x}^n 映入给定的定向空间 TM_{2x}^n 或映入反向的空间。

问题 1 证明线性自同构映射 $A:\mathbf{R}^n \to \mathbf{R}^n$ 的度数在所有的点相等，且等于

$$\deg_x A = \operatorname{sgn} \det A = (-1)^{m_-},$$

此处 m_- 是算子 A 带有负实部特征值的个数。

问题 2 在欧几里得空间中给出一线性自同构映射 $A: \mathbf{R}^n \to \mathbf{R}^n$，由公式 $f(x) = A(x)/|Ax|$ 定义单位球到它自身上的映射。求这映射在点 x 的度数。

答 $\deg_x f = \deg A$。

问题 3 设 $f: S^{n-1} \to S^{n-1}$ 是把球面上每一点映入直径上相反的点的映射。问 f 在点 x 的映射度为多少？

答 $\deg_x f = (-1)^n$。

问题 4 设 $A: \mathbf{C}^n \to \mathbf{C}^n$ 是一 $\mathbf{C}$ 线性自同构映射。求它的实化 ${}^{\mathbf{R}}A$ 的度数。

答 $+1$。

现在考虑像流形 M_2^n 上的任何点 y。点 $y \in M_2^n$ 是称为映射 f 的正则值，如果它的全部原像的所有点 $f^{-1}y$ 是正则的。例如图 258 中点 y 是正则值，但点 y' 不是。

定理 如流形 M_1^n 和 M_2^n 是紧致和连通的，则

1）正则值存在；

2）正则值的原像上点的个数是有限的；

3）所有正则值的原像点上映射度数之和与考虑下的个别的正则值无关。

这定理的证明十分复杂，可以在拓扑学的文献中找到[1]。

注 1 实际上流形 M_2^n 上几乎所有点是正则值，即非正则值组成一个零测度集合。

1) 见 H. I. Levine, Singularities of Differentiable Mappings, Math. Inst. Univ. Bonn (1959), § 6.3.

注 2 紧致性条件不仅对定理的第二个结论是本质的，对第三个结论也是本质的(例如,考虑整个实轴中负实轴的嵌入).

注 3 原像中的点数(不管符号)对不同的正则值可以是不同的(例如,在图 258 中 y 值有四个这样的点,而 y'' 只有两个).

定义 所谓映射 f 的度数指的是在 f 的正则值的原像的所有点上 f 的度数之和:

$$\deg f = \sum_{x \in f^{-1}y} \deg_x f.$$

问题 5 求由公式 $f(z) = z^n$, $n = 0, \pm 1, \pm 2, \cdots$ 决定的把圆 $|z| = 1$ 映到自身上的映射的度数.

答 n.

问题 6 求由公式 $f(x) = Ax/|Ax|$ 决定的把欧几里得空间 $\mathbf{R}^n$ 中的单位球映到自身上的映射的度数,此处 $A: \mathbf{R}^n \to \mathbf{R}^n$ 是非奇异线性算子.

答 $\deg f = \operatorname{sgn} \det A$.

问题 7 求由公式

a) $f(z) = z^n$;

b) $f(z) = z^{-n}$

决定的,把复射影直线 $\mathbf{CP}^1$ 映到自身上的映射度.

答 a) $|n|$;

b) $-|n|$.

问题 8 求由一个 n 阶多项式决定的,把复直线 $\mathbf{CP}^1$ 映到自身上的映射的度数.

***问题 9** 设 $f: U' \to S^1$ 是借助于区域 U' 中的向量场 $\mathbf{v}$, 在 §36.6 中构造出的映射; $\gamma: S^1 \to U'$ 是一闭曲线, 又设 $h = f \circ \gamma$, $S^1 \to S^1$. 证明由 §36.6 中定义的 γ 的指数与 h 的度数一致:

$$\operatorname{ind} \gamma = \deg h.$$

定义 所谓在包含点 O 的欧几里得空间 $\mathbf{R}^n$ 的区域中确定的向量场 $\mathbf{v}$ 的孤立奇点 O 的指数指的是与场对应的映射 h 的度数,即由公式

$$h(x) = \frac{r\mathbf{v}(x)}{|\mathbf{v}(x)|}$$

决定的，把中心在 O 半径为 r 的小球映到自身上的映射

$$h: S^{n-1} \to S^{n-1}, \quad S^{n-1} = \{x \in \mathbf{R}^n : |x| = r\}$$

的度数.

问题 10 证明：如果场 v 在奇点 O 的线性部分的算子 v_{*0} 有逆算子，则 O 的指数等于 v_{*0} 的度数.

问题 11 求在 $\mathbf{R}^n$ 中的对应于方程 $\dot{x} = -x$ 的场的奇点 O 的指数.

答 $(-1)^n$.

度数的概念允许我们系统地阐述上面考虑的二维定理的多维相似. 证明可以在拓扑学书籍中找到.

特别，定义在任意维的紧致流形上向量场奇点的指数之和 χ 与场的选择无关，而只与流形本身的性质有关. 数 χ 称为流形的欧拉示性数. 为了计算 χ，我们仅需研究定义在流形上任何微分方程的奇点.

问题 12 求球面 S^n，射影空间 $\mathbf{RP}^n$ 和环面 T^n 的欧拉示性数.

答 $\chi(S^n) = 2\chi(\mathbf{RP}^n) = 1 + (-1)^n$，$\chi(T^n) = 0$.

解 在任意维环面上(例如见 § 24.4)存在无奇点的微分方程，所以

$$\chi(T^n) = 0.$$

显然，$\chi(S^n) = 2\chi(\mathbf{RP}^n)$. 事实上，考虑映射 $p: S^n \to \mathbf{R}^{n+1}$，它把球面 $S^n \subset \mathbf{R}^{n+1}$ 上每一点映射为该点和坐标原点连接的直线. 由于射影空间的每一点的原象是球面上一个直径上相反的两点，因此这映射 p 是局部微分同胚的. 所以在 $\mathbf{RP}^n$ 上每一向量场和奇点有两次决定在 S^n 上的场和奇点. 此处在球面上每一个直径上相反的奇点指数与在射影空间中对应的奇点的指数是同样的.

为了计算 $\chi(S^n)$，我们在欧几里得空间 $\mathbf{R}^{n+1}$ 中定义一由方程

$$x_0^2 + \cdots + x_n^2 = 1$$

决定的球面，且考虑场 $x_0: S^n \to \mathbf{R}$. 然后我们在球面上形成微分方程

$$\dot{x} = \text{gred } x_0,$$

且研究它的奇点(图 259). 向量场 $\text{grad } x_0$ 在北极 $x_0 = 1$ 和南极 $x_0 = -1$ 这两点等于零. 把微分方程在北极和南极的邻域各自线性化，我们得到

$$\dot{\xi} = -\xi, \quad \xi \in \mathbf{R}^n = TS_N^n,$$

$$\dot{\eta} = \eta, \quad \eta \in \mathbf{R}^n = TS_S^n.$$

因此北极有指数 $(-1)^n$，南极有指数 $(+1)^n$. 所以 $\chi(S^n) = 1 + (-1)^n$.

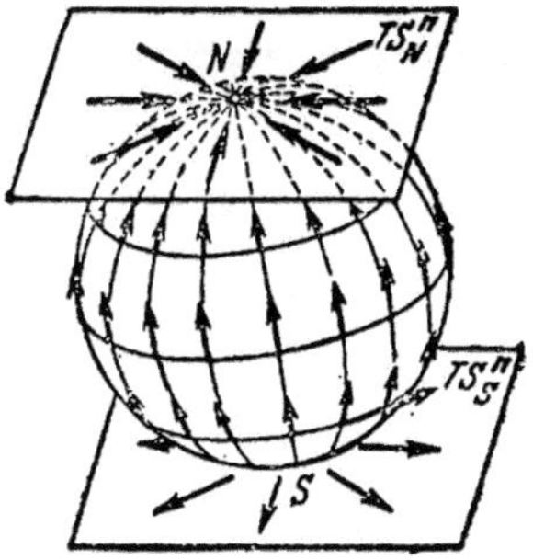

图 259　球面上微分方程在奇点附近的线性化

特别，由此得出在偶数维球面上每一向量场至少有一奇点.

问题 13　在奇数维球面 S^{2n-1} 上构造无奇点的向量场.

提示　考虑二阶微分方程 $\ddot{x} = -x, x \in \mathbf{R}^n$.

典 型 练 习 题

在全部数值计算题中，允许 10% ～ 20% 的误差.

1. 为了在船坞上停住一小船，从此小船上抛出一绳索，然后把此绳索绕在位于船坞上的一桩上. 如果绳索绕桩三圈；绳索绕桩的摩擦系数是 1/3；一船坞工人在绳索的自由端用 10 公斤的力拉住绳索，问小船上的制动力是多少?

2. 考虑一单摆受到常力矩作用时的运动

$$\ddot{x} = 1 + 2\sin x.$$

试在柱面上画出单摆的相曲线；与各种类型的曲线对应的单摆运动是哪一些?

3. 计算矩阵 e^{At}，此处 A 是 2 阶或 3 阶的已知矩阵.

4. 画出在时间 t 后系统

$$\dot{x}_1 = 2x_2, \quad \dot{x}_2 = x_1 + x_2$$

的相流的轨道图形和正方形 $|x_1| \leqslant 1, |x_2| \leqslant 1$ 的像.

5. 为了写出序列 1, 1, 6, 12, 29, 59, …($x_n = x_{n-1} + 2x_{n-2} + n$, $x_1 = x_2 = 1$)的第一百项，试求所需要的几个数字.

6. 画出经过点 (1, 0, 0) 的系统

$$\dot{x}=x-y-z,\ \dot{y}=x+y,\ \dot{z}=3x+z$$

的相曲线.

7. 求出使三个函数 $\sin\alpha t$, $\sin\beta t$, $\sin\gamma t$ 线性相关的所有的数 α, β, γ.

8. 求出满足初始条件

$$x_1=1,\quad x_2=0,\quad \dot{x}_1=\dot{x}_2=0,$$

在平面 (x_1, x_2) 上进行小振动

$$\ddot{x}_i=-\frac{\partial U}{\partial x_i},\quad U=\frac{1}{2}(5x_1^2-8x_1x_2+5x_2^2)$$

的点的轨道.

9. 一个 100 克的水平力，持续一秒钟作用在开始静止的长为 1 米重为 1 公斤的数学摆上. 求出在力停止作用后引起的振动的振幅(以厘米计算).

10. 研究系统

$$\begin{cases}\dot{x}_1=x_2,\\ \dot{x}_2=-\omega^2x_1,\end{cases}$$

$$\omega(t)=\begin{cases}0.4 & \text{当 } 2k\pi\leqslant t<(2k+1)\pi,\\ 0.6 & \text{当 } (2k-1)\pi\leqslant t<2k\pi,\end{cases}$$

$$k=0,\ \pm1,\ \pm2,\cdots$$

零解的李亚普诺夫稳定性.

11. 求出系统

$$\dot{x}=xy+12,\quad \dot{y}=x^2+y^2-25$$

的全部奇点；研究稳定性和决定每一奇点的类型，并画出对应的相曲线.

12. 在环面 ($x \bmod 2\pi$, $y \bmod 2\pi$) 上求出系统

$$\dot{x}=-\sin y,\quad \dot{y}=\sin x+\sin y$$

的全部奇点；研究稳定性和决定每一奇点的类型，并画出对应的相曲线.

13. 从经验可知，当光线在两个介质的分界面上折射时，由入

射光线和折射光线与分界面的法线组成的两个角度的正弦和介质的两个折射率成反比：

$$\frac{\sin\alpha_1}{\sin\alpha_2}=\frac{n_2}{n_1}.$$

如果折射率是 $n=n(y)$，求出平面 (x, y) 上光线的形状；研究 $n(y)=1/y$ 的情形(具有这种折射率的平面 $y>0$ 给出了一个罗巴契夫斯基几何的模型).

14. 在平面上画出具有折射率 $n=n(y)=y^4-y^2+1$ 的，从原点的不同方向发出的光线.

评注　这一问题的解，可以解释海市蜃楼现象：在沙漠上空气的折射率在一定的高度有一最大值，这是由于在较高的层和较低的(热的)层空气格外稀薄；折射率和光的速度成反比. 在具有最大折射率的层附近光线的振动被解释为海市蜃楼现象.

用同一种光线振动解释的另一种现象是所谓海洋中的传音通道，沿着这一通道声音可以传播几百公里. 这现象的原因是温度和压力的相互影响在深度为 500～1000 米处引起最大折射率（即最小声速）层的形成. 传音通道，例如，可以用来给出海啸的预报.

15. 利用克莱罗定理画出环面上的测地线. 克莱罗定理叙述如下：沿着旋转曲面上的每一条测地线，由此测地线和子午线所成的角度的正弦和到旋转轴的距离的乘积是常数.

参 考 文 献

[1] Bellman, R., Stability Theory of Differential Equations, McGraw-Hill, New York (1953).(有中译本： R. 贝尔曼，微分方程的解的稳定性理论，科学出版社，1960.)

[2] Birkhoff, G., and G. C. Rota, Ordinary Differential Equations, Ginn, Boston (1962).

[3] Coddington, E. A., and N. Levinson, Theory of Ordinary Differential Equations, McGraw-Hill, New York (1955).

[4] Hartman, P., Ordinary Differential Equations, Wiley, New York (1964).

[5] Hurewicz, W., Lectures on Ordinary Differential Equations, MIT Press Cambridge, Mass. (1958).

[6] Ince, E. L., Ordinary Differential Equations, Dover, New York (1956).

[7] Lefschetz, S., Differential Equations: Geometric Theory, Second edition, Wiley (Interscience), New York (1962). (有中译本: S. 莱夫谢茨，微分方程几何理论，上海科学技术出版社，1965.)

[8] Немыцкий, В. В., Степанов, В. В., Качественная теория дифференциальных уравнений, (1949).(有中译本: В. В. 涅梅茨基，В. В. 斯捷巴诺夫，微分方程定性理论，科学出版社，1956.)

[9] Петровский, И. Г., Лекции по теории обыкновенных дифференциальных уравнений (1949). (有中译本: И. Г. 彼得罗夫斯基，常微分方程讲义，商务印书馆，1953.)

[10] Понтрятин, П. С., Обыкновенные дифференциальные уравнения,(1961). (有中译本: П. С. 邦德列雅金，常微分方程，上海科技出版社，1962.)

[11] Simmons, G. F., Differential Equations with Applications and Historical Notea, McGraw-Hill, New York (1972).

索　　引

六 画

七 画

八　画

九　　画

十　　画

十　一　画

十　二　画

十　三　画

十　四　画

十　五　画

十　六　画

其　他